印刷工业出版社

全国高职高专印刷与包装类专业教学指导委员会“十二五”规划教材

包装专业系列教材

包装CAD

叶海精　周淑宝◎主编

吴艳芬　张晓艳
郑美琴　吴　艳◎参编
周盛华　谢中杰

吴　鹏　黄　彬◎主审

文化发展出版社
Cultural Development Press

内容提要

本书是“全国高职高专印刷与包装类专业教学指导委员会‘十二五’规划教材”中的一本。本教材按照包装技术、包装设计和艺术设计等专业培养要求，以企业实现包装盒型设计的工艺流程为线索，全面分析包装印前设计涉及每一个流程需要完成的工作任务，以项目为载体，借用 ArtiosCAD 7.60en 软件为媒介，结合专业理论教学体系，系统地将盒型设计工作流程、盒型结构绘制、3D 成型设计、结构装潢设计、盒型企业输出、模切版设计与制作等专业技能培养分为七个情境来阐述，并将常见的盒型箱型通过附录的形式呈现出来，有利于学生的自主学习，进一步提高学生学习的积极性。

本书理论与实践结合，可作为高等院校高职学生包装技术、包装设计和艺术设计等专业相关教材，也可作为相关培训教材及相关从业人员的自学参考书。

图书在版编目（CIP）数据

包装CAD/叶海精，周淑宝主编；吴艳芬等编著.－北京：文化发展出版社，（2023.9重印）
（全国高职高专印刷与包装类专业教学指导委员会“十二五”规划教材）
ISBN 978-7-5142-0208-3

I.包…II.①叶…②周…③吴…III.包装－计算机辅助设计－高等职业教育－教材 IV.TB482-39

中国版本图书馆CIP数据核字(2011)第185594号

包装CAD

主　　编：叶海精　周淑宝
编　　著：吴艳芬　张晓艳　郑美琴　吴　艳　周盛华　谢中杰
主　　审：吴　鹏　黄　彬

出 版 人：宋　娜
责任编辑：杨　琪　　　　责任校对：郭　平
责任印制：邓辉明　　　　封面设计：侯　铮
出版发行：文化发展出版社（北京市翠微路2号 邮编：100036）
发行电话：010-88275993　010-88275710
网　　址：www.wenhuafazhan.com
经　　销：全国新华书店
印　　刷：中煤（北京）印务有限公司

开　　本：787mm × 1092mm　1/16
字　　数：220千字
印　　张：11.625
版　　次：2011年1月第1版
印　　次：2023年9月第9次印刷

定　　价：49.00元
I S B N：978-7-5142-0208-3

全国高职高专印刷与包装类专业教学指导委员会
“十二五”规划教材（包装专业系列教材）
编审委员会

全国高职高专印刷与包装类专业教学指导委员会
“十二五”规划教材

包装专业系列教材

包装职业入门…………………………………………………… 曹国荣　主编

包装色彩实用教程……………………………………………… 刘其红　主编

包装CAD　………………………………………… 叶海精　周淑宝　主编

包装装潢设计与制作………………………………… 彭　麒　乐建军　主编

包装设计……………………………………………… 张　鹏　李　辉　主编

包装实用英语………………………………………… 赵　欣　吴士宝　主编

包装设计与制作………………………………………………… 刘映平　主编

软包装生产技术……………………………………… 赵素芬　吕艳娜　主编

包装印刷………………………………………………………… 陈正伟　主编

包装丝印工艺………………………………………… 陈海生　李　荣　主编

凹版印刷技术…………………………………………………… 聂海辉　主编

纸箱生产技术…………………………………………………… 李　彭　主编

包装产品成本核算……………………………………………… 朱　艳　主编

产品包装检测与评价…………………………………………… 余成发　主编

出版说明

近十几年来，我国高等职业教育发展恰逢历史性的发展机遇，国家在政策鼓励与财力投入上均给予了大力的支持。在蓬勃发展的历程中，高等职业教育迎来挑战，并不断进行改革。教育部高等职业教育的改革与发展纲要指出：高等职业教育的改革与发展要适应区域经济社会发展需要，坚持以服务为宗旨、以就业为导向、走产学研结合发展道路；要以提高质量为核心，加强“双师型”教师队伍建设、教育实训基地建设；要以“合作办学、合作育人、合作就业、合作发展”为主线，突出人才培养的针对性、灵活性与开放性，培养生产、建设、管理方面的高素质技能型专业人才。

高等职业教育的教材作为高等职业教育教学工作的重要组成部分，需要反映职业岗位对人才的要求以及学生未来职业发展的需求，体现职业性与实践性的特点，能满足培养学生综合能力的需要。包装专业高职教育偏重于培养应用型人才，所涉及的知识体系较为庞杂，而现有的大部分包装专业高职教育仍然沿用普通本科教育的教学内容和课程体系，难以满足包装行业及企业一线高技能人才培养需求。

为贯彻国家大力发展高等职业教育、培养高素质技能型专业人才的精神，顺应教育部对高等职业教育改革提出的新要求，全国高职高专印刷与包装类专业教学指导委员会（以下简称“教指委”）通过广泛调研北京印刷学院职业技术学院、天津职业大学、上海出版印刷高等专科学校、安徽新闻出版职业技术学院、深圳职业技术学院、江西新闻出版职业技术学院、中山火炬职业技术学院、郑州牧业工程高等专科学校、广东轻工职业技术学院等全国多所开设有包装专业的职业院校，在深入了解包装行业对人才的需求和各院校教学要求的基础上，规划了一套针对包装专业的高等职业教材——“全国高职高专印刷与包装类专业教学指导委员会‘十二五’规划教材”。这套教材包含《包装职业入门》《包装CAD》《包装装潢设计与制作》《包装设计》《包装实用英语》《包装印刷》《纸箱生产技术》《产品包装检测与评价》《包装产品成本核算》等，出版工作由印刷工业出版社承担，将于2011 ~ 2012年期间陆续出版。

一、教材体系重构

为适应教育部对高等职业教育改革的需要，以及各院校教学和人才培养的要求，实现教学与岗位的有机衔接，同时兼顾个性需要，该套教材进行了模块化的体系划分，分为基础课、专业核心课和专业选修课。为了实现教材的针对性、实用性，教材的内容均通过对包装行业及职业岗位群的深入调研与分析确定，各院校可根据区域经济的实际情况灵活安排教学内容，选择使用相应教材。

二、教材特色

全国高职高专印刷与包装类专业教学指导委员会“十二五”规划教材（包装专业系列教材）是一套适应高等职业教育教学改革发展趋势、真正体现职业教育理念的教材，具有以下几方面的特点。

1. 新锐的教学理念

教材以“工学结合、能力为本”的教育理念为指导，将教材内容与行业和企业对人才的要求紧密相连，以职业岗位要求为内容主线，使教学内容与教学过程真正体现职业性与应用性，提升学生的职业素养和就业能力。

2. 系统的教学体系

教材紧扣高等职业教育改革的要求，从行业的实际情况出发，突破了原有的高等职业教育是本科教学体系的简缩版，在基础性专业课程之外，增加了一些特色课程，如包装丝印工艺、凹版印刷技术、纸箱生产技术、包装产品成本核算等，使得不同层次、不同类别的学校，可根据地域差别、教学条件差别、个性需要进行组合，因需施教。

3. 职业的内容设计

教材在对行业、企业和院校广泛调研的基础上，确定了教材的编写方案，根据企业的实际生产流程、典型的工作任务来设计教材内容，坚持“知识+能力+技术”一体化的原则，实现“教中学，学中做”的有机融合。

4. 强大的编写队伍

教材采用“骨干教师+企业技术人员”的编写队伍，以确保教材的实用性。同时为了保证教材的通用性和促进行业发展以及各院校之间的教学交流，组织了全国实力雄厚的院校教师和知名企业的技术人员参与编写，形成了实力雄厚的编写团队。

5. 立体化的教学资源

为方便教师备课与授课，促进教师与学生之间的互动与交流，每本教材均配有相应的PPT课件。

这套教材的出版标志着教指委规划的“十二五”包装高职教材的编写工作迈出了实质性的第一步，希望教材编审委员会和有关院校在总结已有经验的基础上继续做好后续教材的编写工作。同时，由于教材编写是一项复杂的系统工程，难度很大，希望有关院校在使用过程中将教材的问题及时反馈给我们，也希望行业专家不吝赐教，以利我们继续做好教材的修订工作，真正编写出一套能代表当今产业发展需求，体现职业教学特点的教材。

全国高职高专印刷与包装类专业教学指导委员会

2011年8月

课程设置

课程名称：包装CAD

适用专业：包装技术、包装设计、艺术设计

建议学时：72学时（36学时理论教学、36学时实践教学）

课程目的

本课程是高等职业技术教育中包装技术、包装设计、艺术设计等专业职业能力核心课程，通过学习本课程，需要掌握相应的知识点，如：包装CAD设计软件的模块及功能、包装盒型展开图的绘制、3D成型技术和立体成型输出、盒型模切图的优化排列和模切版的绘制制作、盒型切割机打样输出等，使学生具备盒型结构图绘制、模切版的设计与制作、包装双向设计、切割机制作盒样的能力。同时注重培养学生的社会能力和方法能力，为学生适应本岗位工作打下良好的专业基础。

课程教学的基本要求

学生在教师指导下，借助本教材，制订包装容器的结构、尺寸、流程等作业计划，并进行实施和检查反馈。在规定时间内完成盒型的结构图绘制、尺寸标注、拼大版、3D成型、盒样输出等操作，并符合操作规范。通过学习，学生能够独立完成包装CAD设计软件操作、模切版制作等工作任务，具体包括：包装CAD设计软件的操作，各种包装盒型结构图的绘制，盒型图拼版和模切版绘制，拼大版及模切版设计图绘制，3D功能模块的应用，盒型切割机的使用，盒样输出。

教材特色

★案例来源企业实践生产一线，具有较强的实用性和针对性。

★以项目的形式来实施教学，贯彻“做中学、学中教”的教育理念，符合高职教学。

★典型案例贯穿整本教材，学生的学习兴趣增强，学习知识的积极性和主动性将会得到提高。

★本书提供了较为翔实的结构样图、项目素材和多媒体课件，学生能够直观地调用、使用图库和课件，便于自主学习。

学习指导

在学习本教材之前，应了解包装设计的基本知识，掌握包装结构设计基本方法和技巧；能够使用包装装潢设计软件进行装潢设计，掌握包装工艺流程，包装材料的基本性能和特点等。本教材以包装企业实际案例为项目，以ArtiosCAD 7.60en软件为媒介，全面系统地介绍完成盒型设计工作的流程，以及每一个环节的具体操作和控制方法。可以通过以下两个途径实现教学目的：其一，教师在教学实施过程中，可以通过对项目的分解、教师演示、学生动手操作、教师讲解、学生制作、自评与互评、操作训练等环节，来指导学生学习；其二，本书配套多媒体课件、项目素材和典型结构图图库，为学生的自主学习搭建了良好的平台。

教学学时分配

在教学中要积极改进教学方法，以学生为主体，根据实际情况，以来源于企业实践生产一线的产品为典型案例，采用基于企业实际生产流程的情境设定，采用项目教学法，在实际教学中积极引导学生主动参与，培养团队协作能力，利用现代化的手段，增强学生的感性认识。

序号	教学内容		建议学时
1	情境一 纸盒生产流程实例	项目一　ArtiosCAD盒型结构设计工作流程	4
2		项目二　Packmage盒型结构设计工作流程	
3		项目三　AutoCAD盒型结构设计工作流程	
4		项目四　ePack盒型结构设计工作流程	
5	情境二 纸盒结构绘制	项目一　日化用品包装——牙膏包装纸盒绘制	18
6		项目二　食品类包装——月饼包装盒绘制	
7		项目三　婚庆喜糖礼品包装——糖果包装纸盒绘制	
8		项目四　电子类产品包装——手机包装纸盒绘制	
9	情境三 纸箱结构绘制	项目一　家用电器类包装——电视机纸箱绘制	16
10		项目二　食品类包装——外卖比萨饼包装绘制	
11		项目三　礼品类包装——甜点圈纸箱绘制	
12		项目四　电子类产品包装——笔记本电脑纸箱绘制	
13	情境四 立体成型设计	项目一　日化用品包装——牙膏盒立体成型设计	7
14		项目二　家电类包装——电视机纸箱立体成型设计	
15	情境五　结构与装潢双向设计		10
16	情境六 盒型切样输出	项目一　操作盒型切割机	7
17		项目二　数字切样输出	
18	情境七 模切版设计	项目一　单盒型模切版设计——牙膏盒拼版设计	10
19		项目二　多盒型模切版设计——药品盒组合拼版设计	
总计			72

本课程实践性较强，鉴于平时学习过程的重要性，且有一系列的能力训练项目贯穿始终，所以考核以平时课堂学习、实训为主，期末考试为辅的形式，平时成绩占20%，项目制作成绩占50%，期末考试占30%，具体比例如下：

项目编号	内容	分数	项目编号	内容	分数
1	出勤	10分	3	项目制作	50分
2	课堂参与	10分	4	期末考试	30分

Preface
前言

随着产品种类的多样化，产品包装的功能越来越细化，作为产品信息主要载体的产品包装，也就变得越来越重要。鉴于此，在多年的包装设计教学中，我们逐步创建了“学生为主体、教师为主导、实践为主线、能力为目的”的教学观念，合理地将教学内容划分为相应的情境，以项目教学为模式，打破原有的学科型的课程教学体系，以工作过程为基础，重构专业及课程体系，本着“教——学——做”一体化的培养目标，积极探索新途径与新方法，大胆改革教学手段，改善教学条件，力争面向市场。经过多年来对情境项目教学法的研究与实践，结合各高职院校的特点和企业生产实践流程，在全国高职高专印刷与包装类专业教学指导委员会的统一规划以及印刷工业出版社大力协助下，我们组织编写了这本符合高职教育特点的《包装CAD》。

本教材按照包装技术、包装设计和艺术设计等专业培养要求，以企业实现包装盒型设计的工艺流程为线索，全面分析包装印前设计涉及的每一个流程需要完成的工作任务，以项目为载体，借用ArtiosCAD 7.60en软件为媒介，结合专业理论教学体系，系统地将盒型设计工作流程、盒型结构绘制、3D成型设计、结构装潢设计、盒型切样输出、模切版设计与制作等专业技能培养分为七个情境，共20个项目来阐述，并将常见的盒型、箱型通过附录的形式呈现出来，有利于学生的自主学习，进一步提高学生学习的积极性。

本教材打破常规的软件教材的编写体系，将软件学习融入到项目中，通过引入企业实践生产一线典型案例作为项目，并将案例贯穿整本教材，从而让学生主动去学习软件，提高学生学习的兴趣，此模式充分体现了学生在“做中学”的教育理念。同时在编写上尽量使用图例说明，实现图文并茂，采用项目驱动法和模块化，便于学生预习或自学。教材构成形式为总分结构，每一个情境均采用项目提出、项目分析、项目绘制、工作任务或技能训练等形式，全书体系清晰，任务明确，符合高职教育教学特点。

本教材内容上充分考虑到职业教育的特点，通过一些典型的案例贯穿整本教材，前后呼应，相辅相成，提高学生的积极性。具体内容设置：情境一从包装印前设计总体角度，分析了常见的设计软件在实际生产中的工作流程，重点介绍了最常用ArtiosCAD 7.60en软件的工作流程；情境二和情境三分别介绍纸盒、纸箱的结构图绘制，通过采用日化用品、食品类、婚庆喜糖礼品、电子类产品、家用电器类、礼品箱等包装为典型案例，全面解析了插入插卡式、花形锁、盘式、异形、FEFCO 02型、FEFCO 04型等纸盒或纸箱的绘制方法，通过软件的手工绘制、盒型库导入设计、局部设计等方法，完成基本项目的操作工作。情境四~情境七对盒型在实践生产中完成的每一个环节进行系统分析，通过进行盒型立体成型设计、结构与装潢双向设计、盒型切样输出和模切版设计为主题，以日化用品类包装插入插卡式纸盒——牙膏盒的生产为线索，较为翔实地分析了盒型结构图绘制、立体成型、装潢设计、切样输出和模切版制作的工艺工程，让学生能够掌握包装设计工作流程，涉及每一个流程所要承担的工作任务，为学生全面学习提供了坚实的理论和实践指导。

教材内容的选取可以考虑专业的特点，进行有针对性的删减，对于包装设计专业和从事于包装设计工作的从业人员，可以按照教材内容进行全面系统地学习；对于包装技术方向，在情境二和情境三可以选取项目一、项目三进行深层次的解析和实践，项目二和项目四可以作为拓展资料，采取学生自主学习的方式，加大对情境六和情境七的学习和解析；对于艺术设计专业，可以选取情境二和情境三中的前三个项目，情境七可以不选用。总之，可根据各院校的学生特点和专业培养目标的需要，有选择性地对教材内容进行选取，达到高职教育教学“够用、实用、适用”的原则即可。

本教材根据各教学环节需要，配备了PPT课件、项目素材和典型结构图图库（上述教学资源由出版社免费提供），以便于教师备课与授课，促进教师与学生之间的互动与交流。

本教材由安徽新闻出版职业技术学院叶海精和上海出版印刷高等专科学校周淑宝主编。情境一由叶海精、周淑宝和杭州电子科技大学周盛华编写；情境二由安徽新闻出版职业技术学院张晓艳、叶海精编写；情境三由周淑宝编写；情境四由上海出版印刷高等专科学校吴艳编写；情境五由安徽新闻出版职业技术学院吴艳芬、郑美琴编写；情境六由吴艳编写；情境七由张晓艳编写；附录由叶海精整理。全书由叶海精统稿，由安徽新闻出版职业技术学院副院长、副教授吴鹏和江西新闻出版职业技术学院院长、副教授黄彬主审。

本书在编写过程中得到了ESKO上海贸易有限公司、广州中为计算机有限公司谭应洪先生，中德印刷厂印前设计室主任周海峰，德国莱比锡应用技术大学HERR HERZAU教授，安徽新闻出版职业技术学院包装工程系张鹏老师、董娟娟老师、学生王文骏和程丹丹，上海出版印刷高等专科学校崔庆斌老师、唐偲老师和印刷工业出版社专业教材出版中心主任张宇华、以及各职业院校教师的大力支持和帮助，在此表示感谢和敬意。由于时间仓促，所参考的文献资料未能全部列出，在此一并表示感谢！

由于编者的编写水平有限，难免有疏漏之处，敬请广大读者批评指正。

编　者

2011年7月

Contents
目录

情境一 纸盒生产流程实例

知识目标

了解盒型设计的基本工作流程；了解不同包装设计软件的特点。

能力目标

能够运用ArtiosCAD软件进行盒型生产流程设计；能够运用其他设计软件，进行盒型基本设计与输出；能够掌握其他设计软件的设计操作方法。

情感目标

提高学生的综合设计能力；增强协作能力。

某印前设计部门为某企业设计一款折叠纸盒，需完成结构设计、装潢设计、拼版设计、3D成型设计等盒型生产流程。

针对上述任务，要实现结构设计、装潢设计、拼版设计、3D成型设计等盒型生产流程，可选择不同的盒型结构设计软件，结构设计软件有Esko-Graphics公司的ArtiosCAD、广州中为公司的Packmage、方正ePack等。合理地选择包装设计软件来完成盒型生产流程设计，将会起到缩短周期，提高工作效益的作用。

项目一 ArtiosCAD盒型结构设计工作流程

ArtiosCAD（雅图）是世界包装业最流行的结构设计软件，特别为包装专业所开发的专用工具，供结构设计、产品开发、虚拟样品设计和制造使用。

一、软件功能及工作流程

ArtiosCAD是瓦楞纸箱和卡纸纸盒设计师的理想工具。ArtiosCAD设计软件具有以下几个方面的特点。

ArtiosCAD的设计和绘图工具包括使结构设计人员的作业更精确、更为有效的各种工具；工具对齐和吸附功能提供图形反馈，帮助有经验的和新的用户立即变得更有生产能力。完整的3D集成允许快速制作设计图的样品并加以展示，消除在交流时产生的错误，减少设计评估的时间；ArtiosCAD的版式和机加工设计功能可以用来生成印版版式和模切机加工——根据在制造中使用的生产设备进行优化，软件中的数据库和报告功能增强了公司内部的沟通，以及与外部供应商的交流，ArtiosCAD的Adobe Illustrator插件真正为结构和图形设计人员创造出第一个双向沟通的工作流程。

ArtiosCAD的优点主要体现：超级绘图工具提高了设计人员的能力；建模和设计能够快速进行样本制作并展示三维图像；功能强大、高效率的版式设计和机加工设计；相关的数据库提供了灵活的数据库查找和报告。

因此，使用ArtiosCAD进行结构设计，结合图形，通过插件和相关软件完成装潢和结构的双向设计，创建3D模型，并进行刀模设计或直接输出。ArtiosCAD盒型结构设计工作流程如图1-1所示。

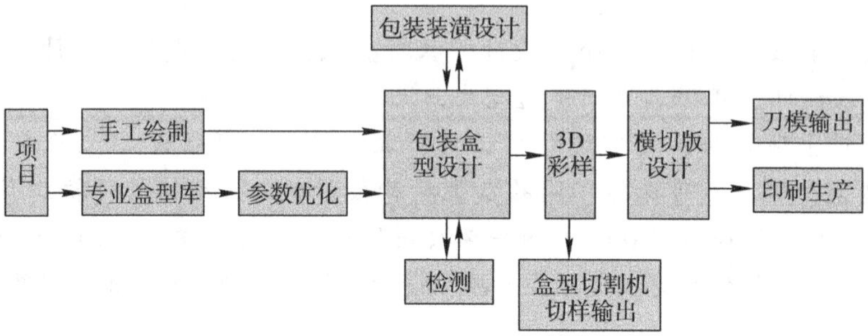

图1-1　ArtiosCAD盒型设计工作流程

二、项目提出

某印前设计部门为某企业设计一款折叠纸盒，盒盖结构为插卡式，盒底结构为锁底式，盒型设计尺寸为65mm × 35.5mm × 95mm，需完成结构设计、装潢设计、拼大版设计，并能实现在线输出。

三、项目分析

本项目属于管式折叠纸盒。

盒盖采用插卡式。插卡式盒盖就是在插入式摇翼的基础上，在主摇翼插入接头折痕（盖片和盖插片之间）的两端各开一个槽口，当盒盖封合后，可利用副摇翼的边缘卡住主摇翼的槽口，则主摇翼就不能自动打开了。插卡式结构同时利用了摩擦力和摇翼之间的卡锁两种方法来固定盒盖，所以较可靠。

盒底采用锁底式。锁底式盒底就是将矩形管式折叠纸盒的四个底摇翼设计成互相折插啮合的结构进行锁底。锁底式盒底能包装各类商品，且能承受一定的质量，因而在大中型纸盒中得到了广泛的应用，是管式折叠纸盒中使用得最多的一种盒底结构。

四、项目实施

（一）盒型结构设计

1. 手工绘制

通过新建文件、辅助线工具、几何模型工具、修整工具等工具条，分别完成设计图文件建立、辅助结构图绘制、结构图绘制、局部尺寸修整等。

2. 专业盒型库

选择“File” > “Run a Standard”命令，将会打开ArtiosCAD软件的标准盒型库，根据盒型库中已存在的盒型，选择合适产品的包装盒样，输入包装盒的LED数据，进行尺寸的相关控制后，即可生产一个基本标准盒样的包装盒结构示意图。

3. 参数优化

盒型的局部尺寸和结构，需要手工进行调整，利用软件自带的编辑工具、修整工具、几何模型工具等，进行局部结构和尺寸的调整。

一般来说，常见盒型可采用专业盒型库导入设计，本项目选择“Folding carton- > 1. ECMA- > 180.01”盒型，输入65mm、35.5mm、95mm，并按照操作完成相应尺寸大小的输入，完成设置如图1-2所示。

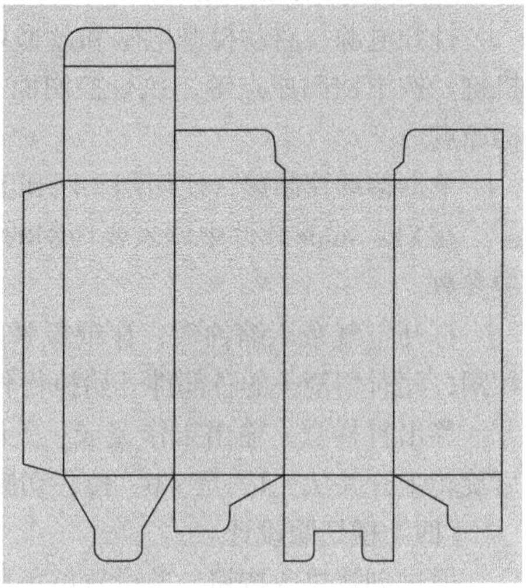

图1-2 包装盒结构示意图

（二）包装装潢设计

盒型结构设计完成后，可以通过设计检查和3D立体成型，来检测线段绘制和结构尺寸是否正确。检测结束后可通过“ArtiosCAD for Illustrator输入输出插件”，导入到Illustrator软件中进行装潢设计，设计后效果图如图1-3所示。

设计完成后通过输出方式，保存为JPEG或TIFF格式，要求一定与盒型大小相同，一般建议色彩模式为RGB，用于屏幕显示，所以分辨率无须太大。通过图片编辑工具条，使用导入图片和自动套合图片后，并通过3D成型，获得效果图如图1-4所示。

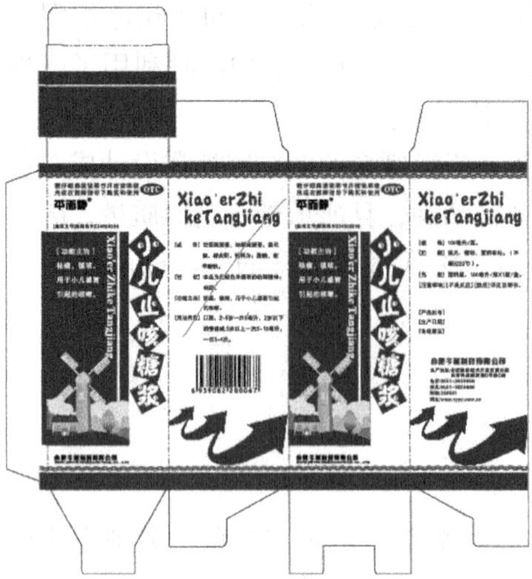

图1-3　盒型装潢设计图

图1-4　包装装潢立体效果图

（三）盒型切割机输出

打开电源，启动控制电脑和盒型切割机，同时打开控制软件XL-Guide和启动电机键。按下回归原点键，执行控制面板上绿色启动键，此时切割头将移至工作台坐标原点。

单击移动控制键，使切割头回到工作台的适当位置，放置好待切割的材料。

在XL-Guide软件中调入要切割的盒型打样文件，并在软件中制定工作设置的各项参数。

打开空气泵压缩抽气，让纸板紧贴于平台。启动绿色启动键，开始盒型的打样切割，此时切割头的各部件开始执行相应的任务，直到文件全部执行完毕。

移出打样盒，输出工作完成，关闭控制软件，再关闭电机键停止电机运转，然后旋转主开关从“1”至“0”位，切断电源，完成盒型的切样输出。

（四）模切版设计

通过创建拼版按钮，并设置好版面大小后，运用组合排样工具，完成拼版设计。利用添加桥工具、自动添加平衡钢刀工具、废料分割线工具、提手设计等工具，完成相应的设计，获得如图1-5所示的效果图。完成设计后，即可进行印刷生产和模切版生产加工。

（五）虚拟动画输出

利用ArtiosCAD强大的虚拟软打样功能，可以记录之前3D成型的全过程，并将其输出为可交互的虚拟动画。ArtiosCAD的输出命令在文件/输出-3D中打开，目前支持3D输出的有Animation AVI、Collada、Solid Works、VRML等格式。

需要将3D动画效果输出成方便浏览的动画。选择虚拟现实VRML格式。VRML具有文件量小、可交互、开放性编辑和跨平台浏览等优点，是最适宜网络上传播的交互动画格式之一。VRML动画的屏幕浏览一般需要安装浏览器插件，安装Cortona Vrml和BS Contact。安装插件后，打开.WRL文件，分别单击四周工具栏中的平移、旋转、缩放等工具，并拖动鼠标，就可以看到3D成型的交互性虚拟动画了。

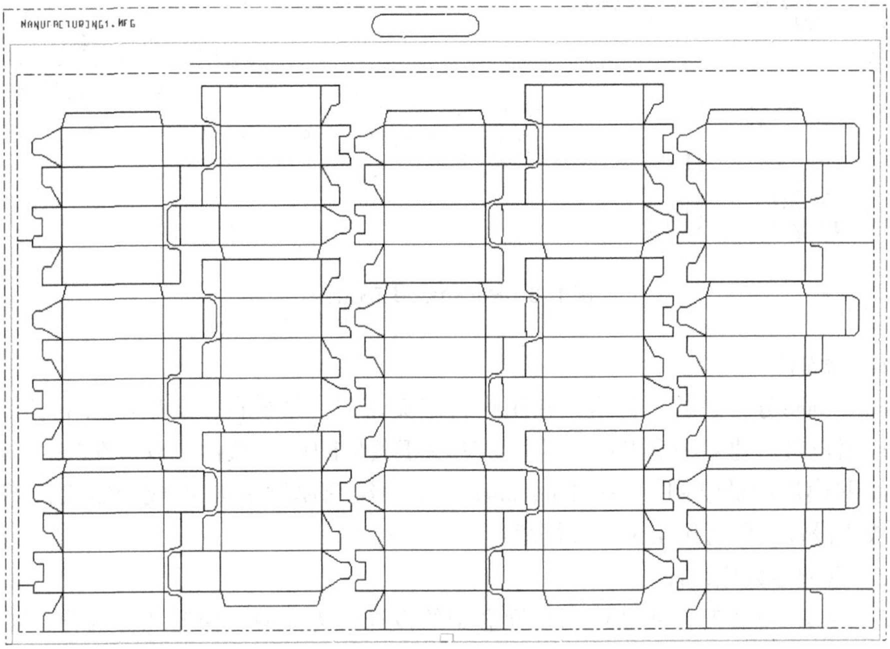

图1-5 模切版拼版设计效果图

项目二 Packmage盒型结构设计工作流程

Packmage，中文名为包装魔术师，在其中完成一款包装盒型设计需要经过下述工作流程，如图1-6所示。

一、软件功能及工作流程

（一）软件功能

Packmage是由广州中为计算机有限公司研发的折叠纸盒设计软件，该软件包含的功能模块有盒型库、参数化设计、CAD绘图、3D模拟成型、拼大版，目前可提供中文繁简体版和英文版软件。

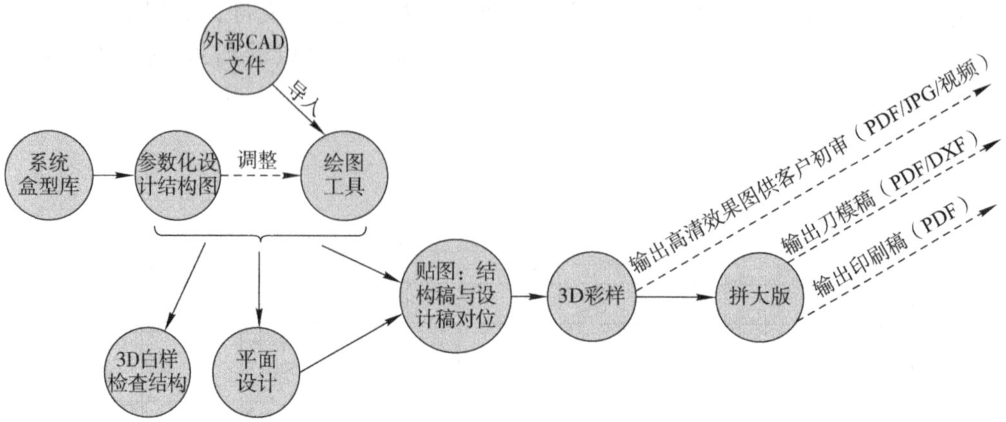

图1-6 Packmage工作流程

1. 盒型库

Packmage分为系统自带盒型和用户自定义盒型，系统自带盒型可以用于参数化设计；用户自己建立的盒型库，其盒型来源于其他的CAD软件，或是在Packmage的CAD绘图模块中被绘制，并在Packmage的CAD绘图模块中被3D成型定义，不能用于参数化设计，但可用于3D和拼大版。

2. 盒型参数化设计

Packmage意图使得非结构创新型盒型的设计最为简单、快速和标准化，系统自带的盒型都可以进入这个盒型参数化设计模块，只要输入简单的长、宽、高、纸厚，以及其他某些因盒型而异的必要信息后，盒型结构图即被设计出来。包装盒展开图可以导出为PDF、DXF等矢量格式，供Photoshop、Illustrator、CorelDRAW、AutoCAD等软件使用。

3. CAD绘图与3D定义模块

系统自带盒型文件和外来的CAD文件可以被导入到本模块（也可以在本模块从零开始完成一款包装盒结构图的绘制），进行修改和3D折叠成型定义，然后就可以在3D模块中形成3D视图了。

4. 3D模拟成型

设计师可以随时把设计稿导入Packmage，与结构图进行恰当的对位之后，3D彩样效果立即呈现。

5. 拼大版

拼大版模块是实现将单个的刀模图形与设计图像进行对位，然后对刀模图形进行拼版，之后由软件将设计稿渲染到每一个刀模图形上，最终获得刀模版和印版所需的文件，可以提高工作效率、准确性，并确保刀模文件与印版文件的一致性。软件提供智能拼版、阵列和手工拼版3种工作方式。

（二）盒型设计工作流程

一般情况下，我们有了包装盒的长（L）、宽（W）、深（D）这3个尺寸，就可以用Packmage的标准盒型库快速生成我们所需要的包装盒。

二、项目提出

设计一款药品包装盒。药品本身用PP材质瓶装，围上说明书后的尺寸是29.5mm × 29.5mm × 54mm，选择比较常见的管式飞机盒、250g/m^{2}灰卡纸（纸厚约0.3mm）。

三、项目分析

此项目涉及药品包装盒为管式折叠纸盒，盒底盒盖结构均为插卡式。

结构形式主要有飞机式、反插式和直插式3种，其中飞机式是指盖板和底板同后板相连；反插式是指盖板和底板一个与前板相连，一个与后板相连；直插式是指盖板与底板同与前板相连。本项目属于第一种，盖板和底板同后板相连。

四、项目实施

1. 盒型库导入盒型

如图1–7所示，根据客户需求，选择盒型FF008a。

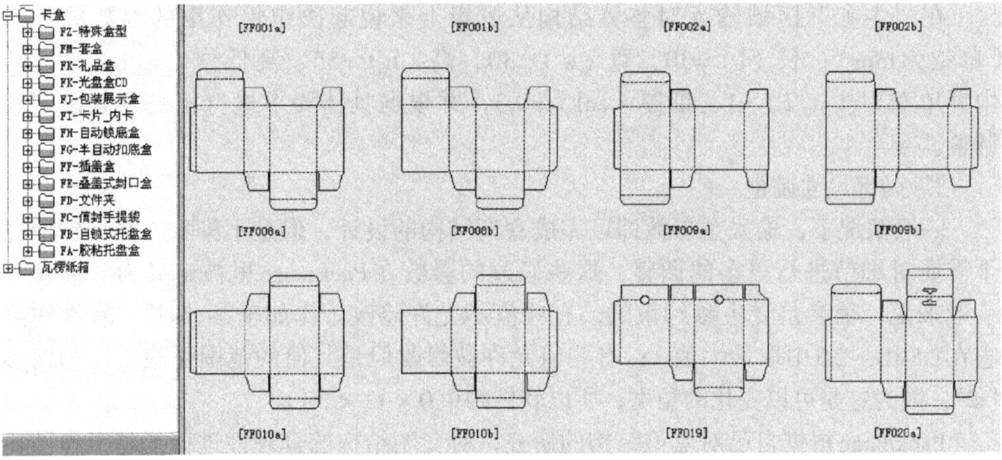

图1–7 从盒型库选择盒型

2. 输入长、宽、高等主要参数

打开盒型后系统的初始值和结构图如图1–8所示。

Packmage的结构稿的尺寸是刀线尺寸，为此，我们需要将内装物的尺寸与刀线尺寸进行简单的换算。因纸厚的影响，刀线的“长”和“宽”需要比内装尺寸约大一个纸厚；因为盒盖和盒底上下均有两片防尘翼，盒深D应约大于两张纸的厚度即可。所以盒子的刀线尺寸是30mm × 30mm × 55mm（通常为了设计和生产的方便，会往上取0.5的整数倍）。

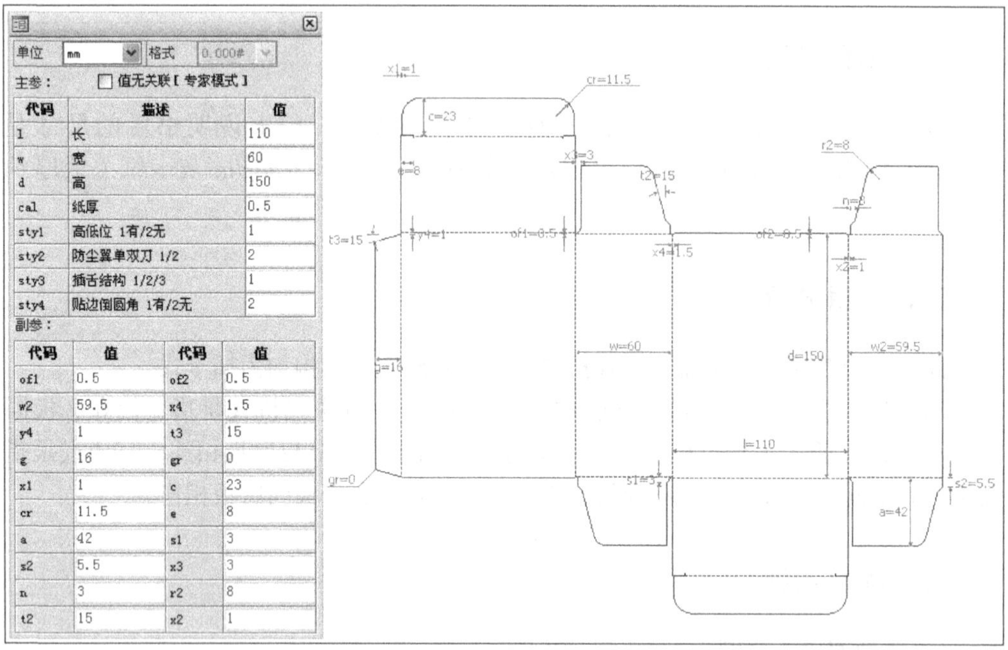

图1-8　输入主参数对话框

在“主参”区域输入对整体结构从逻辑上来说起决定性作用的参数的数值（单位为mm）：长（l）=30、宽（w）=30、高（h）=55、高低位（sty1）=1、防尘翼单双刀（sty2）=1、纸厚（cal）=0.3，并根据具体要求进行相关参数设定和调整。

3. 局部尺寸调整

一般情况下，输入主参数即可完成盒型结构的设计，但是不排除一些特殊情况下需要对细节进行更多的调整，这些修改的参数在Packmage里被定义为“辅参”。一般来说，辅参是受主参约束的，有些值不允许修改（比如辅参“s2”，软件约束它在2.5和e-2.5中取最大值）；有些值允许被修改但是其值的范围受限（比如辅参“t2”，因为这是可以变化的角度，所以软件约束0 < t2 < 30）。

Packmage根据自己对盒型结构的研究，对盒型结构的合理性进行了基于各种复杂的数学和程序逻辑的判断（正因如此，我们才能通过输入少量的参数值来获得自己想要的结果），然而毫无疑问软件会存在这样的可能：软件的约束体系不合理，或约束体系合理但是未考虑到某种特殊的情况，使得用户被软件的约束体系所限而不能获得自己需要的结果。为了解决这样的情况，软件提供了一种解除约束的模式，该模式通过勾选“值无关联（专家模式）”选项来打开，在该模式下软件的约束体系不再生效，可以对各参数进行任意修改。

本例我们设置：t2=10，r2=0，c=10，cr=5，g=9，x1=0，其他值不变。这里修改的c和g值主要是为了拼版省纸，t2、r2和x1是为了方便装刀（做刀模版）。

最终的参数和结构图如图1-9所示。

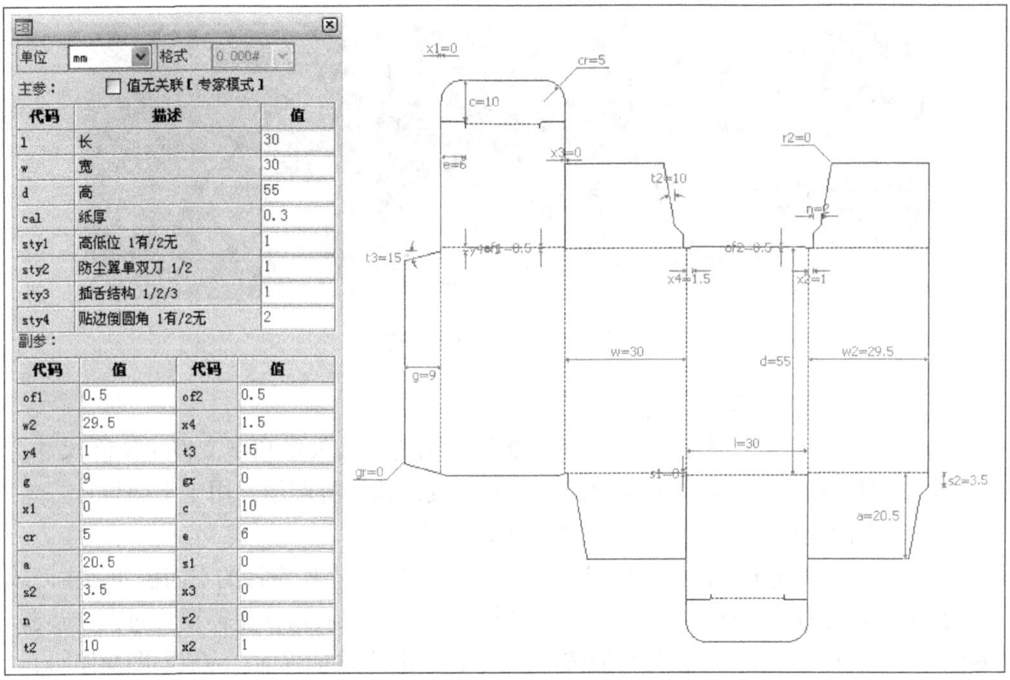

图1-9 最终参数与结构图

4. 3D模块检查设计效果

单击工具栏的“3D”图标，即进入3D模拟成型界面。Packmage的3D模块能够从任意视角查看盒型——即视图可以全视角旋转，如图1-10所示。

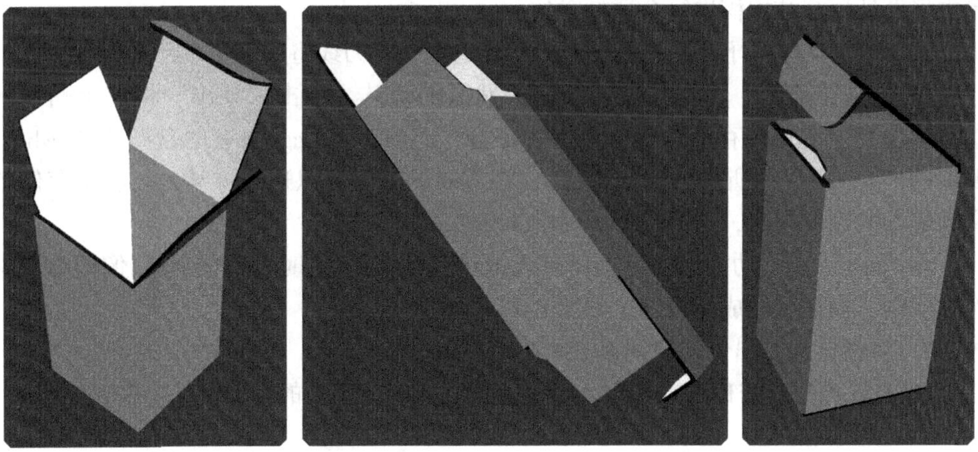

图1-10 全视角查看成型图

此外，可以通过局部放大，检查细节的合理性。如图1-11所示。

确定结构设计无误后，关闭3D视窗，回到盒型参数化设计窗口，选择“文件”>“保存/导出”命令，选择“zwbox”格式，这个格式是Packmage的自有格式，存储了盒型结构和参数值，可被重复调用。此时导出该格式以备后续使用。

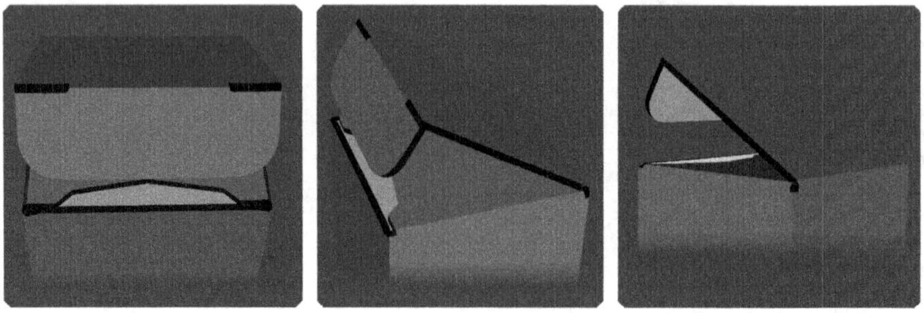

图1-11　检查局部结构

5. 导出结构图供设计师进行平面设计

选择“文件” > “保存/导出”命令能导出结构图的矢量PDF文件（实际尺寸），该文件可被Illustrator、Photoshop、CorelDraw等设计软件所调用，用于平面设计。

6. 将平面设计稿导入Packmage查看3D效果图

为了检查、优化平面设计，我们需要知道按照我们现在所设计的平面稿如被生产成为成品其外观究竟是怎样的。要生成3D彩样效果图，在Packmage里需要经过两个步骤："贴图" > "3D"；单击“贴图”功能按钮，进入“贴图”功能界面。完成贴图操作如下。

① 先在“材质选项框”中选择材质的清晰等级（分较差、中等和高清3个等级，其中高清等级能保证3D成型的清晰度与设计原稿一致，而另两个等级则有压缩）。

② 单击“贴图”按钮，将平面设计稿导入右侧的“贴图列表”。

③ 在“面列表”中圈选所有面（也可以按“Ctrl+A”这一组合键选择所有面），再在“贴图列表”中选择刚才导入的设计稿，设计稿就被导入进贴图场景。在该场景中将设计稿与结构稿进行合适的对位。

④ 单击工具栏“预览”功能按钮，可以看到按照刀线将边角切除后的平面视图。

⑤ 单击“确定”功能按钮，即完成贴图的确认。单击“导出”将整个贴图的信息导出存放起来（存储的是一个文件集合，包含Packmage自有的盒型文件zwbox、贴图的信息xml以及所贴的图像文件），在需要的时候可以通过“导入”将正存储的文件集导入贴图视窗，从而还原此时的工作内容。

⑥ 单击“3D”功能按钮，即可进入3D视窗界面，这时看到的3D图像即为模拟经过印刷、模切后的成品视图，如图1-12所示。

7. 将设计稿导出供客户评审

在3D界面中，按F4键可以导出成品视图在某一个定格的视图文件，供客户评审。

8. 拼大版

在主功能窗口中，单击“排版”按钮，进入拼大版的功能窗口，在该功能窗口中输入某一个纸张规格，单击“拼版”按钮，软件即可自动完成拼版计算，拼版计算完成后，还可以在软件的帮助下寻找特规纸，操作步骤：选择参考线工具，为拼版图的边缘画出参考线，并选取裁切工具，沿参考线内侧框选区域，软件就自动在考虑咬口、版尾等参数的条件下得出特规纸尺寸和拼版图，如图1-13所示。

选择“导出”命令，可以导出本拼版文件的PDF文件。选择“拼大版预览”命令，软件将会按照“贴图”操作中的设计稿和对位信息，将图片贴上来，再导出，可以导出含图像信息的PDF文件。

图1-12　设计成型图

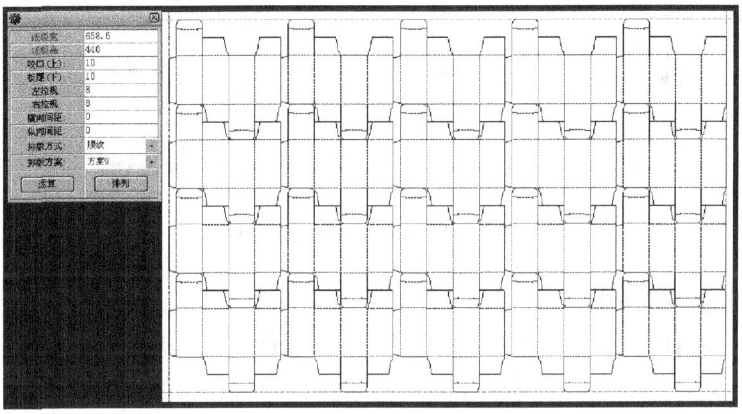

图1-13　特规纸尺寸和拼版图

项目三　AutoCAD盒型结构设计工作流程

一、软件简介

AutoCAD是当今最流行的计算机辅助设计软件之一，是目前使用最广泛的工程辅助设计CAD软件。从1982年V1.0的诞生，到R14版本，再经过2000和2002版本的不断完善，直到今天的AutoCAD 2011，一直深受广大工程设计人员的欢迎，被广泛应用于机械、建筑、电子、能源、航天、制造、石油化工、冶金、地质、气象、包装等各种领域。它大大减轻了设计人员的劳动强度，是工程设计人员必备的工具软件。

二、工作流程

利用AutoCAD，完成纸盒的结构设计需要经过下述工作流程，如图1-14所示。

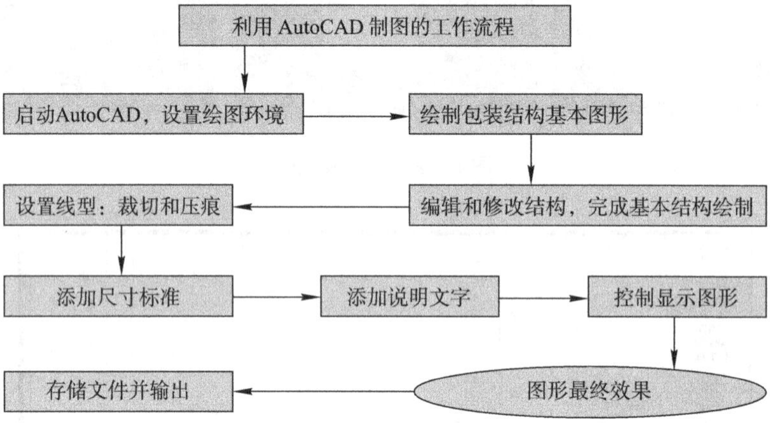

图1-14 AutoCAD工作流程

（一）绘图环境设置

启动AutoCAD软件后，首先要对绘图环境进行设置，包括绘图区域的背景颜色、光标大小以及绘图单位、自动保存的时间间隔、图层、线型、线宽等。这些设置关系到整个AutoCAD系统与工作空间。

设置方式：单击菜单栏的“工具” > “选项”菜单，打开如图1-15所示的系统选项对话框，里面包括的选项卡有文件、显示、打开和保存、系统、用户系统配置、草图、三维建模、选择和配置，可以依次对这里面的配置信息进行修改，设置符合包装设计的配置信息。

（二）结构绘制

AutoCAD绘图主要分为二维图形和三维图形两大类。二维基本图形有直线、多段线、圆、矩形、椭圆等；三维基本图形有长方体、圆柱体、球体、楔体、圆锥体等，另外还可以将二维图形经过简单操作转换为三维图形运行。本项目要求绘制包装纸盒的平面结构图，可以不涉及三维绘图的功能。二维绘图只利用AutoCAD提供的二维绘图工具条，如图1-16所示。

（三）参数优化

编辑和修改图形工具主要指位于“修改”工具栏的复制、移动、镜像、偏移、圆角、倒角等命令，另外还有“实体编辑”工具栏中差集、并集、交集、拉伸等命令，利用这些命令可以对基本二维和三维图形进行修改编辑。修改工具条如图1-17所示。

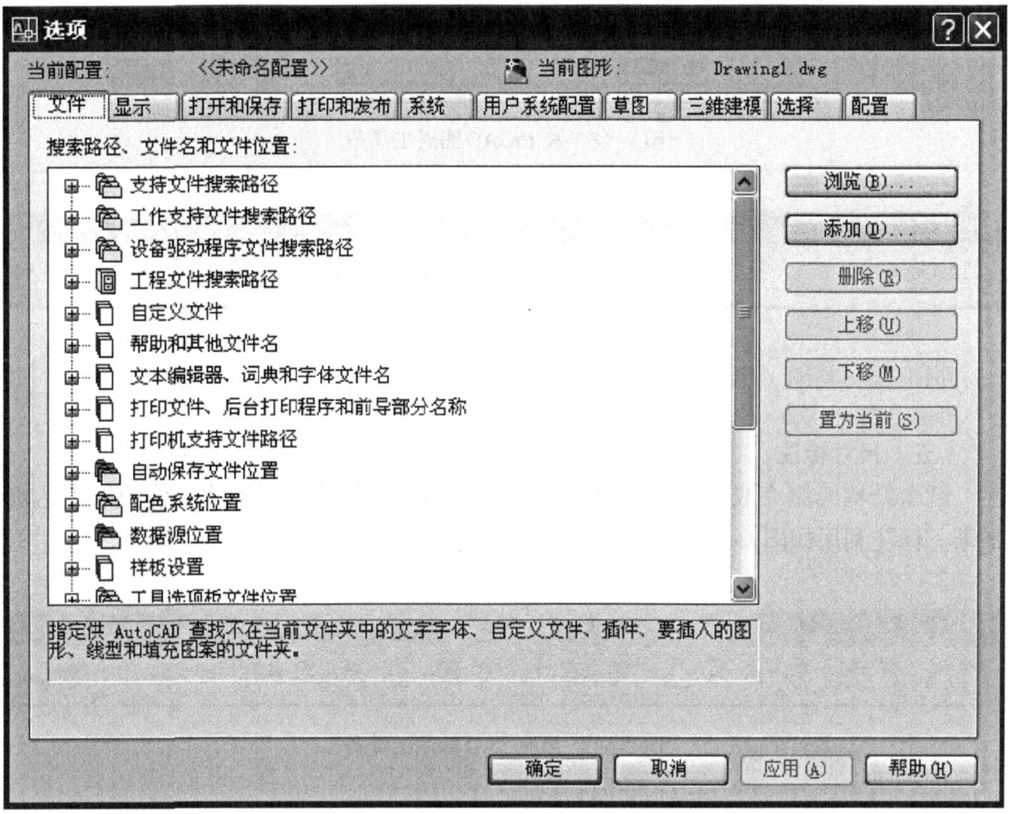

图1–15　AutoCAD系统选择对话框

图1–16　AutoCAD绘图工具条

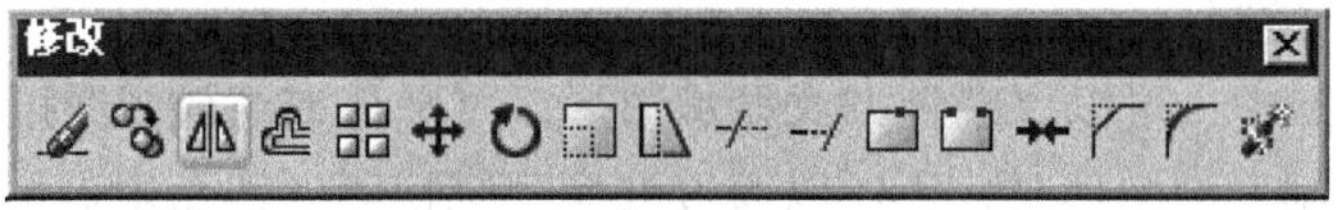

图1–17　AutoCAD修改工具条

（四）线型设置

基本结构绘制完成后，需要修改图形的线条的类型，分别设置裁切线和压痕线。为了方便操作，AutoCAD中，一般利用图层来分别设计裁切层和压痕层。并可以设计不同线型，其显示的颜色不同。图层的设置利用如图1–18所示的图层工具条，线型的颜色和形状设置利用如图1–19所示的特性工具条。

设置好线条的形状、颜色后，纸盒的结构绘制完毕。

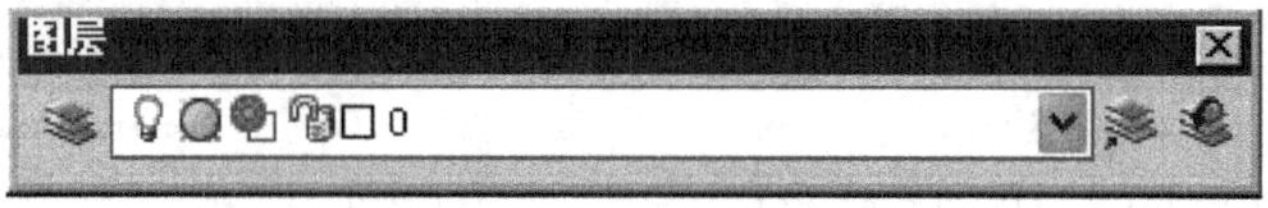

图1-18　AutoCAD图层工具条

图1-19　AutoCAD特性工具条

（五）尺寸标注

纸盒结构绘制完成后，需要对纸盒的主要部分的尺寸进行标注，使图纸表达更清晰。标注利用如图1-20所示的标注工具条。

图1-20　AutoCAD标注工具条

（六）文字标注

纸盒结构绘制完成后，除了尺寸标注外，还需要进行文字标注。图1-20中的图纸虽然尺寸和结构很清晰，但没有交待材料和数量，工程人员还是无法进行生产操作。只有在此基础上再标注文字说明，才能算是一幅完整的CAD图纸。利用如图1-16所示的绘图工具条中的多行文字工具可以进行文字标注。标注的主要内容可以包括纸盒的产品名称、尺寸规格、所用材料、制造数量、细节要求、绘图者等。

（七）显示控制

在AutoCAD中，可以以多种方式显示图形，可平移或缩放视图以显示所需的图形部分；在绘制三维图形时，还可以通过改变三维视图划视点来显示图形。控制图形的显示有如图1-21所示的缩放、视口、视图、动态观察等几个工具条。

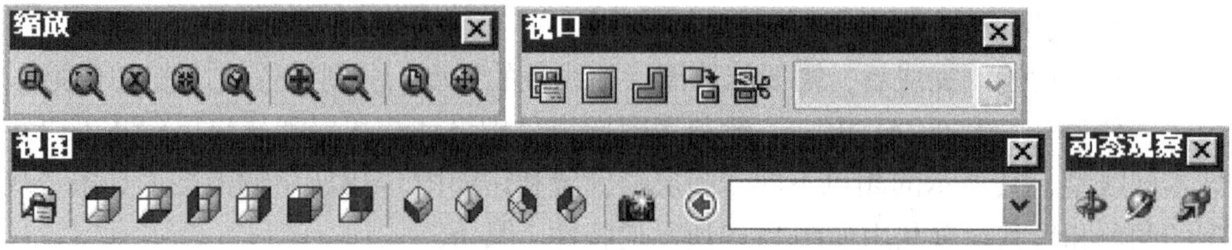

图1-21　AutoCAD控制图形显示的工具条

（八）文件输出

盒型结构绘制完成之后，要将其保存在指定的硬盘位置。还可以将图形打印在图纸上，这就需要进行打印设置，AutoCAD使用打印样式管理器来控制对象在打印时的外观，通过布局和图纸空间来观察打印效果。

项目四　ePack盒型结构设计工作流程

一、ePack简介

在介绍盒型设计的基本方法之前，首先需要明确ePack在包装印刷生产流程中的地位和作用，如图1-22所示，可以帮助建立一个较为明晰的框架。

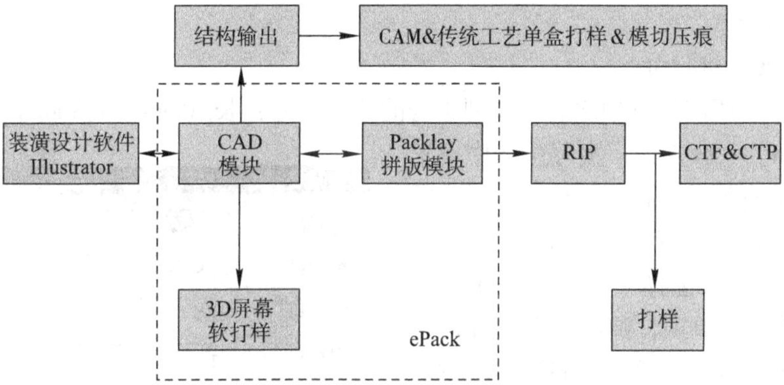

图1-22　ePack盒型结构设计工作流程

从图1-22中可以看出，ePack在整个生产流程中处于一个承上启下的关键环节，它是印刷的装潢图设计的依据，为单盒打样和模切压痕工艺提供结构数据，也是后端印刷生产的基础。而在图1-22中描述的ePack的三大功能模块——CAD模块、Packlay模块、3D屏幕软打样模块中，CAD模块无疑处于核心环节。

二、ePack的CAD模块

在方正ePack的CAD模块中，提供了3种结构设计方法——盒型库调用、零件库组装、自行设计，以其中盒型库调用和自行设计为主导，零件库组装作为辅助。具体设计时的思路如图1–23所示。

从图1–23可以看出盒型库是设计时的首选，然后再考虑自行设计，而在自行设计的过程中，零件库可以为设计提供补充和便利。

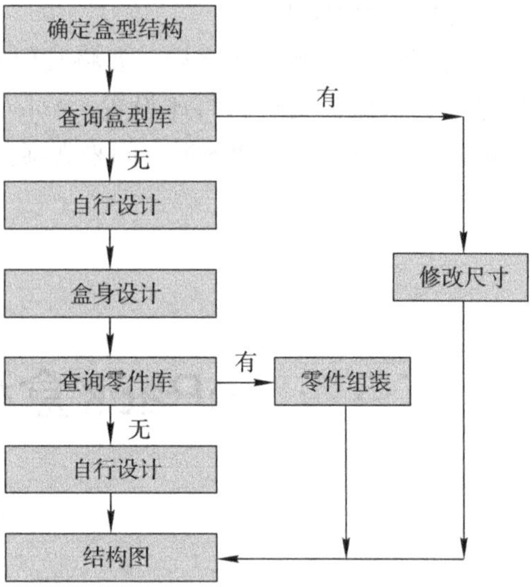

图1–23　ePack的CAD模块的设计思路

三、盒型库导入设计

通过盒型库的设计方法，归纳为以下几个步骤。

1. 选择盒型

ePack盒型库目前主要分为直线管式盒、斜线管式盒、直线盘式盒、其他盒型四类，用户可以根据需要查找并选择使用。从总的数目上看，盒型库中现有盒型176个，主要分为：直线管式盒134个、斜线管式盒31个、直线盘式盒8个、其他3个，共计176个。这种分类比较笼统，用户在这样的盒型库中寻找自己所需要的盒型，不太方便。也可以通过盒型的名称、说明、作者、日期、尺寸以及客户信息来查找所需的盒型。

2. 修改关键尺寸

在选中了所需的盒型之后，盒型本身的缺省尺寸：长50mm，宽30mm，高80mm，纸厚0.5mm。一般来说，实际生产中要求的尺寸和缺省尺寸往往不一致。此时，需要修改盒型的长、宽、高、纸厚等关键尺寸的数值。可以选择“文件”菜单中的“盒型尺寸”菜单项，弹出盒型尺寸对话框。然后输入需要的纸盒的长、宽、高、纸厚等尺寸值，按回车键或单击“确定”按钮完成修改，如图1–24所示。

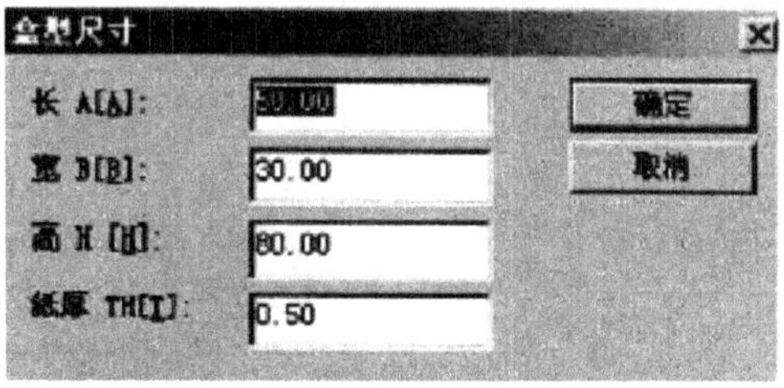

图1–24　ePack的盒型尺寸修改

关键尺寸修改完毕后，盒型结构的其他细微尺寸也会自动改变，以保证输出盒型结构的正确性。如果确实需要对具体的零件尺寸进行更改，也可以选中零件，单击鼠标右键，选择编辑零件，然后通过标注对应的属性框对细节的尺寸进行编辑。另外对于盒型库中没有的但是会经常用到的盒型，可以通过用户自定义盒型库文件的操作方法加入到盒型库中，具体的操作步骤下文将会详细介绍。

四、自行设计

在自行设计的过程中，主要就是要清楚理解结构中点、线、面的定位关系。能够自行设计的用户需要具备一定的纸盒设计经验，设计的基本思路，可以用以下的流程图进行概括，如图1-25所示。

图1-25　ePack盒型自行设计总体思路

由图1-25可以看出，在进行自行设计的时候，首先需要知道所设计的盒型的基本类型，然后选定纸板类型，因为在设计时需要考虑由于纸板的厚度而产生的偏移量，接下来进行的就是具体的结构设计和尺寸设计，确定点、线、面的位置关系，完成整个盒型设计的过程。以下是具体设计的流程，如图1-26所示。

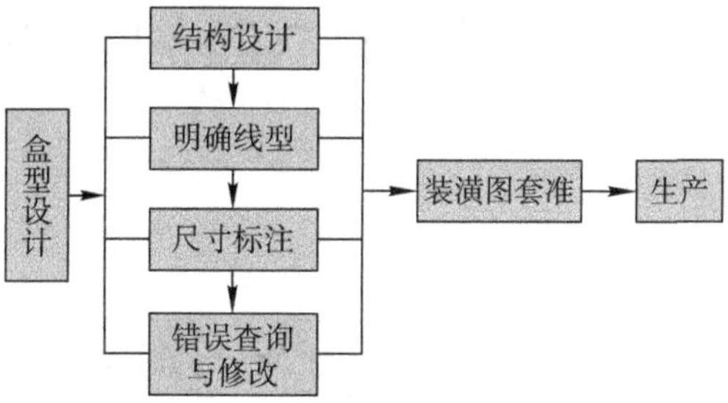

图1-26　ePack盒型自行设计方法

由图1-26可以看出，在设计前首先明确盒型、材料、纸盒结构和尺寸设定，然后应用ePack具体进行操作，完成结构图，一般意义上传统的盒型设计步骤如下。

① 框架搭建。借助辅助线，搭建盒型的基本框架和关键控制点。

② 盒型绘制。运用ePack中的线段、圆弧、圆、椭圆、矩形等工具，以参考线为基础绘制盒型。对于盒型比较复杂的纸盒可以把其零件部分独立出来，单独绘制，然后生成零件，最后添加零件的方式添加到盒体上，这样可以使盒型制作层次清晰，另外对于重复使用的零件也可避免重复操作，提高设计效率。

③ 分层。按照后加工的不同工艺，把结构图上的线条分层分类，在ePack中提供了以下的几类层次：切割层、内切层、折叠层、运输层、辅助层、定位层，可以根据需要进行标明。

④ 标注尺寸。对各个关键部分的尺寸标注，一方面可以让设计人员对于各部分的尺寸做一个回顾与检查，另一方面也能便于其他设计人员对此盒型进行查看和检测。在ePack中提供了距离、角度、半径和文字等标注方式，可以让设计人员对尺寸进行详细的描述。

⑤ 查错。查错在结构设计中起到最终的把关作用，一个错误的设计稿可能会导致整个后端生产的失败，因此必须要严把质量关。基于ePack的设计，提供如下的查错思路：

a. 通过标注检查尺寸的合理性，是否满足基本的盒型制作约束；

b. 利用ePack给出的“检测包装盒”的功能检测断点；

c. 利用3D中的盒型查错功能进一步检测，这里可以给出盒型立体图的线框显示图、白盒显示图，以便于查错和观察。

五、参数驱动设计

另外，值得一提的是，ePack作为专业的盒型设计软件，提供了参数驱动方法，可以在盒型尺寸之间建立一系列的关联，这样，盒型尺寸需要修改时，只要改动几个关键点既可，大大提高效率，这一点其实也就是盒型库文件的驱动机制，如图1-27所示。

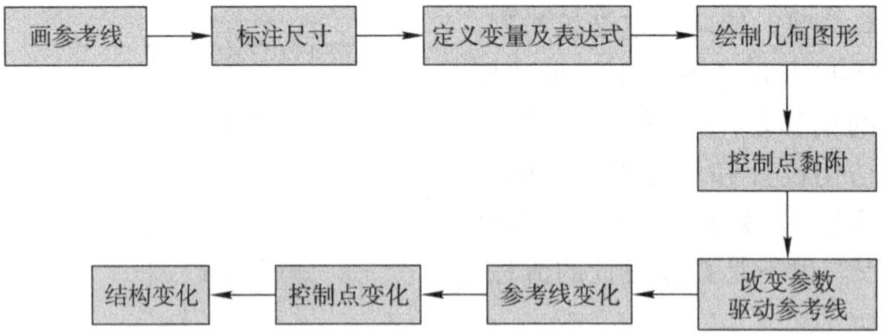

图1-27 ePack参数驱动方法

由图1-27可以看出在整个驱动过程中，定义变量及表达式是一个关键，变量是参数驱动的基础，参考显示参数驱动执行者，几何图形是参数驱动效果的表现。标注则起到定义变量的作用，并把变量以直观可视的形式表现出来。控制点促使几何图形的表现发生改变。

也就是说，如果要根据参数驱动的方法建立盒型结构文件，主要就是在盒型绘制的过程中，要按照参数驱动的实现过程进行绘图，即在参考线框架搭建之后，就要标注尺寸，然后定义变量和表达式，在绘制完几何图形后进行控制点黏附，使图元可以随参考线而变化，最终实现参数驱动过程。在这个方法中，零件的绘制应当独立出来，然后再以添加零件的方法将其放在盒身上，这样可以保证结构清晰，易于操作。制作好的盒型可以保存到盒型库，以备调用。

ePack的零件库提供了丰富的成型零件，这样在自行设计盒型结构图时，搭建好基本框架后，如果所需的零件是零件库中现存的，就可以直接调用，从而节省时间。其他的设计步骤与自行设计相同。

六、拼版及3D模块

ePack的Packlay拼版模块提供了丰富的工具可以让设计人员基于盒型设计图，快速方便地完成拼版操作。可添加一个或多个活件，对单个活件可以不考虑最优方案，快速铺满整个页面。如果用户需要自行排料，Packlay中也提供了灵活的手工拼版，提供辅助线和背景格协助定位，并且有对齐（改变几个活件之间的位置关系）、分布（活件在版面的相对位置）、方向（活件自身方向改变）和次序（出现重叠时，活件的上下位置关系）的设置。

在Packlay中还提供了结构间距和外接间距两种不同概念的间距调整。这种调整可以控制在印后模切加工时是用双刀切还是用单刀切的方式。同时我们可以自定义出血线并可以添加相关的辅助信息，如印刷控制信息（裁切标记、CMYK校准标记、对位标记、灰梯尺、咬口等）、作业信息（活件名、制作人、客户名称、制作日期等）。

最后，在输出PS文件时，还有3种选择让我们根据需要灵活使用：输出结构图、输出装潢图、输出结构图和装潢图。

ePack提供了3D打样屏幕功能。借助3D模块，我们可以把制作好的盒型以立体图显示。并观察各个角度的外观效果，在显示方式上有线框显示、白盒显示、贴图显示、精细显示，同时可以变换不同的视角以充分观察盒型的外观结构。在3D模块中还有折叠编辑的功能。我们可以手动对整个折益线或是某一条折盈线进行操作查看折处效果。同时还提供了盒型的自动折叠动画演示功能，让我们可以看到盒体成型的过程。

情境二
纸盒结构绘制

知识目标

了解纸盒结构图设计；掌握ArtiosCAD软件的基本操作；掌握不同类型纸盒的绘制方法。

能力目标

具备对纸盒结构种类分析能力；具备熟练操作ArtiosCAD软件操作的能力；具备使用ArtiosCAD软件进行盒型结构图绘制的能力；具备使用软件进行盒型局部功能绘制的能力。

情感目标

培养耐心细致的工作态度；提高分析盒型的能力。

纸盒包装结构在针对商品的功能、特性上，应充分发挥多面体的成型特点，巧妙地运用形体语言来表达商品的特性及包装的美感。事实上，纸盒结构不仅仅是做出一个盒子的立体效果图，它还涉及生产过程的工艺环节，包括纸盒的平面结构图、刀模制作、糊盒成型等，这些环节都应该在设计时就考虑周全。这就要求设计师对纸盒的结构工艺有相当的了解，以便设计能够投入生产。

项目一　日化用品包装——牙膏包装纸盒绘制

本项目主要以牙膏盒为典型案例，分析了插入插卡式管式折叠纸盒的绘制方法。在项目实施过程中，要求学生掌握辅助线工具、直线工具、圆弧连接工具、对称辅助工具、圆形绘制工具、尺寸标注工具的操作与使用。通过本项目的学习，学生可以独立完成管式折叠纸盒的绘制工作。

一、项目提出

某包装印刷企业生产加工一批某品牌牙膏产品的纸盒，牙膏盒的样品如图2-1所示，尺寸为45mm×35mm×215mm，请完成盒型图的绘制。

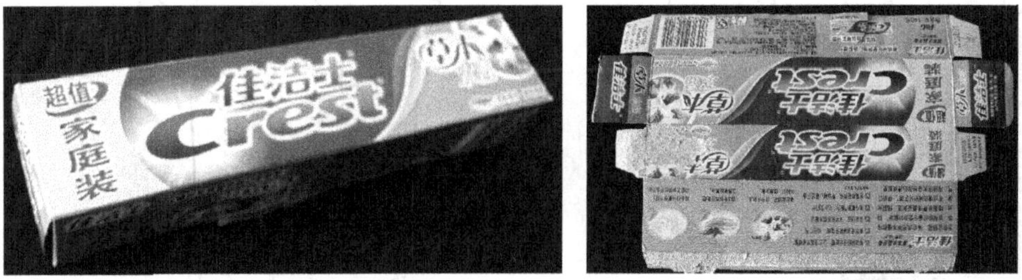

（a）成型图　　（b）展开图

图2-1　客户提供的样品盒

二、项目分析

牙膏盒为管式折叠纸盒。

管式折叠纸盒是由体板、盖板、底板、盖襟片及底襟片5个部分组成，依据装潢面的设计，作为主装潢面的体板又称为前板，与之相对的体板称为后板，左右两侧分别为左侧板和右侧板。盖板、底板及其内的盖襟片、底襟片，起封盖、防尘作用。黏贴襟片是纸盒旋转成型的连接部位，要有一定的宽度。

盒盖的结构形式主要有插入式、插卡式、锁口式、插锁式、摇翼连续折插式、摇盖式、黏合式和掀压式等。

盒底结构形式主要有插入式、插卡式、锁底式、自锁底、黏合锁底式等。

三、项目绘制

（一）利用盒型库导入盒型

选择“File”>“Run a Standard”命令，或快捷方式“Ctrl+2”，弹出如图2-2所示的标准设计对话框，单击左侧树状菜单选择要使用的盒型，在右侧显示出盒型的结构图。软件提供材料类型和盒型的结构，供设计者选用。

单击“OK”按钮，完成盒型选择操作后，按照提示要求，进行材料选择、尺寸设定和局部参数设定后，即可完成盒型的设计，但盒型库导入的盒型，需要进行局部调整后才可使用。

（二）利用工具绘制结构图

1. 新建文件

选择“Flie”>“New Design”命令，弹出如图2-3所示的对话框，选择参数数值和纸板编号，然后单击“确定”按钮，完成新文件的创建。

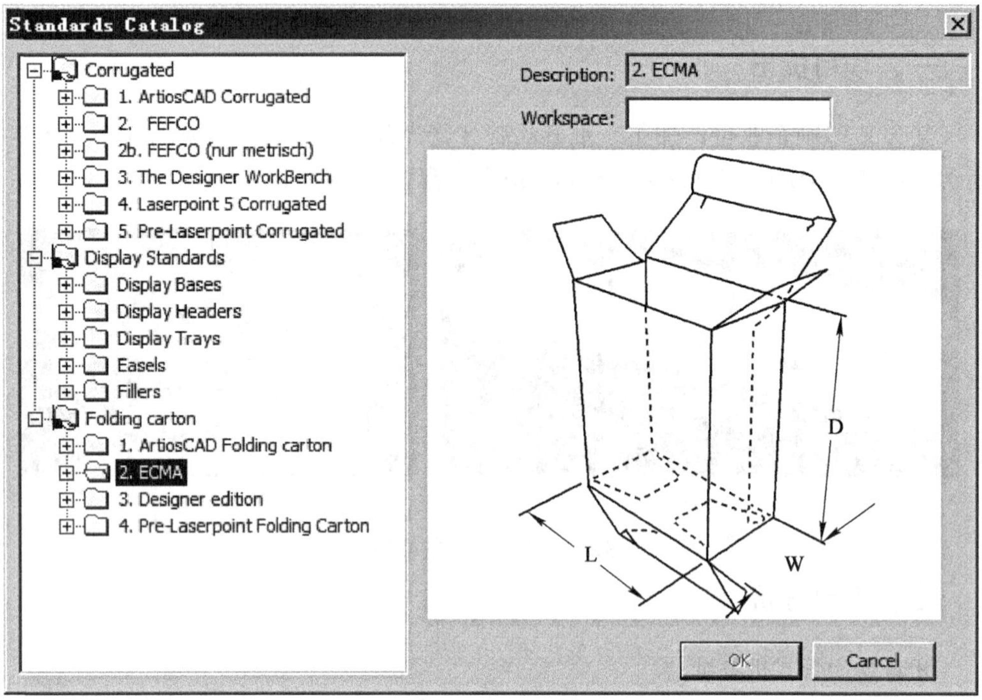

图2-2　盒型库界面

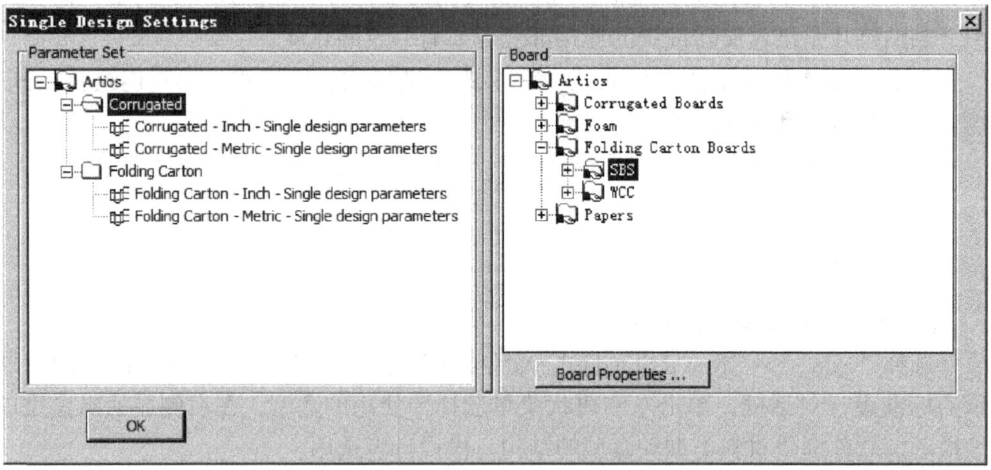

图2-3　新建文件对话框

知识点1

创建新的设计时，必须选择一个参数值和纸板编号。纸板编号是一组ArtiosCAD关于生产设计所使用质料的数值。这些数值包括了纸板的厚度、重量、成本、内部损失、外部增长、足量和余量。

按下纸板属性按钮显现选择纸板的资料，如图2–4所示。纸板的资料都是从数据中心提炼的，当资料库能够使用时，便不能在ArtiosCAD更换资料。只有在没有数据中心的情况下，才能够改变输入栏的数值。

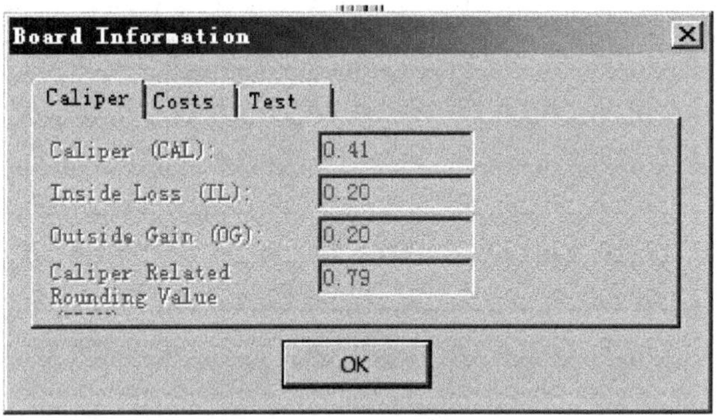

图2–4　纸板属性对话框

2. 利用辅助线绘制盒体

选择辅助线工具的第1个按钮是“辅助线偏移/角度”工具，用鼠标左键单击坐标轴y轴，移动鼠标后在状况栏中输入粘贴襟片的宽度12mm，绘制结果如图2–5所示。

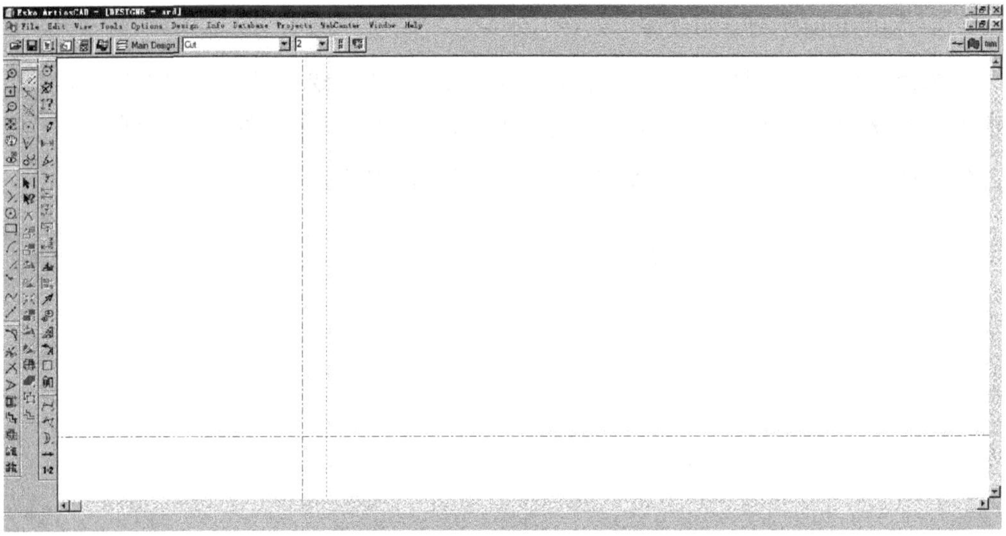

图2–5　添加辅助线

继续使用辅助线工具，分别单击新添加的前一条辅助线，在状况栏中分别输入要添加的距离：45mm、35mm、45mm、34.5mm。单击x轴添加横向辅助线，在状况栏中输入215mm，绘制结果如图2–6所示。

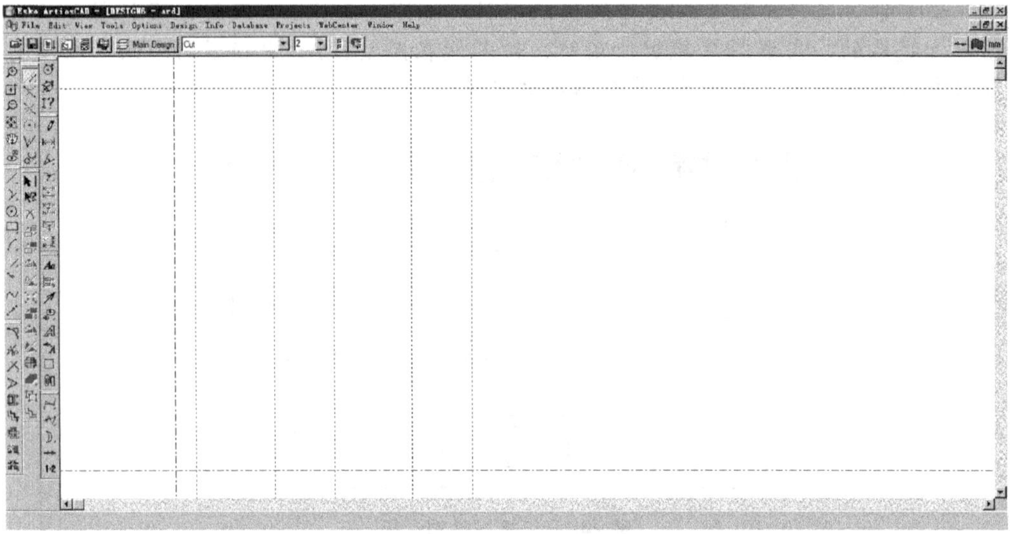

图2-6　添加平行辅助线

知识点2

辅助线偏移/角度工具。在辅助线工具条的第1个按钮是辅助线偏移/角度工具，点选此工具，选择一个点或一条直线。如果选择了一条直线，则可在状况栏中输入直线与新的辅助线之间的偏移；如果选择了一个点，则可直接输入辅助线沿着该点的角度。

3. 利用几何模型绘制盒体

选择“直线”工具，单击由辅助线构建的点，绘制结果如图2-7所示。如需要重新选择一个起始点，可以通过单击几何模型工具条中的“移动到点”工具，或使用快捷方式“Ctrl+W”，即可实现从新的点绘制。

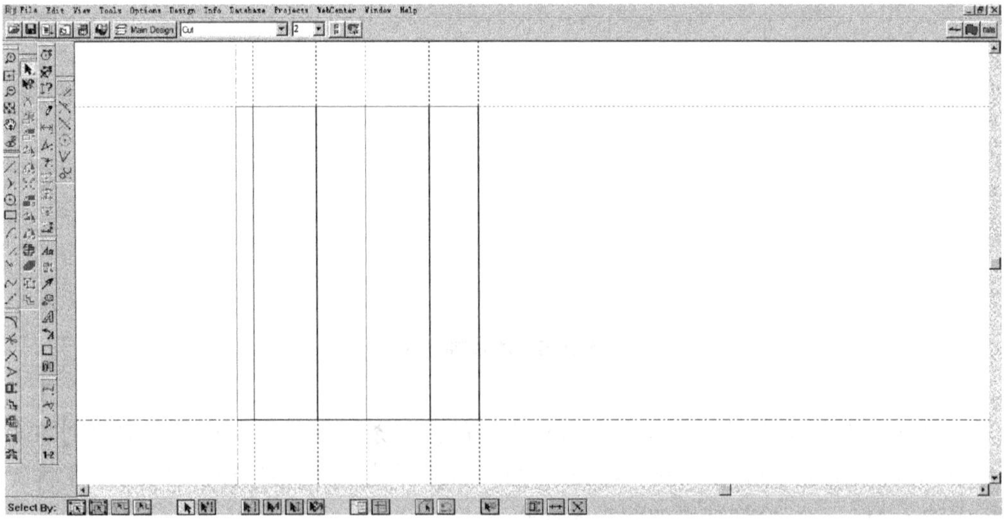

图2-7　绘制体板

知识点3

直线工具。在ArtiosCAD里，直线是一个基本的创作结构。任何一个图形都是由直线和圆弧所组成的。可利用3种工具来绘制直线：直线角度/偏移工具，直线水平/垂直工具及直线角度/长度工具。欲绘制一条斜线，点选直线角度/偏移工具。游标所在点即为直线的起点，在状态栏设定直线的角度及终点的偏移。利用拖曳的方式完成设定后，直线的绘制即告完工。

4. 绘制粘贴襟片

（1）参数设置

选择几何模型工具条中的“直线”工具，分别从A、B端点为起点绘制线段。在状况栏对应的位置输入相应的参数，如图2-8所示。

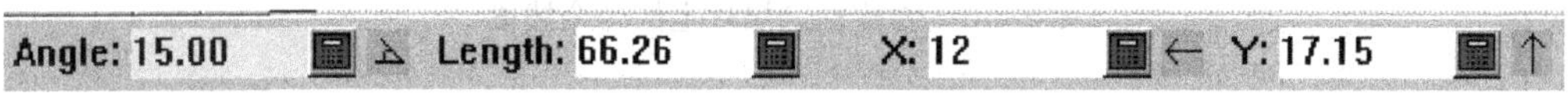

图2-8 参数设定

在第1个参数位置角度输入15，第3个参数x轴坐标输入12，按Enter键即可完成绘制，结果如图2-9所示。

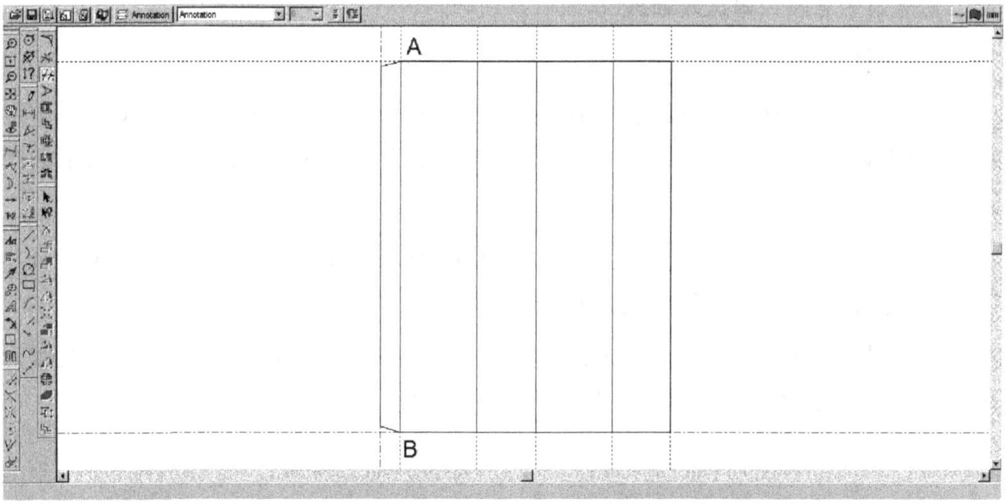

图2-9 完善粘贴襟片

（2）删去多余线段

选择修整内部工具，直接单击需要删去的线段。对于可直接删去的线段，选择“选择”工具，按Delete键删去即可，修正效果如图2-10所示。

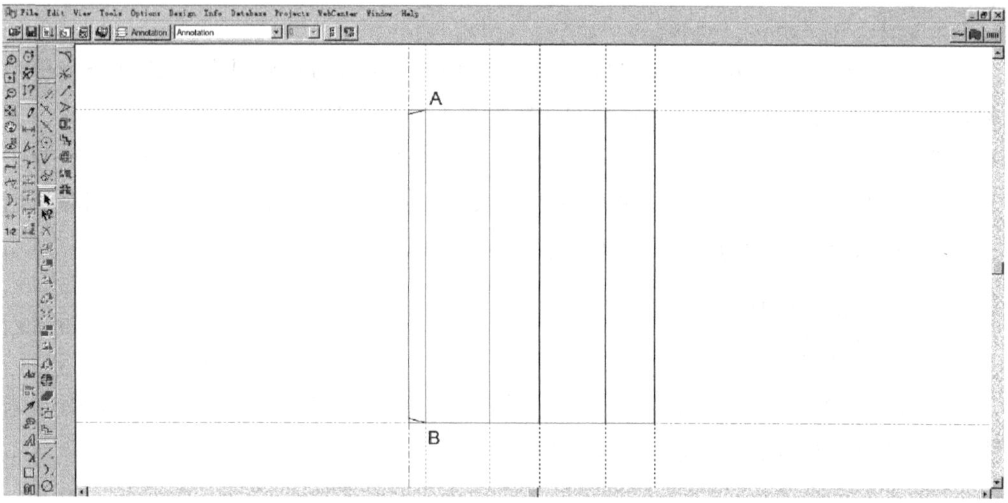

图2–10　修剪粘贴襟片上的多余线段

知识点4

修整内部工具。在修剪/延伸工具条的第3个工具是修整内部工具。利用此工具以直线，弧线或曲线与另一物体的交点的一部分。它能从两个方向进行修整。如果只有一个交点的话，则物体的修整将会回到此交点。如果两个方向都有交点的话，两个交点之间的部分将被删除。利用默认桥公式，由此而产生的直线将被重建，此工具适用于直线、圆弧及曲线。

5. 绘制盒盖

① 选择“辅助线”工具，作线段CD的平行线，向上移动距离为0.5mm。继续以新的辅助线为参照线，添加辅助线距离分别为34.5mm、13mm，绘制结果如图2–11所示。

② 选择“移动”工具，将线段CD移动到距离0.5mm的平行辅助线上，将盒盖上各个点连接，绘制结果如图2–12所示。

③ 选择“辅助线”工具，作盒盖纵向平行线，在两边依次添加距离为0.5mm、6.5mm的平行辅助线，绘制结果如图2–13所示。

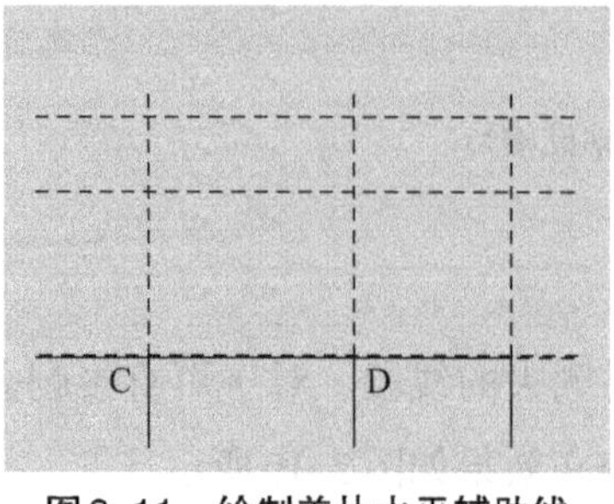

图2–11　绘制盖片水平辅助线

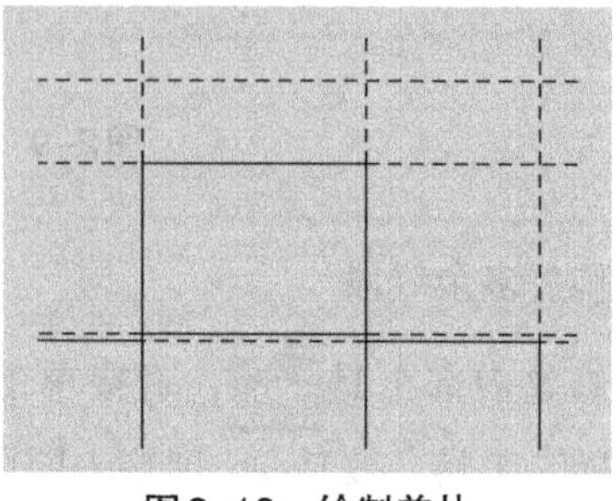

图2–12　绘制盖片

④ 选择“直线”工具，将盖插片上各个点连接，绘制结构如图2–14所示。

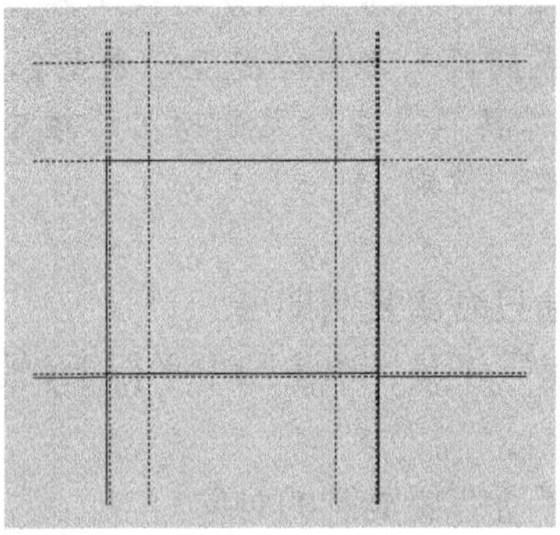

图2–13　绘制盖片竖直辅助线

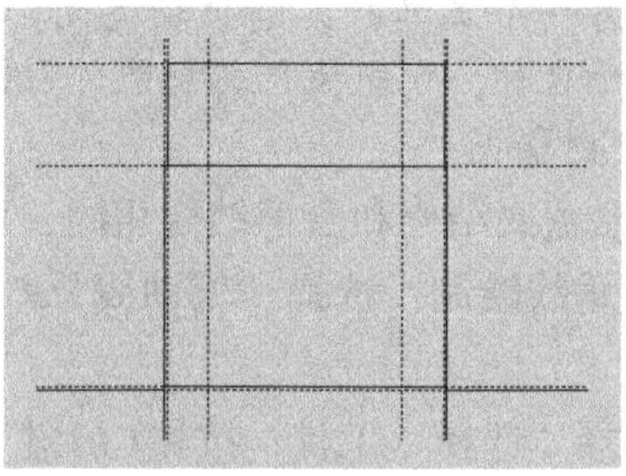

图2–14　绘制盖插片

知识点5

移动工具。编辑工具条上第5个工具是移动工具，利用这个工具以移动物体至另一位置。在点选此工具前，必须选择物体，当按下移动工具时，软件会提示输入一个拿起点，这个点是作为要移动物体的参考点，选择了拿起点后，就要输入放下点，这是要移动的物体的参考端点，利用状态条上的字段来选择拖曳方法。

6. 绘制盖插片

（1）绘制盖插片圆角

选择“圆弧连接”工具，输入参数值10mm，单击盖插片相交的两条线，重复操作，结果如图2–15所示。

（2）绘制卡合结构

选择“定点分割线”工具，将盖片与盖插片相交的线段，在辅助线的位置进行分割，然后利用“移动”工具，将中间一段线段，向盒盖方向移动0.75mm，利用直线工具将其连接，并向盒盖方向延伸0.25mm，删去辅助线，结果如图2–16所示。

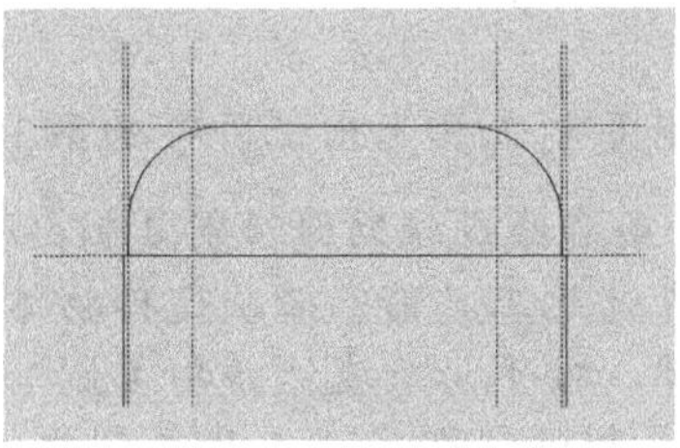

图2–15　绘制盖插片圆角

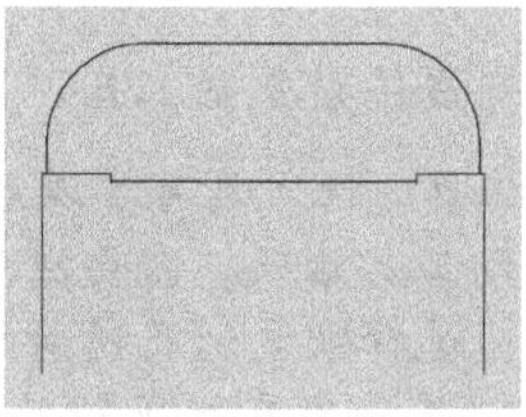

图2–16　绘制卡合结构

知识点6

圆弧连接工具。圆弧连接工具是用来使棱角圆弧化，并适用于任何非平行

线上。如果两条线的端点并不在同一个点上，可以延伸两条线至一个定点，输入圆弧连接的半径，点选欲使棱角圆弧化的两条直线。

定点分割线工具。调整工具条的第2个工具是定点分割线工具，利用此工具可以在一条直线上的任何一点将直线分割成两段。方向检视显示方式会自动开启，而当选择另一个工具时，则自动关闭。这个工具只有在紧贴选项对话框中的徒手坐标检查框开启时，才能执行其功能（“选项”>“紧贴”）。

7. 绘制盒底

牙膏盒盒底结构和盒盖结构相同，可以通过盒盖复制即可。

① 中垂线绘制。选择“辅助线分割/中点”工具，单击选中平行于y轴的任何一条线。

② 选择“选择”工具，按住Ctrl键，选择所有要复制的对象。

③ 选择“沿着直线镜射复制”工具，单击对称辅助线，调整相关线段，即可完成盒底的绘制，设计结构如图2-17所示。

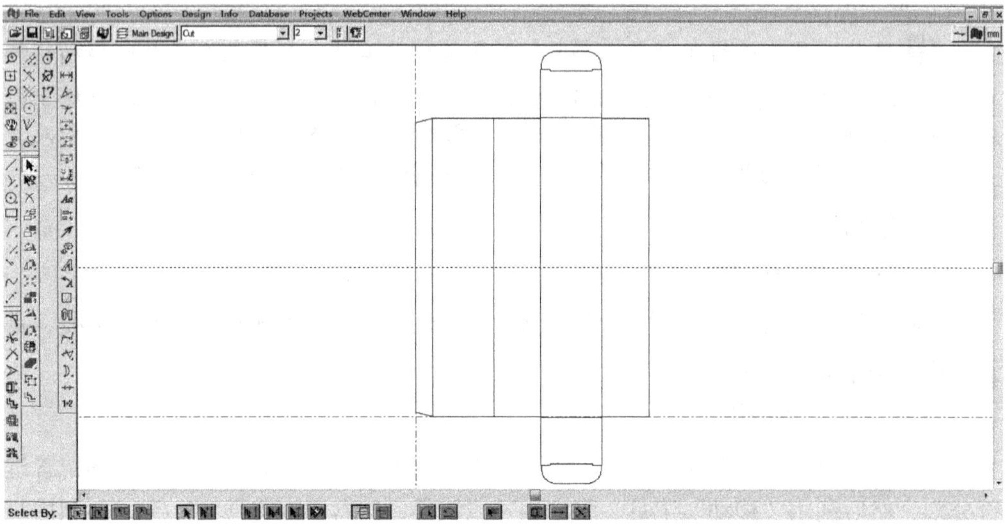

图2-17　盒底绘制

知识点7

沿着直线镜射复制工具。在镜射复制工具飞出工具条的第3个按钮是沿着直线镜射复制工具。此工具可实现沿着一条直线或辅助线镜射复制出所选择的物体。它并不会使移动工具活跃。需要注意在点选此工具前，必须选择物体。按照以下步骤使用此工具：选择欲复制及镜射的物体，按下沿着直线镜射复制工具，作为物体镜射的轴线可以是一条直线或辅助线，复制过程即完成。此复制物体为现有选择，因此可以继续使用其他的工具。

8. 绘制防尘襟片

（1）添加水平辅助线

以体板线为参照线，添加水平辅助线，参数依次设定为4mm、1mm、2mm、

18mm。

（2）添加垂直辅助线

以左侧板右边的线为参照线，添加垂直辅助线，参数依次设定为3mm、1mm，以左侧板左边的线为参照，添加垂直辅助线，参数依次设定为0.25mm、2.75mm、4.25mm。

（3）绘制防尘襟片

利用直线工具，依次将防尘襟片的点连接。

（4）绘制襟片圆角

利用圆弧连接工具，设定参数为2mm，完成襟片圆角设定，完成绘制效果如图2-18所示。

（5）复制其余襟片

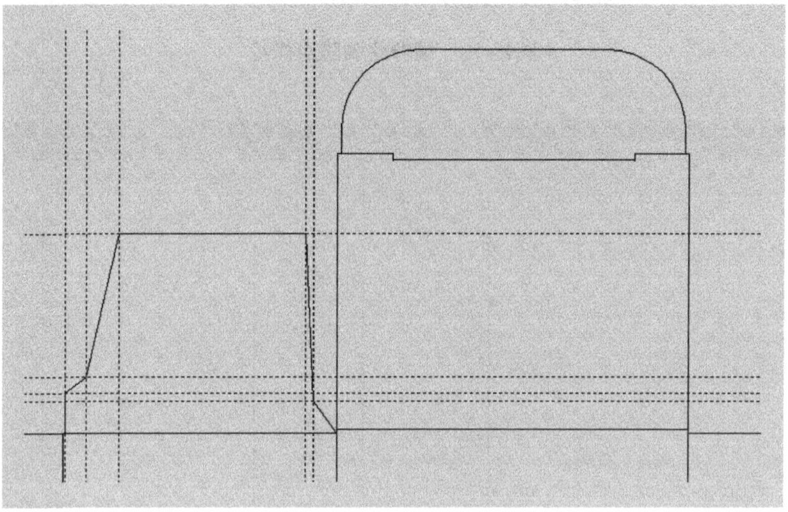

图2-18 绘制防尘襟片

操作如上述镜像复制，做前板水平和垂直线的中垂线，选择“沿着直线镜射复制”工具，单击对称辅助线，完成结构绘制效果如图2-19所示。

（三）裁切压痕线转换

利用选择工具，选择需要转化的线段之后，用鼠标左键单击视图栏中的“线条的类型”，选择“Crease”（压痕线），完成转换操作，至此牙膏盒的绘制完毕，设计结果如图2-20所示。

（四）盒型尺寸标注

当盒型结构结束后，要对盒型尺寸进行标注。

1. 创建尺寸层

单击尺寸标注工具，弹出如图2-21所示的对话框，提示创建尺寸层。

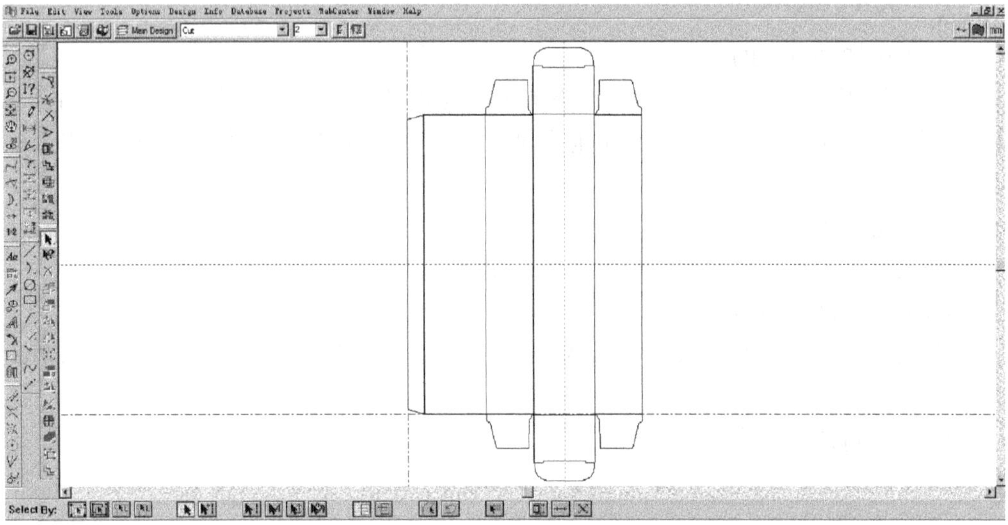

图2-19　镜像绘制防尘襟片

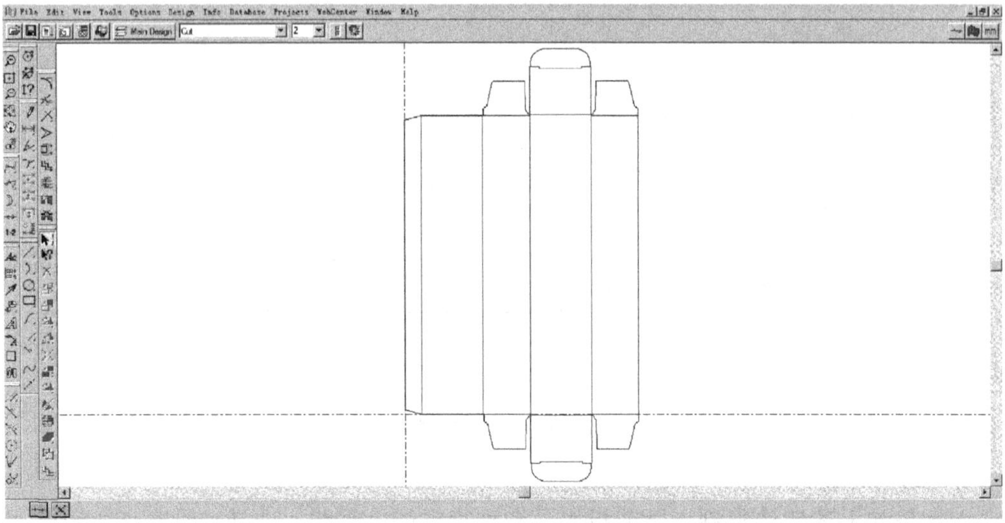

图2-20　转化线型完成结构图绘制

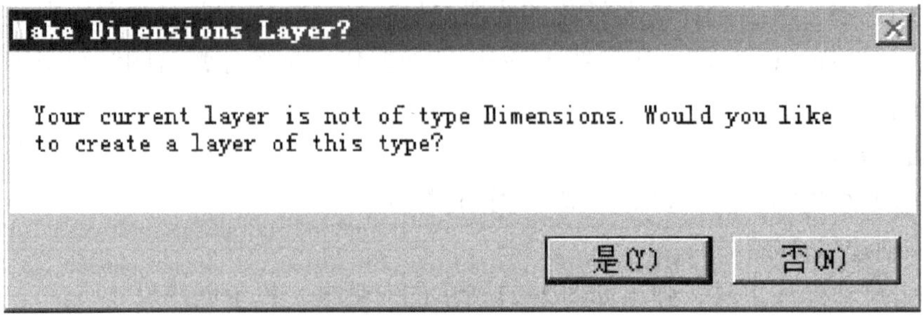

图2-21　创建尺寸层对话框

2. 尺寸标注

① 选择“距离尺寸”工具 ，按照要求标注出直线之间的距离。

② 选择“角度尺寸”工具 ，按照要求标注角度尺寸。

③ 选择“半径尺寸”工具 ，按照要求标注圆弧等半径大小，标注结构效果如图2–22所示。

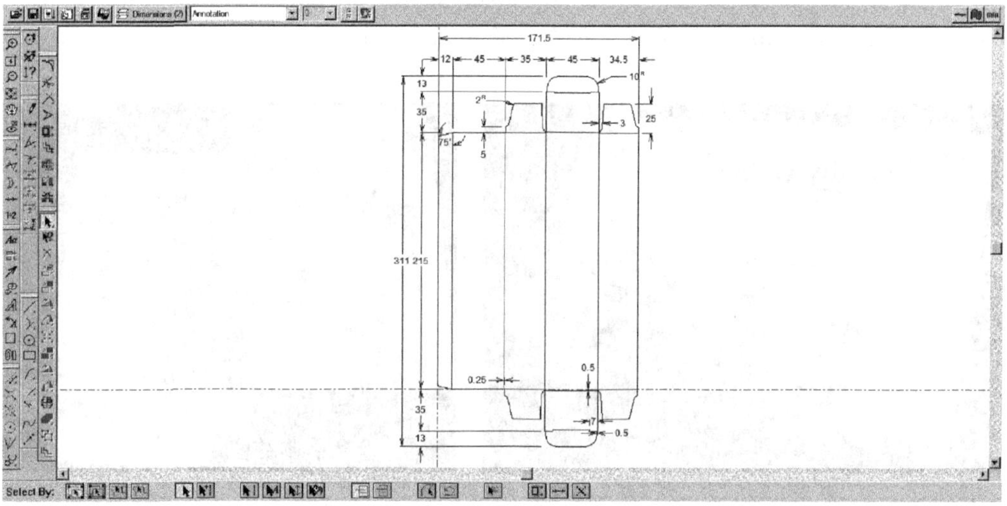

图2–22 尺寸标注完成

知识点8

距离尺寸工具。按下该工具按钮后，还需要选择测量线条或地方的起点和线条或地方的终点，再放到欲延伸处的位置（放置测量结果的位置）。

角度尺寸工具。测量两条线间的角度。按下这个工具按钮，注明需要测量的第1个角度脚，再注明第2个角度脚。

半径尺寸工具。尺寸工具条的第4个按钮和半径尺寸飞出工具条的工具都可以开启半径尺寸工具。这个工具是用来测量圆形和圆弧的半径。

更改尺寸对齐工具。尺寸工具条的第5个按钮是更改尺寸对齐工具。选择需要对齐的尺寸后，按下该工具按钮，再注明新的对齐点。

改变文本位置工具。尺寸工具条的第6个按钮是改变文本位置工具。这工具可以用来移动尺寸里文本的位置。

（五）文件保存

① 选择“File” > “Save/Save As”命令，输入文件名，存储为“.ard”文件格式的文件。

② 选择“File” > “Export”命令，选择欲保存的文件格式，单击“OK”按钮即可。

提示：请保存好文件，后续课程将作为基本素材使用。

技能训练

某包装印刷企业生产加工一批药品纸盒，盒型样品如图2–23所示，尺寸为74mm × 25mm × 115mm，请完成盒型图的绘制及尺寸标注。

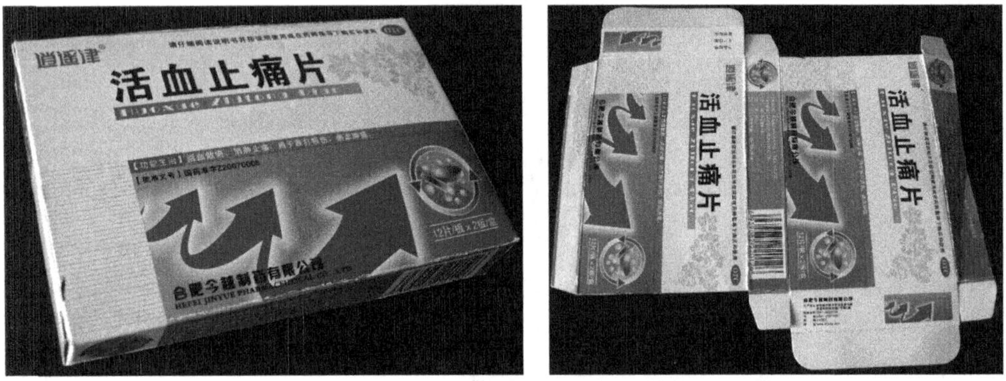

图2–23　药品盒立体及平面结构图

项目二　食品类包装——月饼包装盒绘制

本项目主要以月饼包装盒为典型案例，分析了盘式折叠纸盒的绘制方法。在项目实施过程中，要求学生掌握中垂线、局部绘制、定点分割线、外折叠线转换、尺寸标注工具的操作与使用，进一步加强对辅助线工具和直线工具的操作。通过本项目的学习，学生可以独立完成盘式折叠纸盒的绘制工作。

一、项目提出

某礼品公司生产加工一款月饼盒，样品如图2–24所示，尺寸为85mm × 85mm ×

45mm，请完成盒型图的绘制。

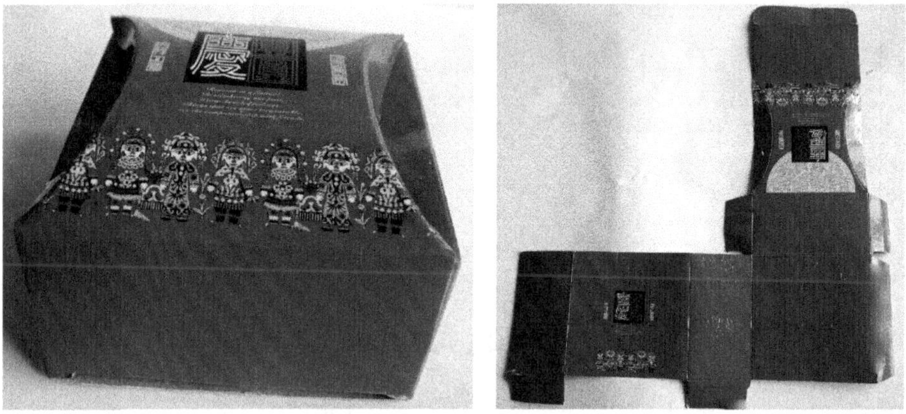

图2-24 客户提供的样品盒

二、项目分析

上述月饼盒包装采用的盒型，可归为盘式折叠纸盒。

盘式折叠纸盒是将纸板按设计要求裁切、压痕后，周边体板按一定角度内折，再互相组构而成型的折叠纸盒，有时盒盖是体板延长部分形成的。

此盒型可以采用手工绘制，结构比较简单，直接通过辅助线绘制、线条工具、编辑工具、修整工具等即可完成操作。

三、项目绘制

（一）新建文件

选择“File” > “New Design”命令，或快捷方式“Ctrl+1”，执行新的盒型绘制。

选择设计面、单位、纸张纤维方向，单击“设置”按钮，弹出如图2-25所示的对话框。

纸盒设计过程中，选择好设计面和纸张纤维方向，单击“OK”按钮完成设置。

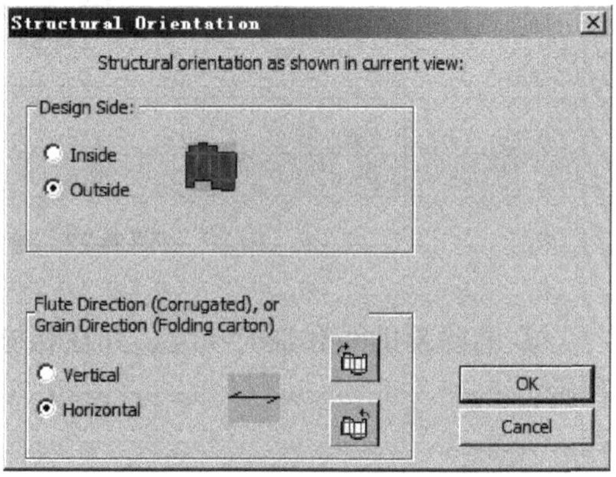

图2-25 设计面与纤维方向对话框

（二）绘制结构图

1. 绘制主体部分

① 利用辅助线工具添加主体部分辅助线，绘制结果如图2-26所示。

② 利用线条工具，完成盒型主体部分的连接，绘制结果如图2-27所示。

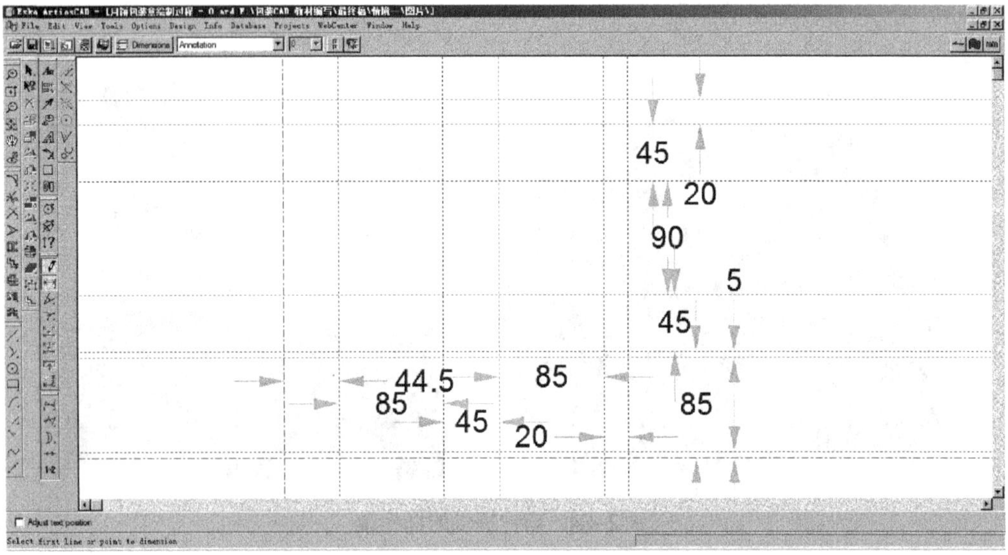

图2-26　添加主体部分辅助线

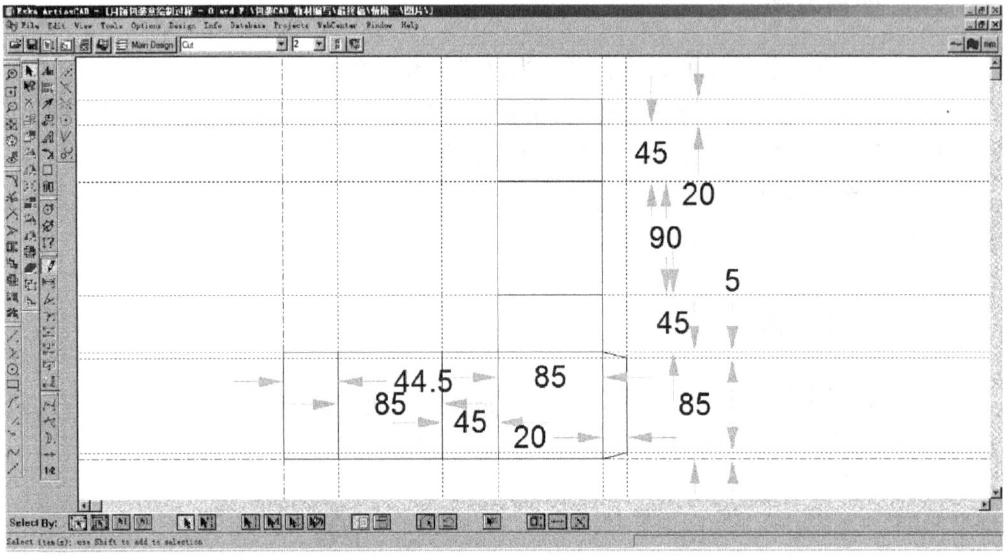

图2-27　绘制主体部分

③ 清除辅助线和临时尺寸，并在相应位置添加字母代码，绘制结果如图2-28所示。

知识点9

临时尺寸。临时尺寸工具必须和尺寸标注工具中其他的工具一同使用，其表示的是临时性标注，可以在结构层使用。其特点如下：①关闭设计视窗，会自动消失，不会作为数据保存；②点击临时尺寸工具使用，系统不会提示创建图层；③此工具必须和其他尺寸工具一同使用；④此工具标注的尺寸颜色为绿色。此工具的最大的作用就是在设计绘制过程中，作为数据检测和尺寸绘制大小控制时使用。

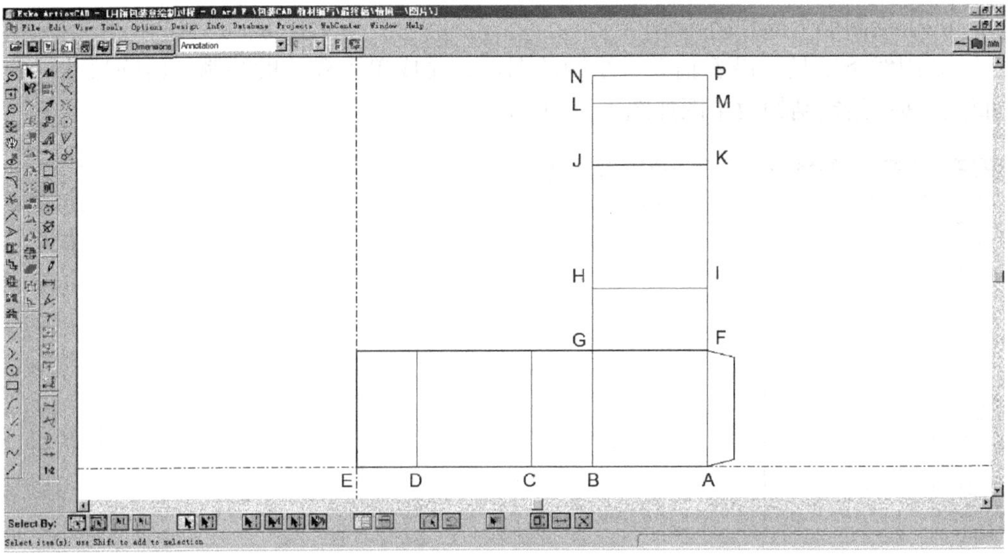

图2-28 主体部分效果图

2. 绘制侧板襟片

考虑体板BC和DE部位的襟片结构图相同，可以通过绘制BC处的襟片，然后通过对称复制的方法，完成DE处襟片的绘制。

（1）添加辅助线

利用辅助线工具，添加BG平行线，距离分别为0.25mm、2mm；添加BC平行线，距离分别为5mm、19mm，并在所添加的辅助线（平行于BG，距离0.25mm）与辅助线（平行BC，距离为5mm）的交点处，添加45°的辅助线，绘制结果如图2-29所示。

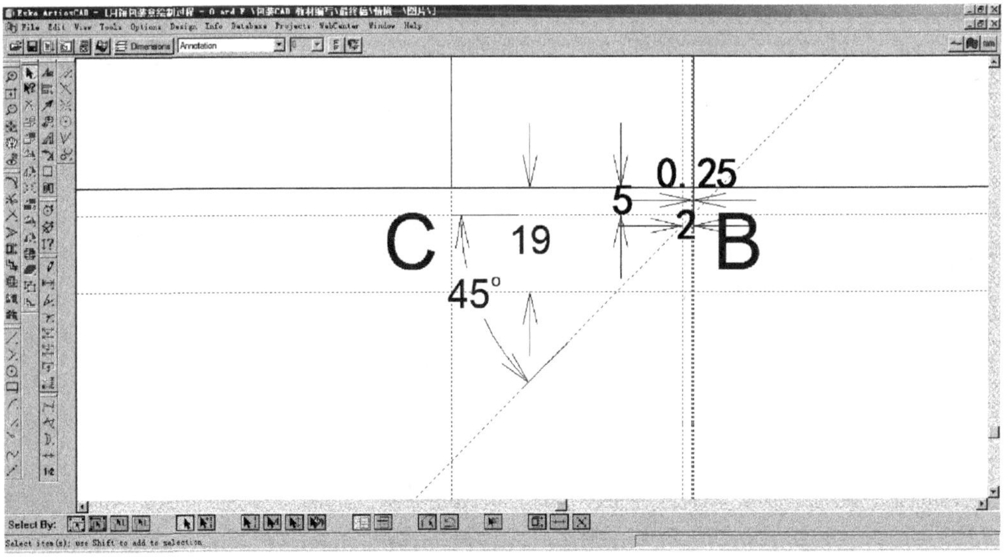

图2-29 添加辅助线

（2）绘制单个襟片结构图

利用线条工具，沿着辅助线绘制的图形，完成单个襟片的绘制，清除尺寸标注和辅助线，绘制结构效果图如图2-30所示。

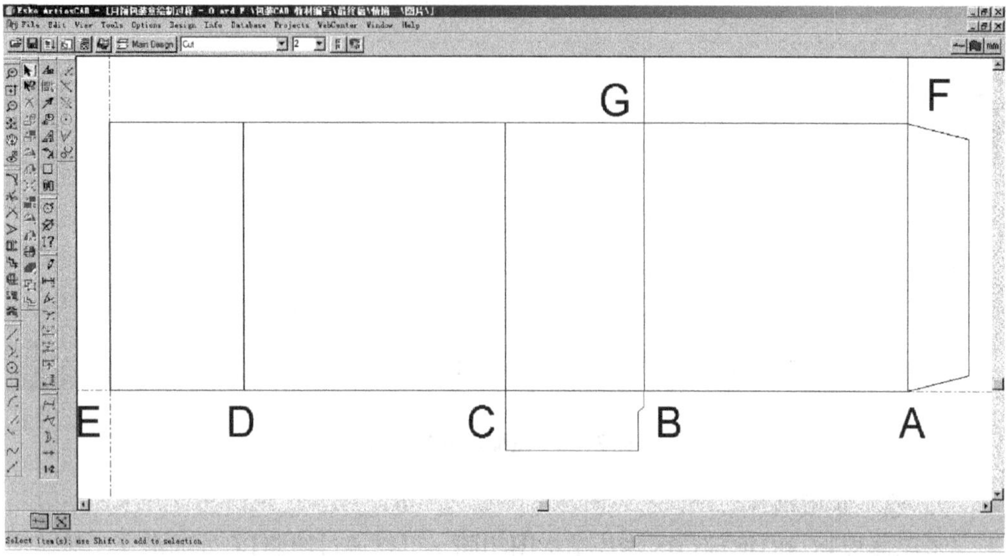

图2-30　单个襟片绘制效果图

（3）对称复制绘制襟片

首先，选择“辅助线分割/中点”工具，添加线段CD的中垂线；然后使用“选择”工具，按住Ctrl键，选择所有要复制的对象BC处襟片；最后选择“沿着直线镜射复制”工具，单击对称辅助线，调整相关线段，即可完成襟片的绘制，绘制结构效果如图2-31所示。

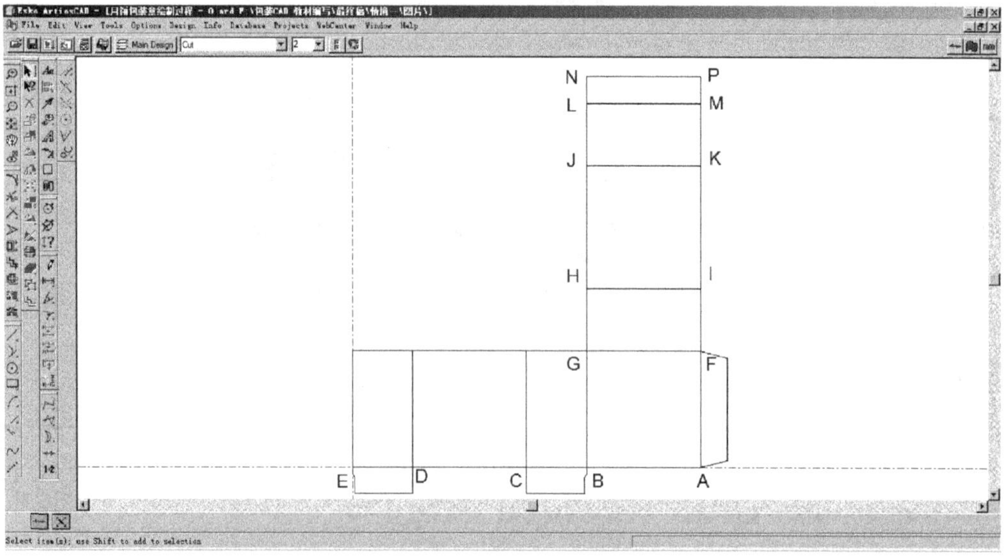

图2-31　侧板襟片效果图

3. 绘制FGHI襟片

（1）添加辅助线

根据尺寸要求，添加不同的辅助线：平行于GF，距离为3mm；平行于FI，距离为20mm；添加I点，与IF夹角为75°的辅助线；添加F点，与FI夹角为45°的辅助线；平行于HG，距离为20mm；添加H点，与HG夹角为75°的辅助线；添加G点，与GH夹角为45°的辅助线，绘制结果如图2-32所示。

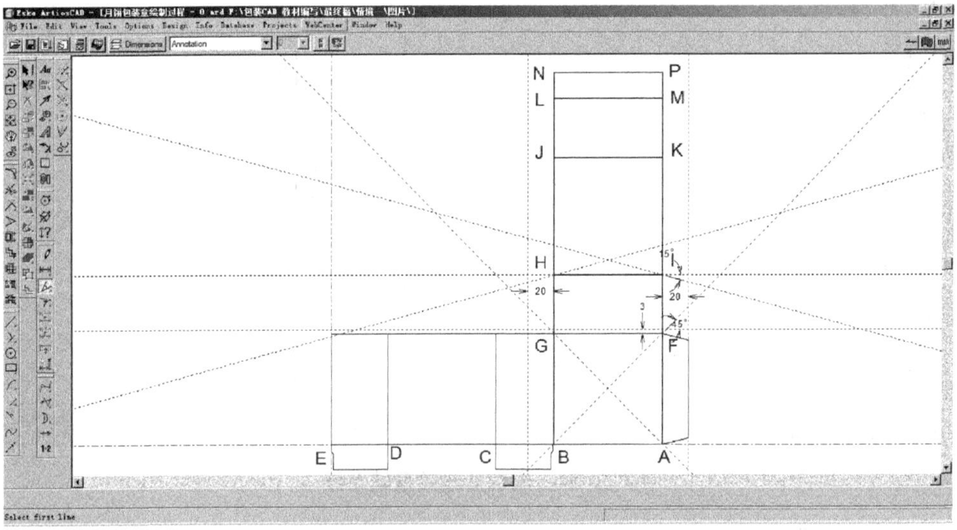

图2-32 添加FGHI襟片辅助线

（2）绘制FGHI襟片结构图

利用线条工具，沿着辅助线绘制的图形，完成FGHI襟片的绘制，清除尺寸标注和辅助线，绘制结构图如2-33所示。

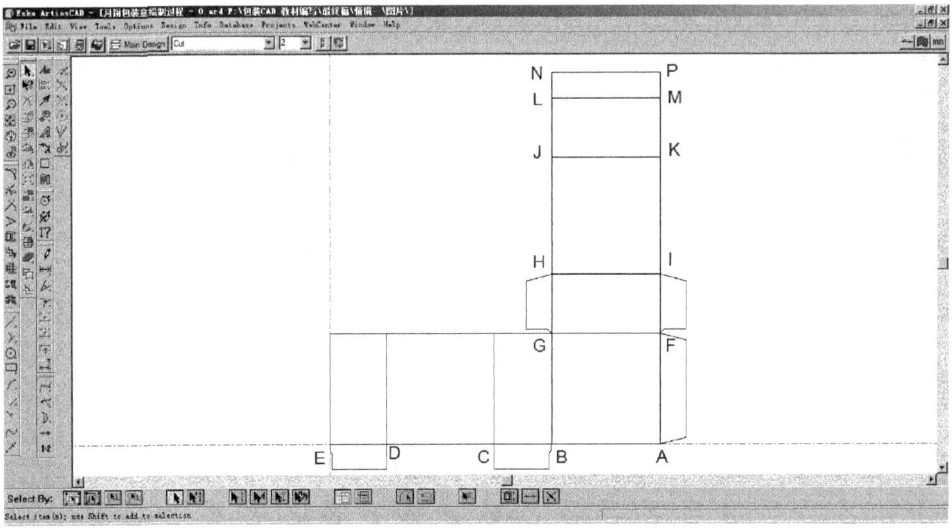

图2-33 绘制FGHI襟片结构图

4. 盒盖曲线效果制作

（1）添加辅助线

添加与线段JH、KI平行，且距离均为15mm的辅助线，其为设计曲线效果的高度，制作效果如图2-34所示。

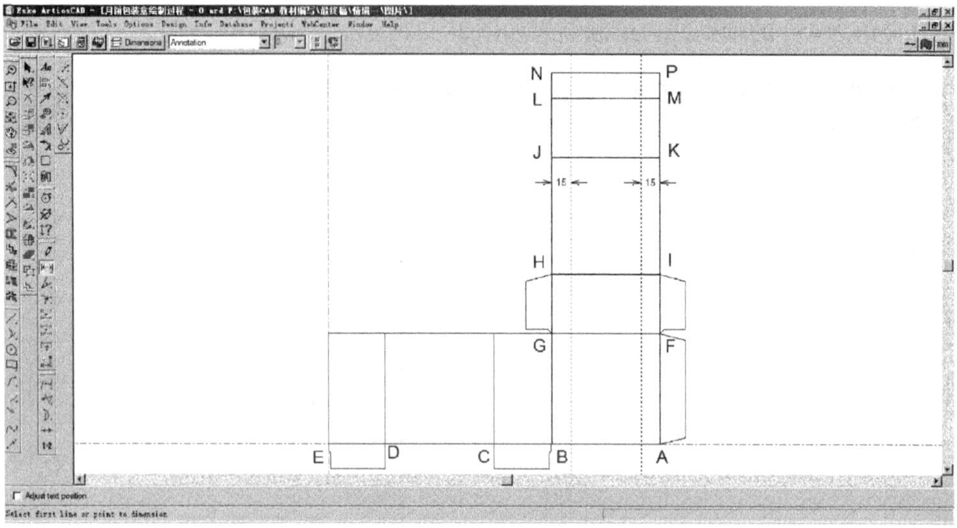

图2-34　添加曲线效果辅助线

（2）绘制曲线效果

选择线段JH，利用复制工具，在原处复制此线段，并利用曲线工具，对复制的线段进行曲线设计，形成的曲线高度为15mm。

重复上述操作，对线段KI处进行曲线设计，清除尺寸标注和辅助线，绘制结构图如图2-35所示。

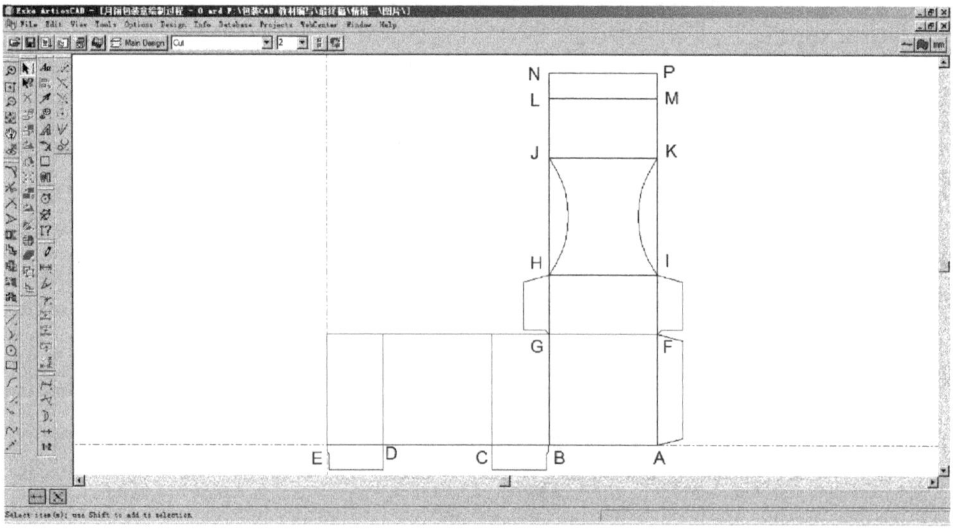

图2-35　盒盖曲线设计效果图

5. 绘制盖插片

（1）绘制盖插片圆角

通过移动工具，将线段LN、MP分别向右、向左各移动0.5mm，然后选择“圆弧连接”工具，输入参数值6mm，选择盖插片相交的两条线，重复操作，结果如图2-36所示。

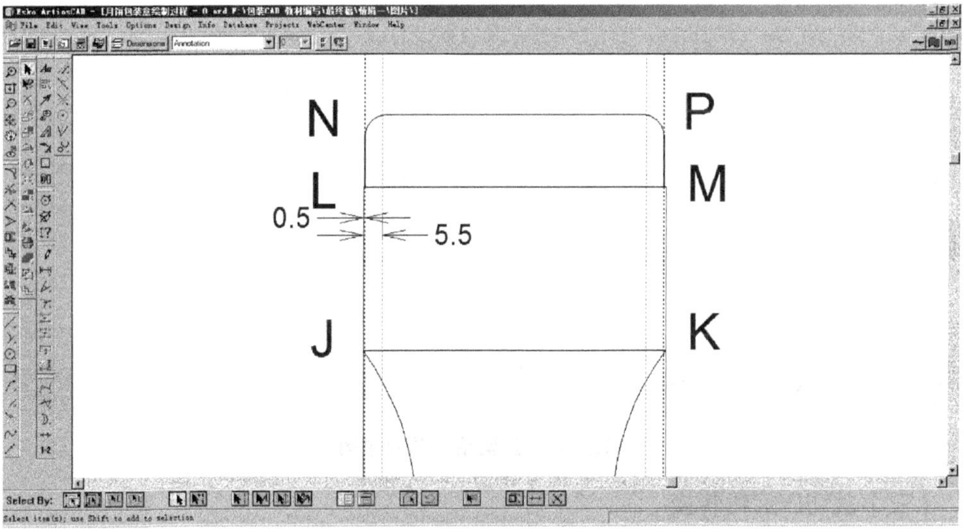

图2-36　绘制盖插片圆角

（2）绘制卡合结构

选择“定点分割线”工具，将盖片与盖插片相交的线段，在辅助线的位置进行分割，然后利用“移动”工具，将中间一段线段，向盒盖方向移动0.75mm，再利用直线工具将其连接，并向盒盖方向延伸0.25mm，删去辅助线后结果如图2-37所示。

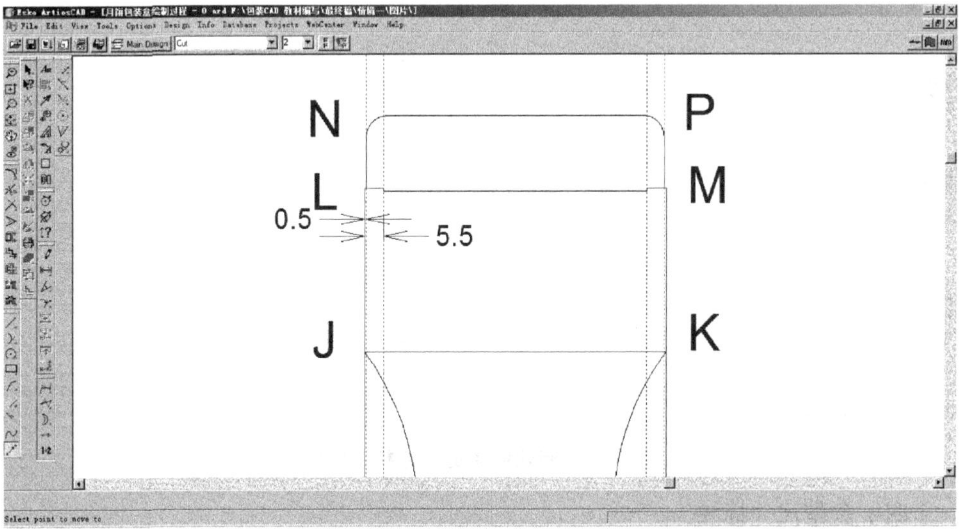

图2-37　绘制卡合结构

利用选择工具，选择辅助线、尺寸和字母代码，清除后盒型结构图绘制整体效果如图2–38所示。

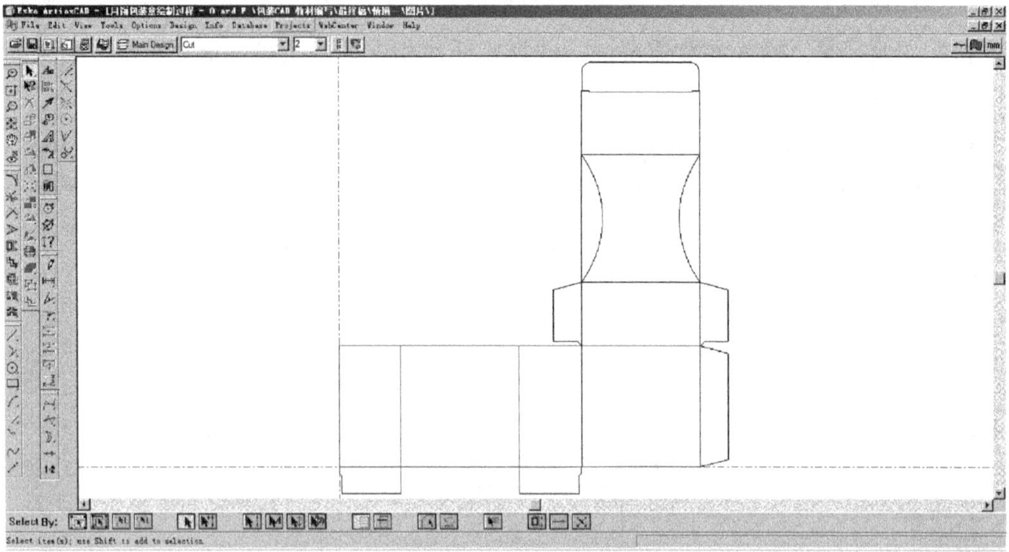

图2–38　盒型结构总效果图

（三）裁切压痕线转换

利用选择工具，选择需要转化的线段之后，用鼠标单击视图栏中的“线条的类型”，选择“Crease”（压痕线），完成转换操作，至此月饼包装盒结构设计绘制完毕，绘制结构图如图2–39所示。

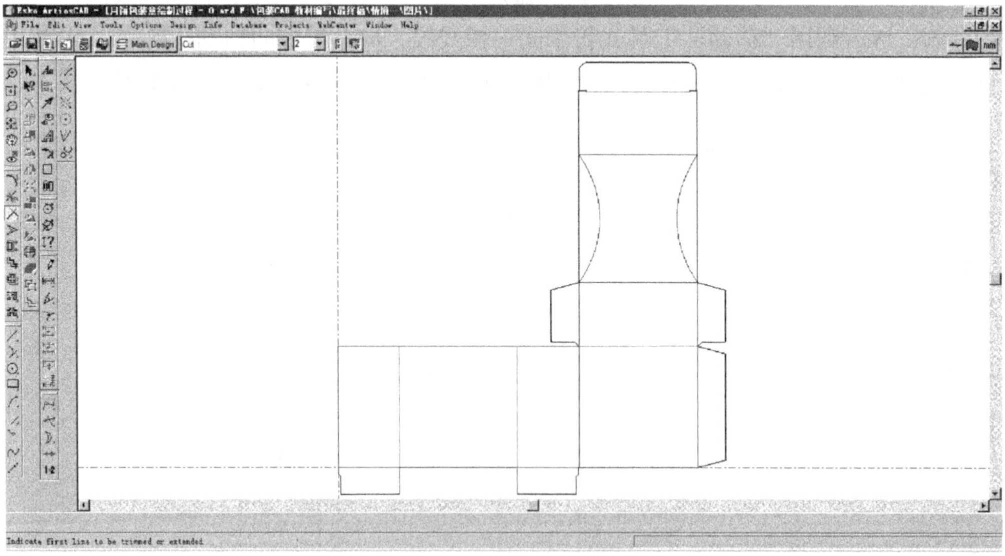

图2–39　转化线型完成结构图绘制

（四）盒型尺寸标注

当盒型结构绘制结束后，要对盒型尺寸进行标注。

1. 创建尺寸层

单击尺寸标注工具，弹出如图2–40所示对话框，提示创建尺寸层。

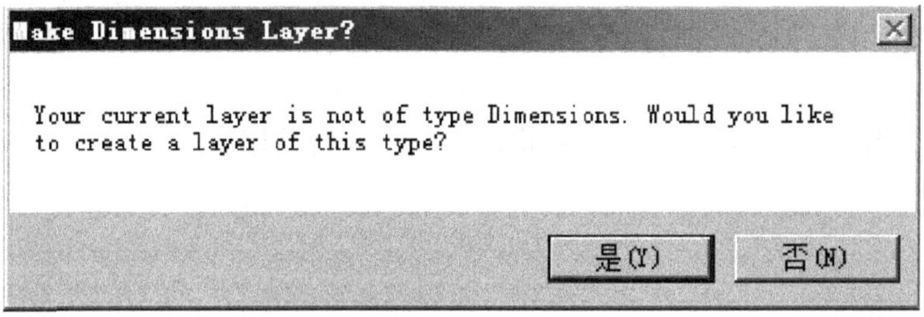

图2–40 创建尺寸层对话框

2. 尺寸标注

① 选择“距离尺寸”工具，按照要求标注出直线之间的距离。

② 选择“角度尺寸”工具，按照要求标注角度尺寸。

③ 选择“半径尺寸”工具，按照要求标注圆弧等半径大小，标注效果如图2–41所示。

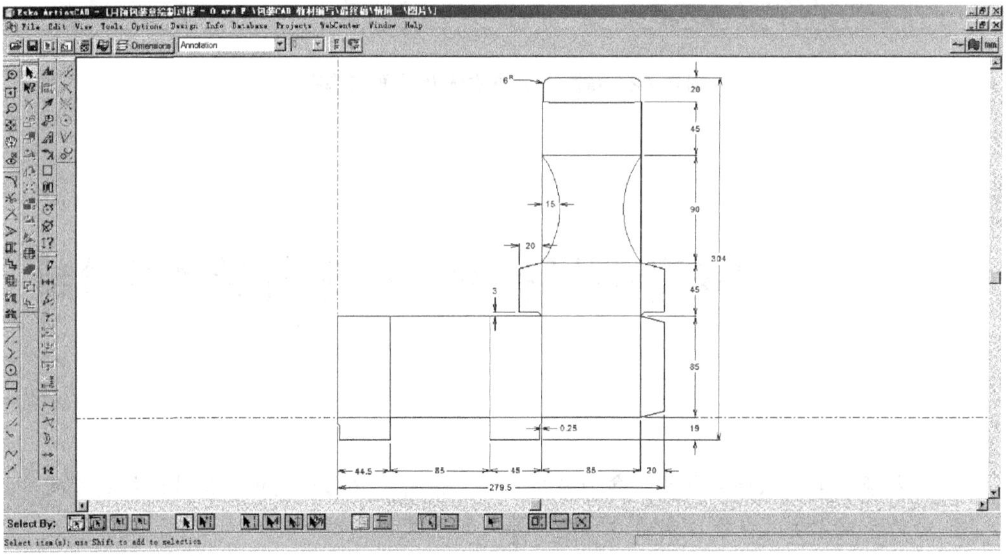

图2–41 尺寸标注完成

知识点10

尺寸属性。重复按下按钮便能更改尺寸的属性。除了更改一般文本特征（文本大小，文体，颜色），还能设定显示的单位、呈现方式、小数点位数、位置以及箭头形式、显现的尺寸单位等。

（五）文件保存

① 选择“File” > “Save/Save As”命令，输入文件名，存储为“.ard”文件格式的文件。

② 选择“File” > “Export”命令，选择欲保存的文件格式，单击“OK”按钮即可。

提示：请保存好文件，后续课程将作为基本素材使用。

技能训练

某设计公司设计生产的食品盒型样品如图2-42所示，尺寸为105mm×90mm×45mm，请完成盒型图的绘制及尺寸标注。

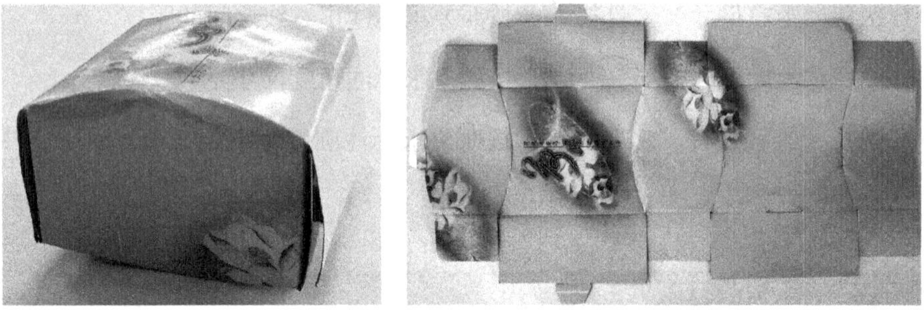

图2-42 食品包装盒立体及平面结构图

项目三 婚庆喜糖礼品包装——糖果包装纸盒绘制

本项目主要以糖果包装纸盒为典型案例，分析了异形纸盒中的襟片连续折插式纸盒的绘制方法。在项目实施过程中，要求学生掌握盒型库使用，参数设置，曲线调整，删去工具，复制工具及尺寸标注工具的操作与使用，进一步加强对辅助线工具和直线工具的操作。通过本项目的学习，学生可以独立完成异形纸盒的绘制工作。

一、项目提出

某印前设计公司接到一项生产任务，为某婚庆公司设计一款婚庆喜糖包装盒，用于盛装糖果，样品如图2-43所示，尺寸为95mm×85mm×100mm，请完成盒型图的设计。

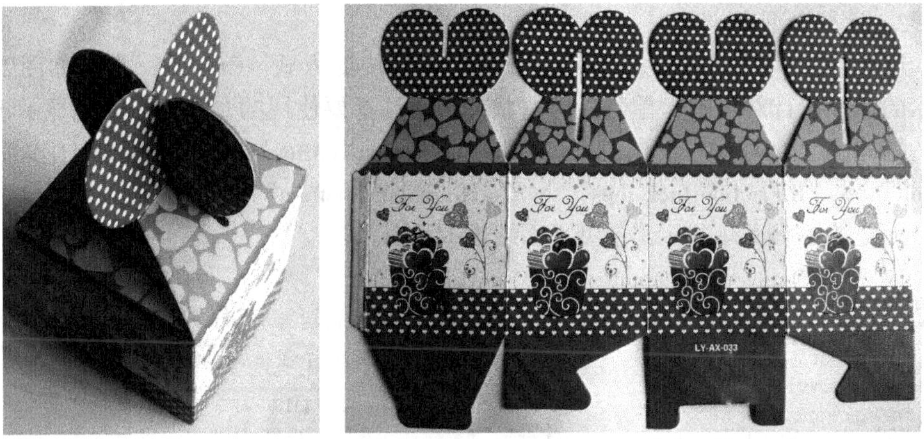

图2-43　客户提供的样品盒

二、项目分析

上述盒型是盒盖中常见的花形锁设计，属于襟片连续折插式结构；盒底采用的是管式折叠纸盒中自锁底式结构；整个盒型从纸盒结构特点上来分析，盒型结构属于管式折叠纸盒范畴。

在盒型设计中，可以通过从盒型库中导入自锁底式管式折叠纸盒，然后修改盒盖结构，从而快速地完成盒型的结构设计。

三、项目绘制

(一)利用盒型库导入盒型

1. 设置单位

在使用盒型库之前，打开Esko ArtiosCAD 7.60en程序，单击“Options” > “Units and Formatting”菜单，弹出如图2-44所示的对话框，对本软件操作中的单位进行设置，选择mm为度量单位，单击“OK”按钮完成设置。

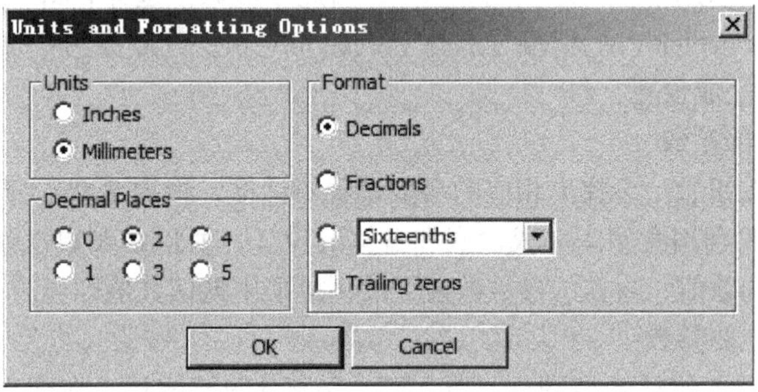

图2-44　单位设置对话框

2. 运行盒型库

选择“File” > “Run a Standard”命令，或快捷方式“Ctrl+2”，弹出如图2–45所示的标准设计对话框，单击左侧树状菜单，选择要使用的盒型，在右侧显示出盒型的结构图。此时在左侧树状菜单中选择“Folding carton” > “1.ArtiosCAD Folding carton” > “B.Friction tuck tops” > “4.Houghland bottom” > “Tuck on 2nd–Tab on 4th”后，在右侧菜单显示出盒型平面结构示意图。

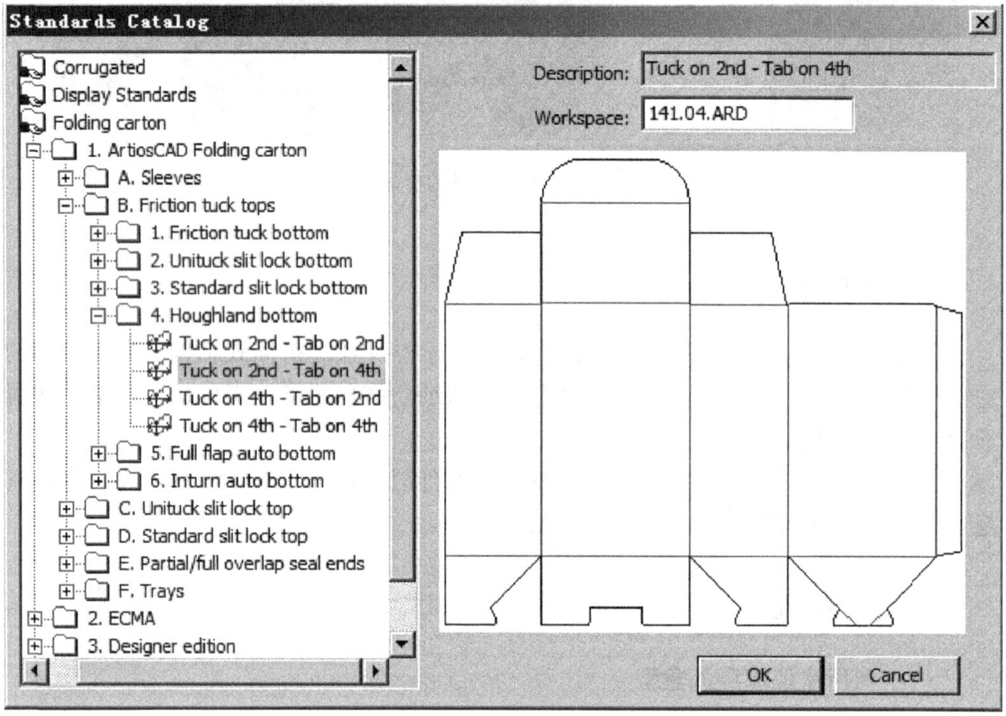

图2–45 选择自锁底式管式折叠纸盒结构图

3. 设置文件参数

单击“OK”按钮完成设置，弹出新建文件对话框，如图2–46所示。根据项目中的盒型材料要求用卡纸，厚度为0.5mm，因此参数数值选择Folding Carton–Metric–Single design parameters，纸板编号选择卡纸I–SBS–14，其厚度为0.51mm，然后单击“确定”按钮，完成设置。

4. 设置局部参数

单击确定按钮后，会弹出相应的参数设置对话框，根据盒型本身的结构和尺寸，以及考虑到主要利用盒型库完成盒底和盒体的设计，所以在参数设置的时候主要填写底部和盒体的数值，盒盖的参数数值可以直接采用默认数值即可。

（1）设置主要参数

主要参数设置包括盒型的长、宽、高、体板4的放缩量，在弹出的对话框中输入相应的数值，此时L = 95mm，W = 85mm，D = 100mm，CTBK = 0.5mm，如图2–47

所示，完成输入后单击“Next”按钮完成此项设置。

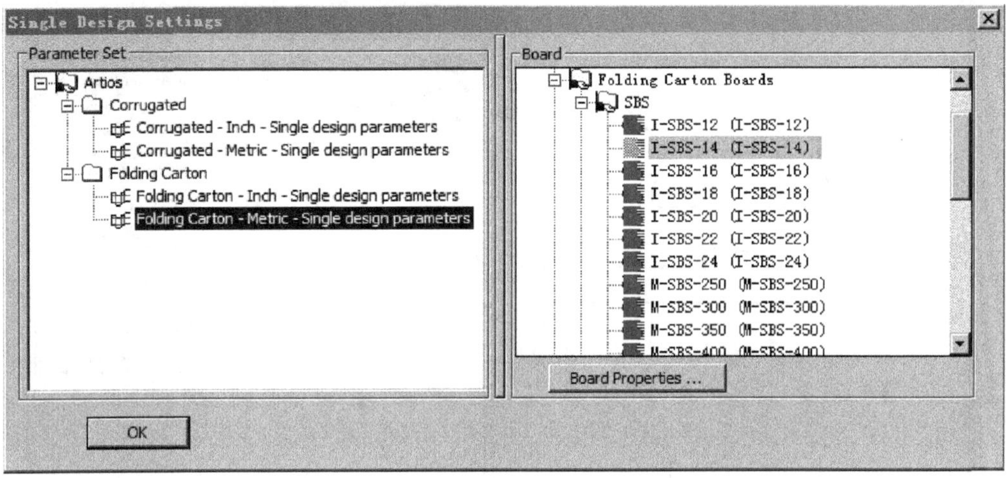

图2-46　新建文件参数设置

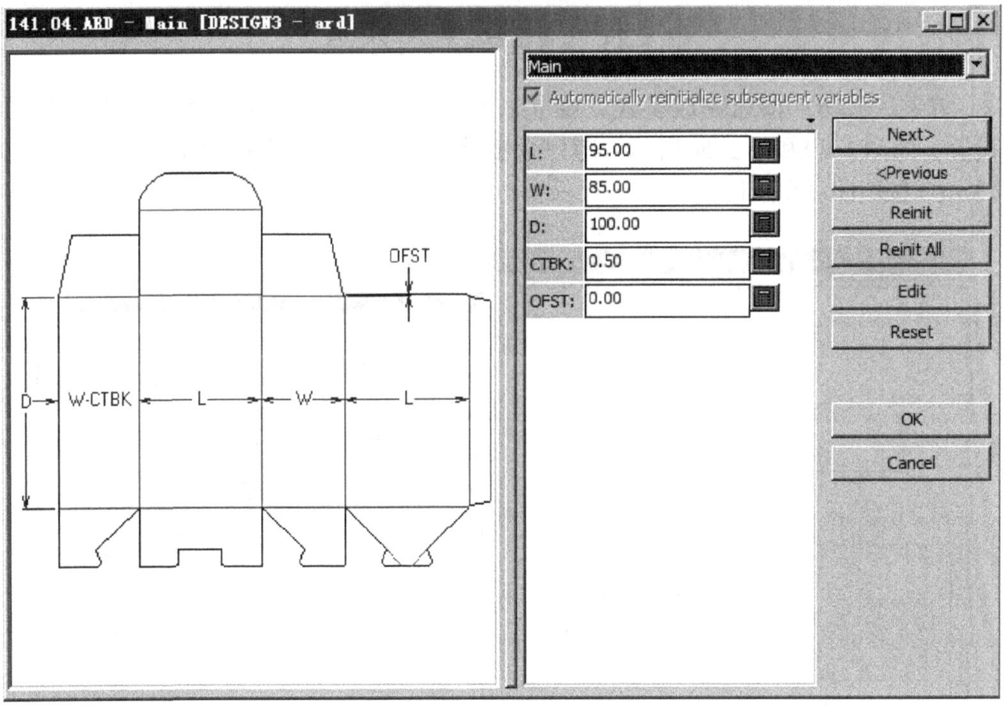

图2-47　主要参数设置对话框

（2）盒底局部结构形式选择

根据弹出的对话框显示的图形，如图2-48所示，进行盒底结构形式的选择，参考项目中所要设计的盒型结构，选择“No”选项。

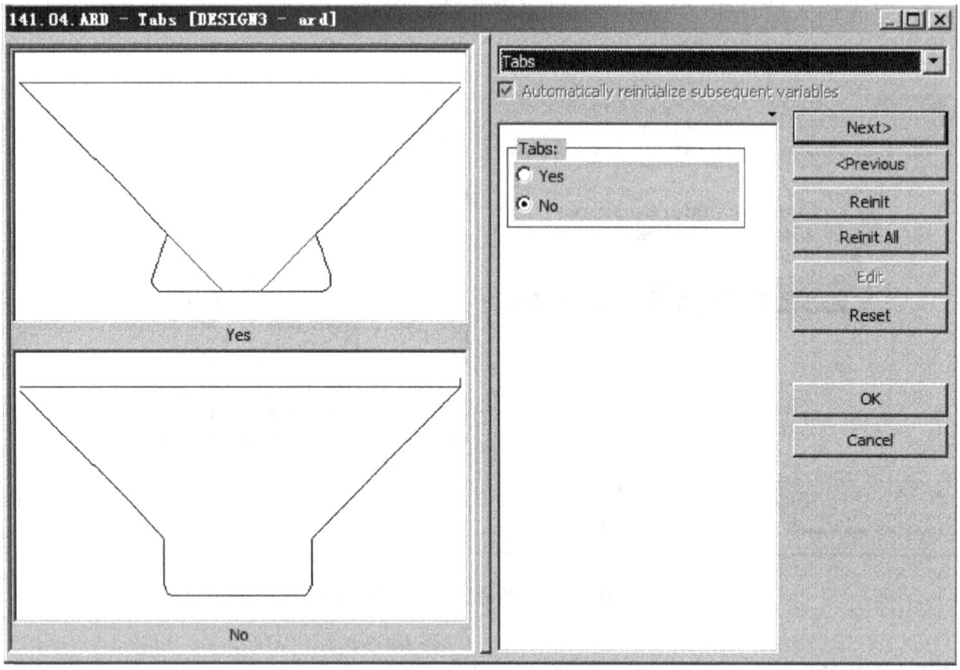

图2–48　盒底结构形式设计对话框

单击“Next”按钮完成设置。接下来主要是对盖插片和防尘襟片的结构进行设置，如图2–49和图2–50所示，考虑盒型结构特点，此时直接使用默认值，单击“Next”按钮即可完成设置。

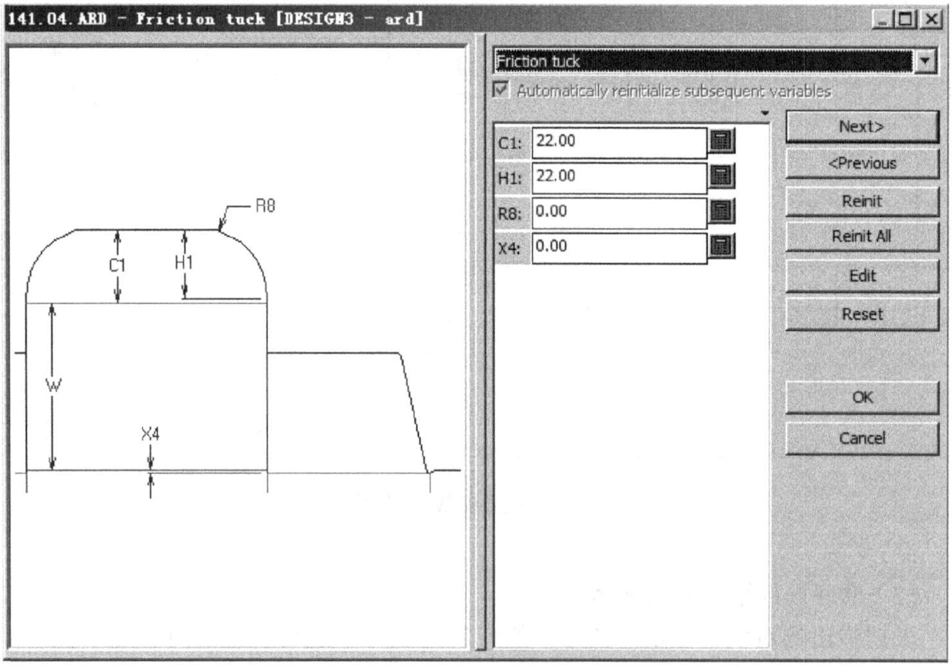

图2–49　盖插片参数设置对话框

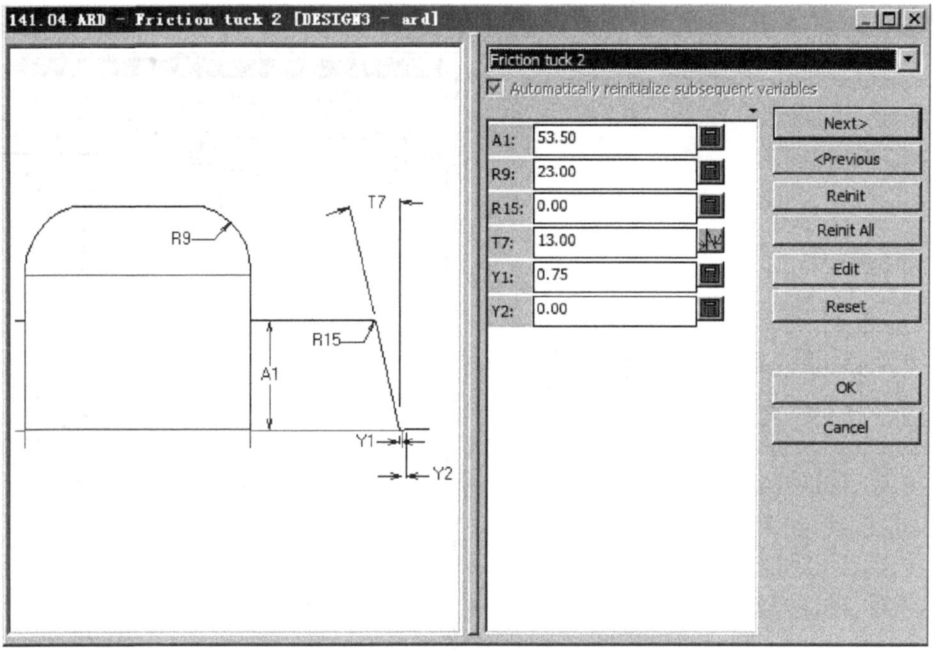

图2-50　防尘襟片参数设置对话框

（3）盒底局部参数设置

下面分别对盒底的尺寸进行设置，完成对盒底襟片的长度、角度等进行设置，如图2-51~图2-55所示。

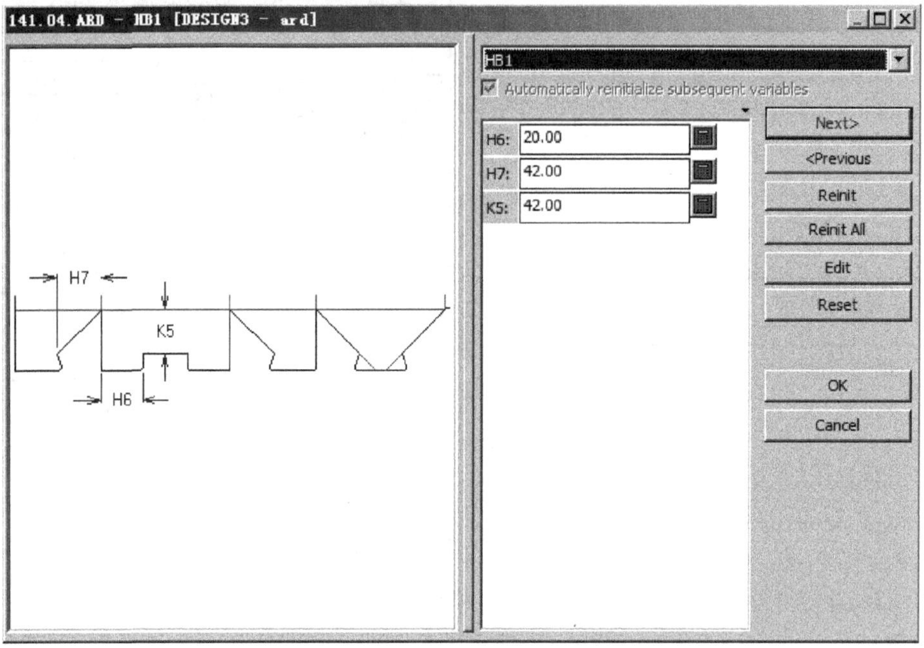

图2-51　盒底参数HB1设置对话框

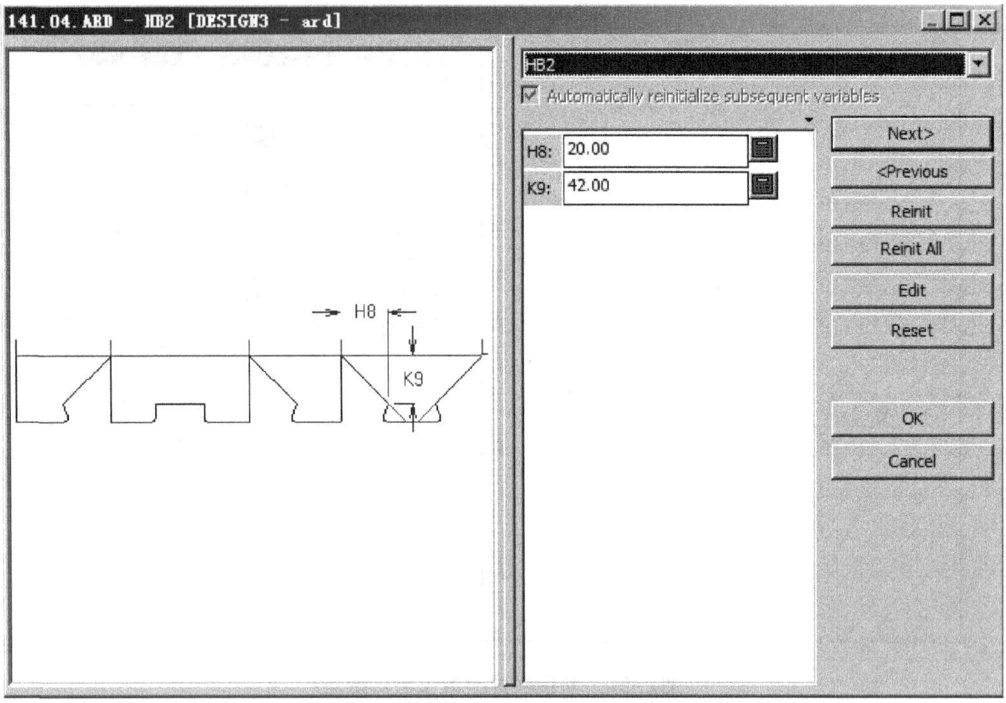

图2–52 盒底参数HB2设置对话框

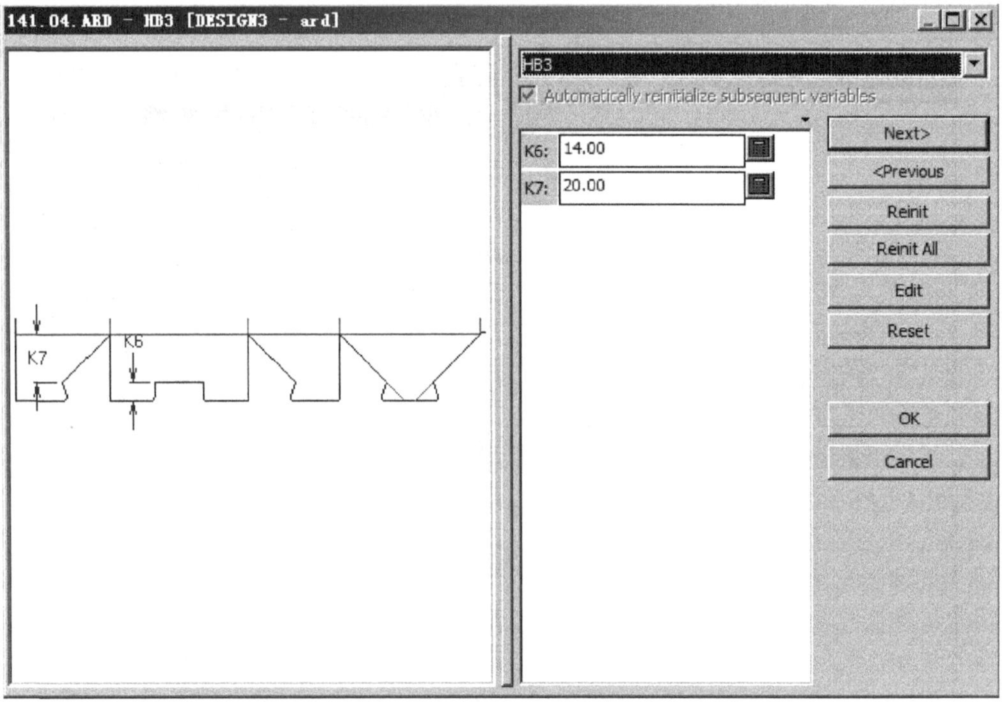

图2–53 盒底参数HB3设置对话框

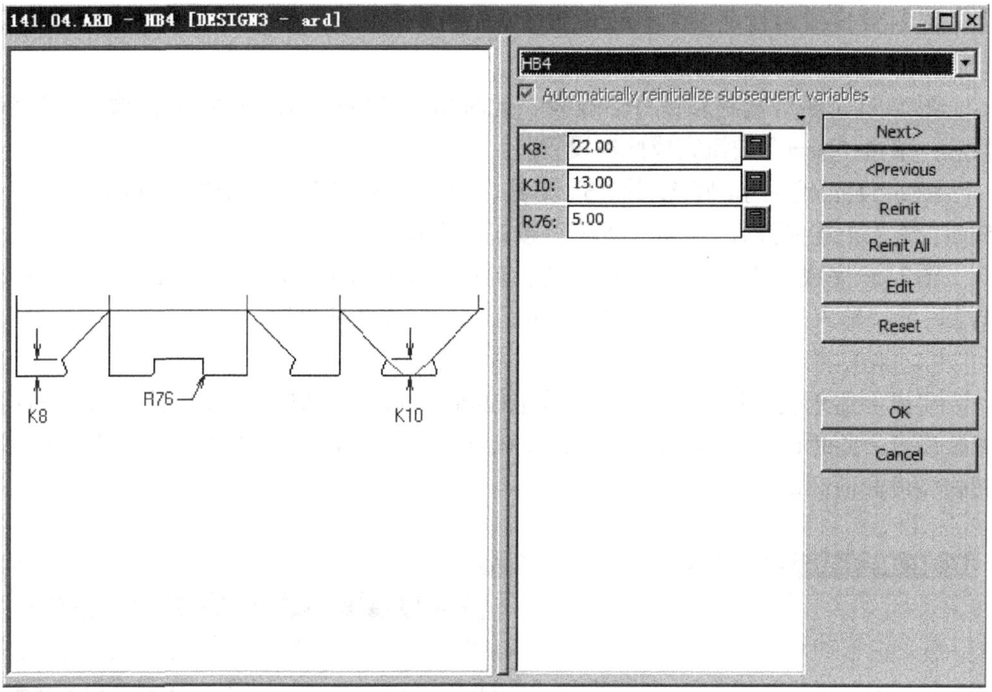

图2-54　盒底参数HB4设置对话框

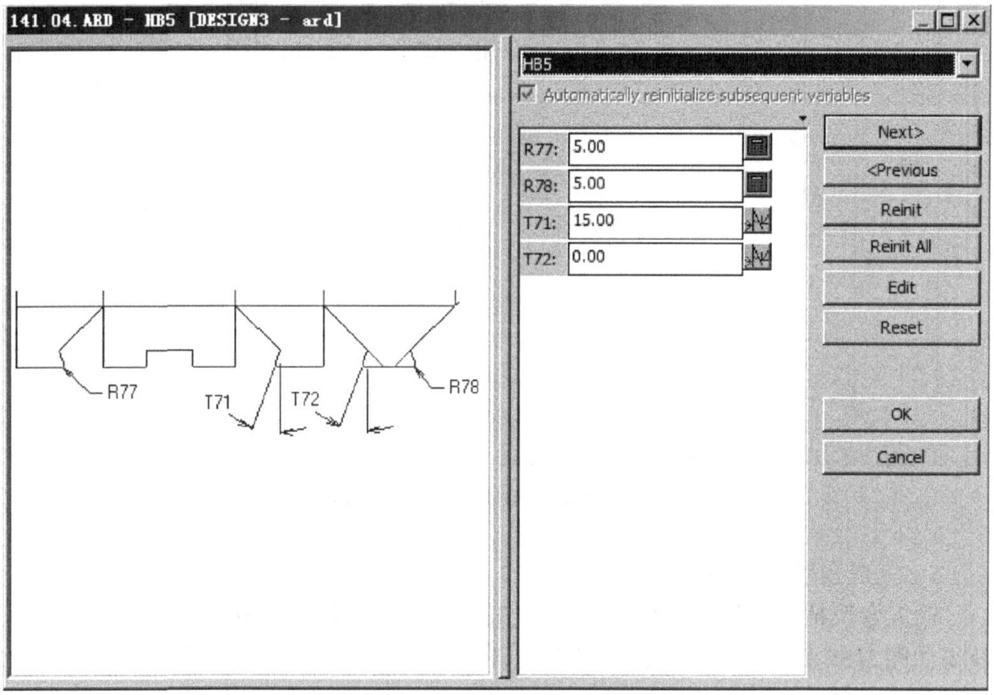

图2-55　盒底参数HB5设置对话框

图2-51完成对盒底参数HB1设置，此时H6 = 20mm，H7 = 42mm，K5 = 42mm，输入上述参数后，单击“Next”按钮完成此项设置。

图2-52完成对盒底参数HB2设置，此时H8 = 20mm，K9 = 42mm，输入上述参数后，单击“Next”按钮完成此项设置。

图2-53完成对盒底参数HB3设置，此时K6 = 14mm，K7 = 20mm，输入上述参数后，单击“Next”按钮完成此项设置。

图2-54完成对盒底参数HB4设置，此时K8 = 22mm，K10 = 13mm，R76 = 5mm，输入上述参数后，单击“Next”按钮完成此项设置。

图2-55完成对盒底参数HB5设置，此时R77 = 5mm，R78 = 5mm，T71 = 15°，T72 = 0°，输入上述参数后，单击“Next”按钮完成此项设置。

（4）粘贴襟片参数设置

完成上述盒底结构设置后，弹出如图2-56所示的对话框，对盒型粘贴襟片进行参数设置，此时G = 12mm，R = 0，R1 = 0，T = 15°，输入上述参数后，单击“Next”按钮完成此项设置。

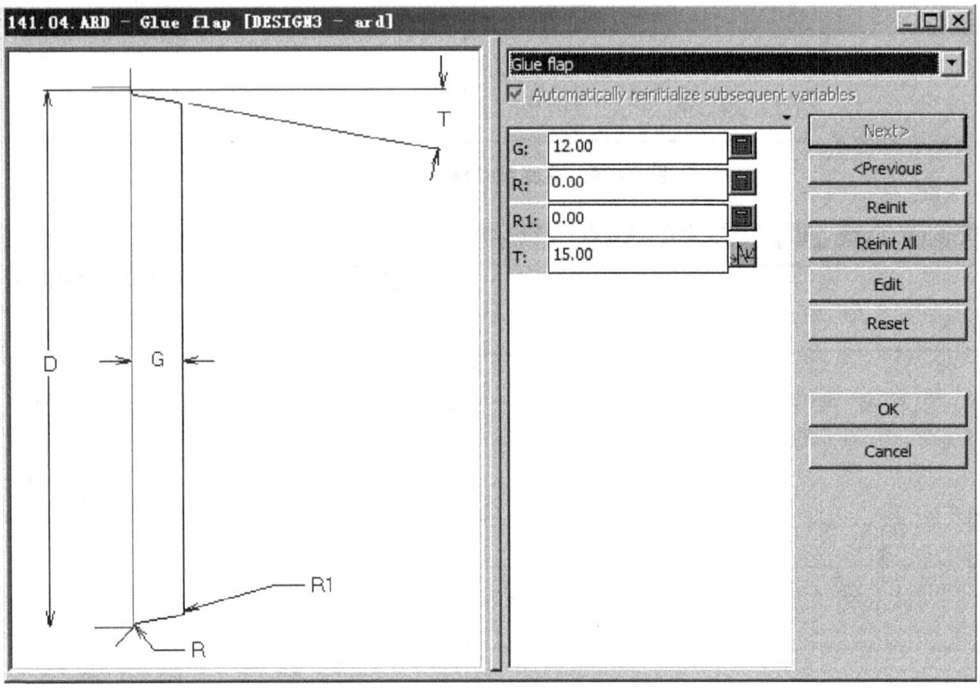

图2-56　盒型粘贴襟片参数设置对话框

5. 完成盒型库导入操作

输入盒型粘贴襟片参数后，单击“OK”按钮后对盒型结构图设计面进行调整，获得如图2-57所示的结构图，此时系统自动完成裁切压痕线的设置、尺寸的标注、3D成型设计等。

（二）盒盖结构设计

对比从盒型库导入的盒型结构与项目设计的要求，主要问题是调整盒盖的结构即可完成盒型的整体设计。

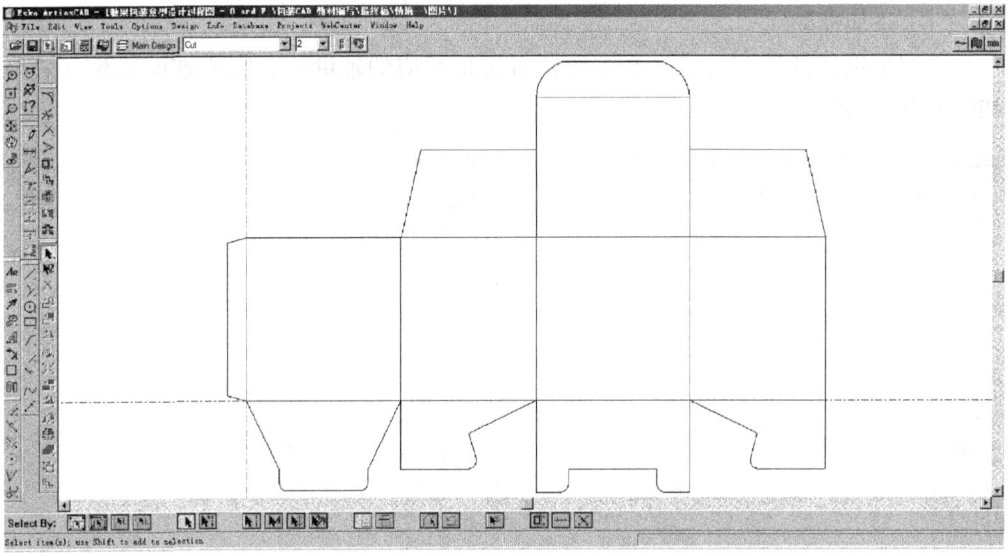

图2-57 完成盒型库导入操作示意图

1. 删去盒盖结构

利用选择工具，将盒盖部分进行框选，然后使用删去工具或键盘快捷键“Delete”，将盒盖部分删去，并对相关线段进行处理，如图2-58所示。

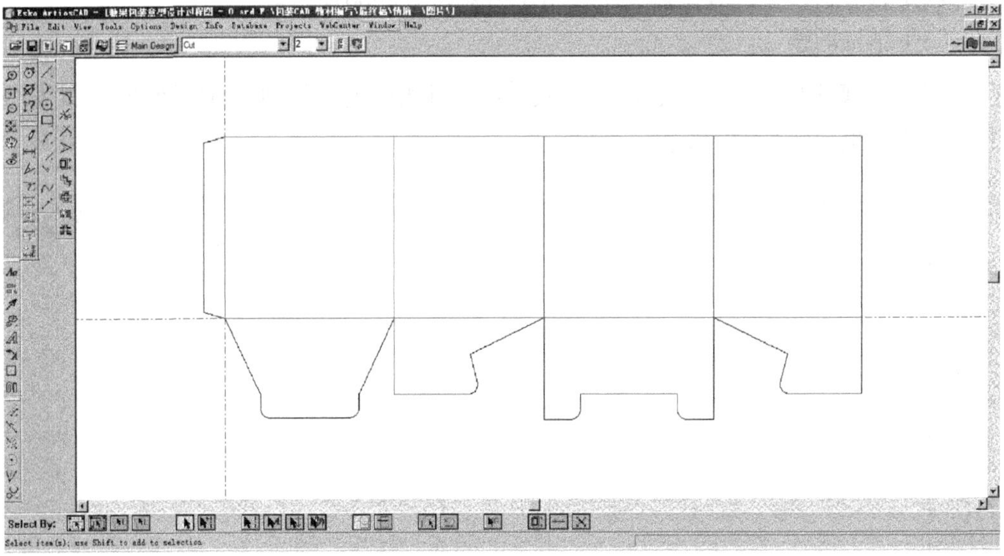

图2-58 删去盒盖结构图

2. 绘制盒盖结构图

分析盒盖结构特点，只需完成两个位置的盒盖结构，然后利用复制移动工具即可完成操作，绘制步骤如下。

（1）添加辅助线

根据辅助线的绘制方法，在盒盖位置添加相应的辅助线，完成辅助线添加效果如图2–59所示。

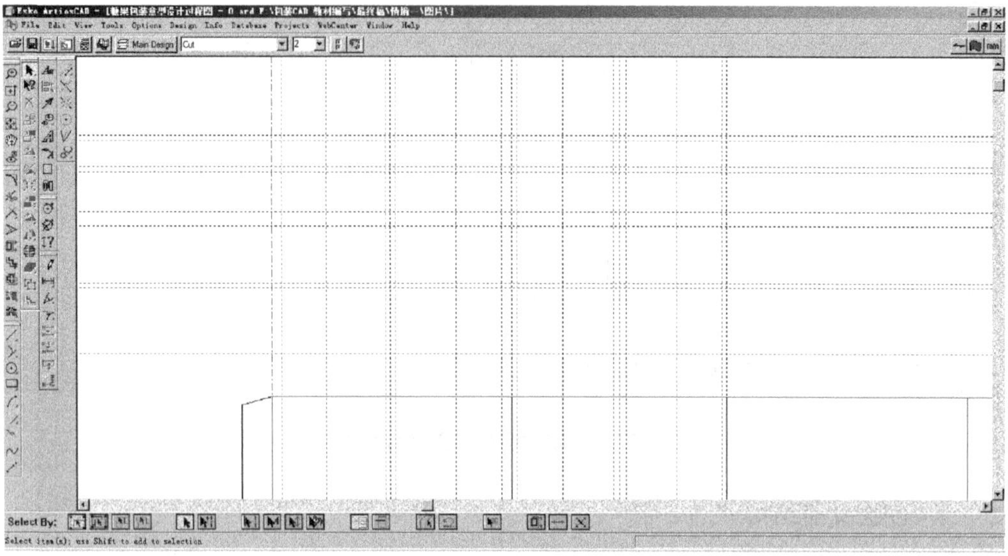

图2–59　添加辅助线

（2）绘制结构图

利用直线工具完成对盒盖绘制，制作结果如图2–60所示。

（3）结构调整

利用圆弧连接工具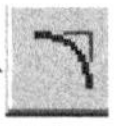、曲线工具，对相应的位置进行圆弧变换、曲线设计，制作结果如图2–61所示。

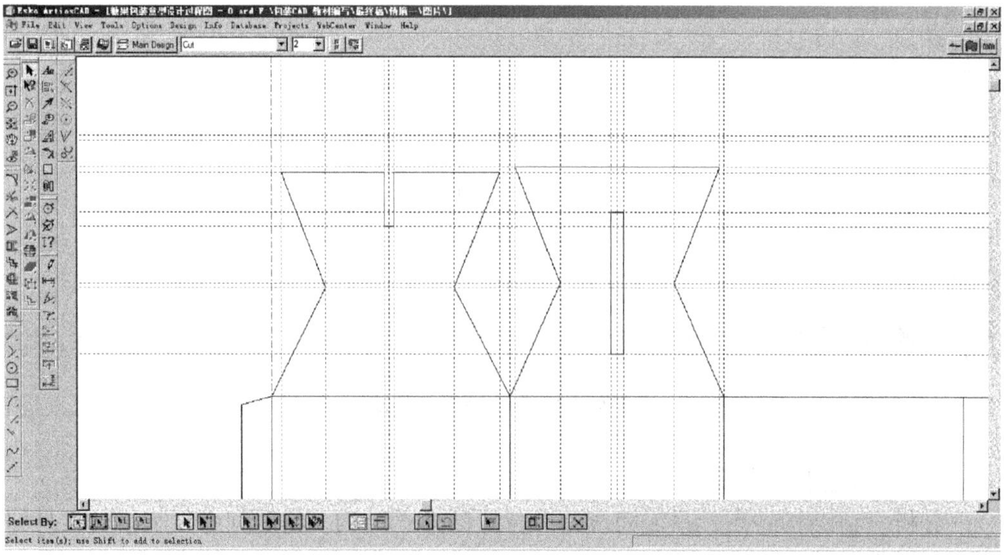

图2–60　绘制结构图

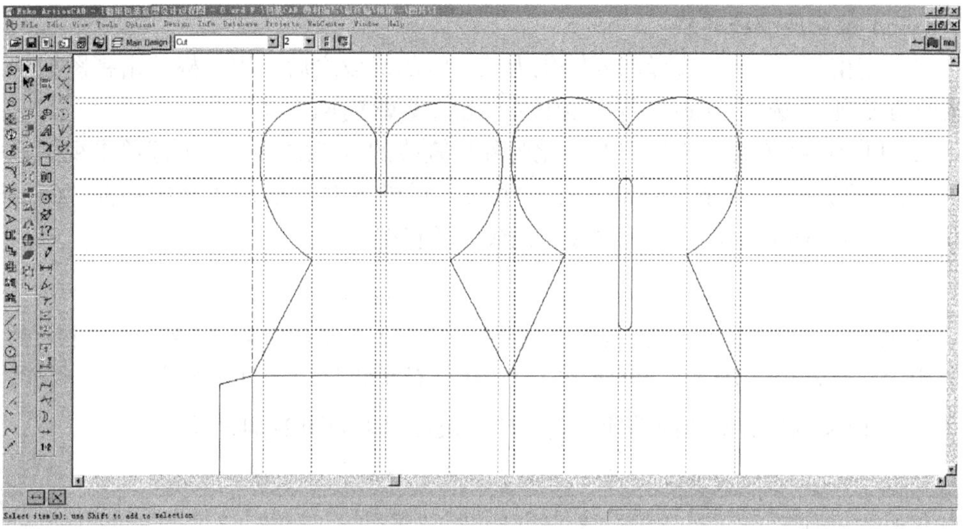

图2-61 结构调整设计

（4）复制移动操作

利用选择工具将盒盖框选，选择复制工具，用鼠标左键单击选择对象的任何一点，在状况栏位置出现如图2-62所示的参数设置提示框，可以对复制后的对象移动的角度、长度、X轴、Y轴的位置进行设定，此时可以设置角度为0°，X轴为180mm即可，X轴的大小即为长度的大小，也是盒型长度和宽度之和。

图2-62 复制移动位置参数设置

按Enter键完成复制操作，考虑到盒盖成型后花瓣处，需要进行折叠成型，所以此时需将花瓣处添加相应的线条。完成线条添加并清除辅助线后，制作结果如图2-63所示。

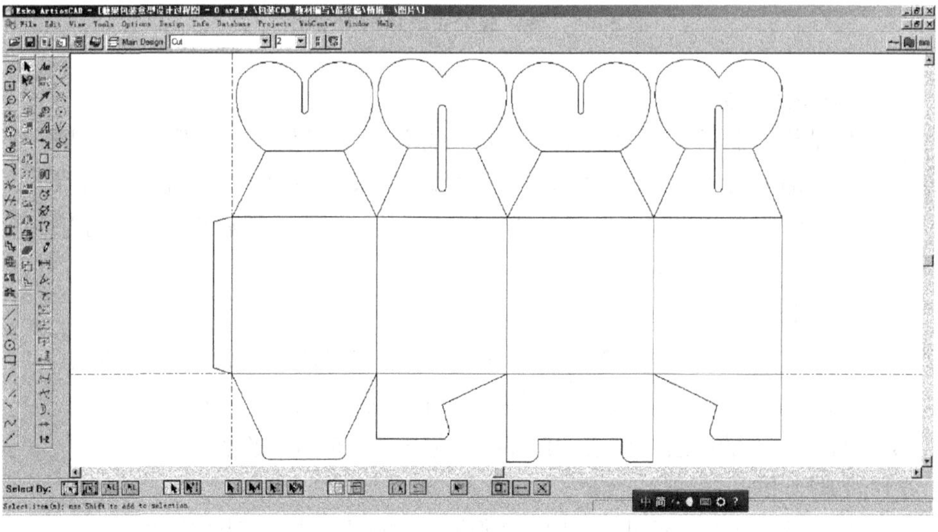

图2-63 结构设计效果图

（三）裁切压痕线转换

① 利用选择工具，选择需要转化为压痕线的线段之后，用鼠标单击视图栏中的“线条的类型”，选择“Crease”（压痕线）完成线型转换。

② 利用选择工具，选择需要转化为外折叠线的线段之后，用鼠标单击视图栏中的“线条的类型”，选择“Others”（压痕线）后弹出对话框，在其中选择“Generic rules” > “Generic perf”（外折叠线）完成线条转换。

知识点11

外折叠线。外折叠是将纸板沿压痕线折叠，折叠后纸板的面层（或外面纸）相对的角小于180°，底层（或内面纸）相对的角大于180°。在盒型设计中通过双点划线 -·-·- 来表示。

至此糖果包装盒型结构设计绘制完毕，设计效果如图2-64所示。

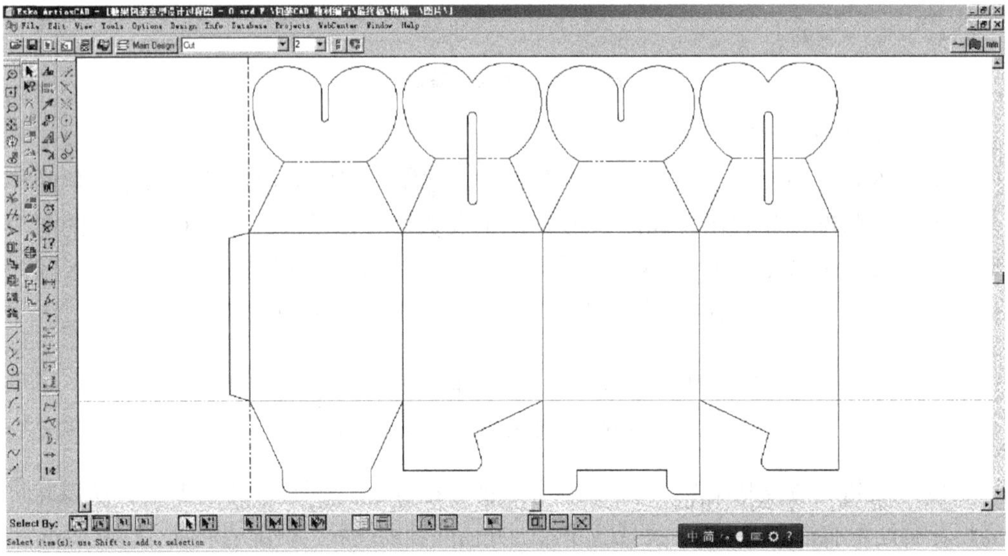

图2-64　转化线型完成结构图绘制

（四）盒型尺寸标注

当盒型结构绘制后，要对盒型尺寸进行标注。由于是用盒型库导入盒型，所以系统会自动添加了尺寸层，但是此时的自动添加的尺寸层和修改的盒盖位置尺寸，均不符合尺寸标注要求，此时应先删去其他尺寸等其他图层，然后再创建尺寸层和标注尺寸。

1. 删去图层

① 单击图层面板 

，弹出图层面板对话框，如图2-65所示。

② 单击“Properties”按钮，弹出图层属性对话框，如图2-66所示。

③ 选择要删去的图层，单击“Delete”按钮完成对图层的清理工作。

2. 创建尺寸层

单击尺寸标注工具，弹出如图2-67所示的对话框，提示创建尺寸层。

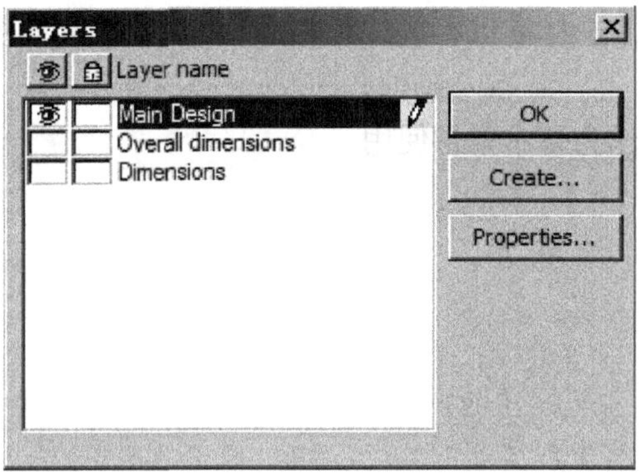

图2-65　图层显示设置对话框

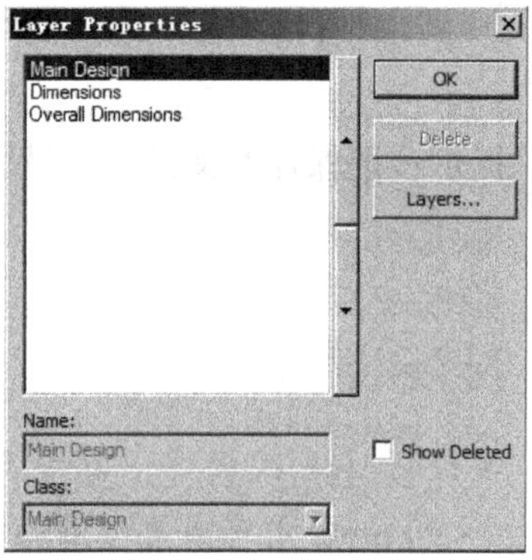

图2-66　图层属性对话框

3. 尺寸标注

① 选择“距离尺寸”工具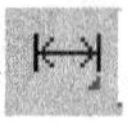，按照要求标注出直线之间的距离。

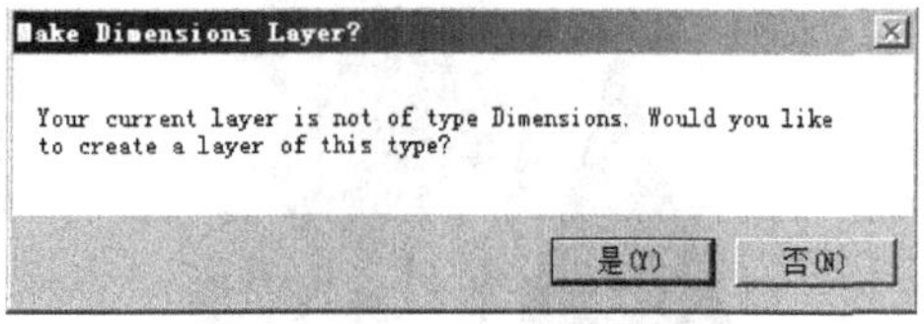

图2-67　创建尺寸层对话框

② 选择“角度尺寸”工具，按照要求标注角度尺寸。

③ 选择“半径尺寸”工具，按照要求标注圆弧等半径大小，标注效果如图2-68所示。

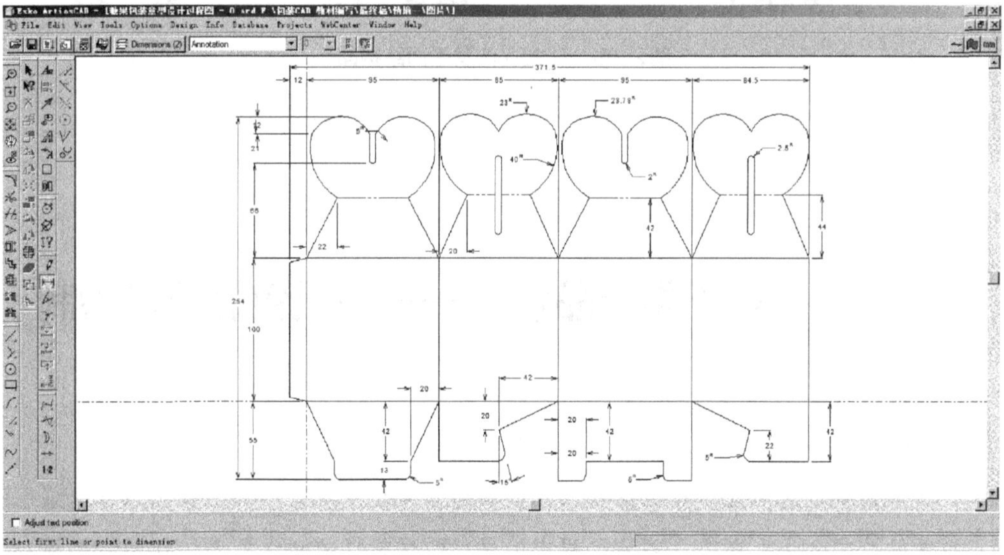

图2-68　尺寸标注完成

（五）文件保存

① 选择“File” > “Save/Save As”命令，输入文件名，存储为“.ard”文件格式的文件。

② 选择“File” > “Export”命令，选择欲保存的文件格式，单击“OK”按钮即可。

提示：请保存好文件，后续课程将作为基本素材使用。

技能训练

某设计公司欲设计一款礼品类包装盒，样品如图2-69所示，尺寸为67mm×40mm×90mm，请完成盒型图的绘制及尺寸标注。

图2-69 礼盒立体及平面结构图

项目四 电子类产品包装——手机包装纸盒绘制

本项目主要以手机包装纸盒为典型案例，分析了微瓦楞盘式结构形式的手机盒的绘制方法。在项目实施过程中，要求学生掌握辅助线、连续辅助线偏移工具，曲线工具，圆弧连接工具，镜射复制工具，尺寸标注工具的操作与使用，进一步加强对辅助线工具和直线工具的操作。通过本项目的学习，学生可以独立完成电子类产品包装纸盒的绘制工作。

一、项目提出

某手机厂商需要生产加工一批纸盒，用于手机的运输销售使用，手机盒的样品如图2–70所示，制造尺寸为126mm × 100mm × 59mm，请完成盒型图的绘制。

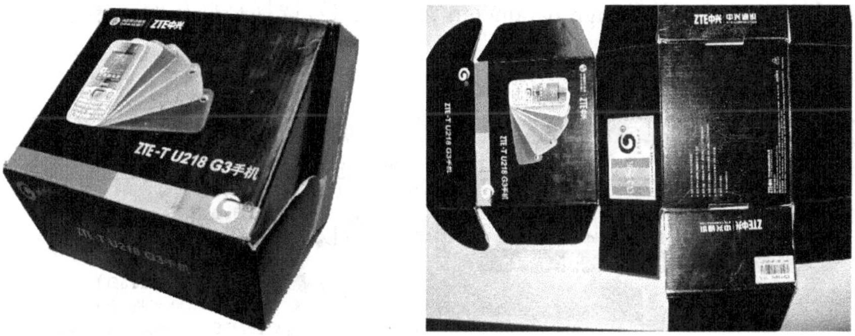

图2–70　客户提供的样品盒

二、项目分析

本任务涉及的盒型为瓦楞纸箱/盒中的一种，属于FEFCO 0427型，采用的材料为超微瓦楞，类型为G瓦楞，在设计中通常也将其归纳为卡纸类设计。

04型纸箱俗称托盘，这种类型纸箱通常是连体的，它是由一页纸板成型，不需要钉合或胶带黏合，只要折叠即能成型。还可设计锁口、提手和展示牌结构，具有适宜陈列的特点。

G瓦楞是超微瓦楞，其楞高为0.55mm，其盒型设计、拼版、模切由工艺流程控制，基本上采用卡纸的流程控制方法进行，表2–1是常见瓦楞基本信息一览表。

表2–1　常见瓦楞基本信息一览表　　mm

楞型	名称	高度（h）	宽度（t）	楞数（每米）
A	大瓦楞	5.0	8.6	115
C	中瓦楞	4.0	8	125
B	小瓦楞	3.0	6.5	154
E	微瓦楞	1.5	3.5	286
F	微瓦楞	0.75	2.4	417
G	超微瓦楞	0.55	1.8	555

三、项目绘制

（一）新建文件

选择“File” > “New Design”命令，弹出新建文件对话框，选择瓦楞、瓦楞纸板信息，如图2-71所示，此纸箱要求用G型瓦楞，单位为mm，因此参数数值选择Corrugated-Metric-Single design parameters，纸板编号选择G型瓦楞，单击“确定”按钮，完成新文件的建立。

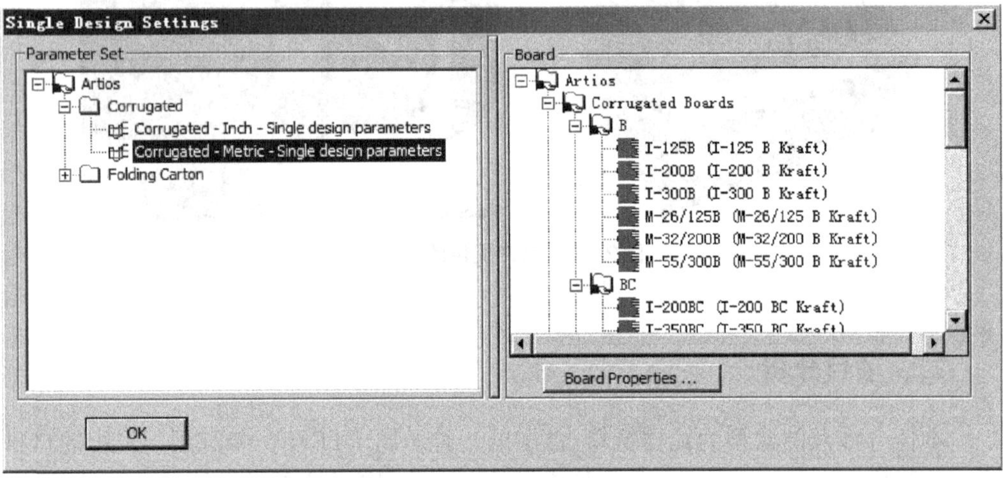

图2-71　新建文件对话框

按照前面要求，进行设计面、设计单位、楞向等设置。

知识点12

瓦楞纸盒或瓦楞纸箱在结构设计时，设计面应选择纸板的里面。单击操作视窗右上角图标  中的第1个或第2个按钮，弹出如图2-72所示的对话框，即可进行瓦楞的楞向和设计面的调整。此时将设计面调整为“Inside”，考虑到绘图和盒型的特点，楞向保持不变，但在设计中要注意构图形式。

单击“OK”按钮，完成设置。

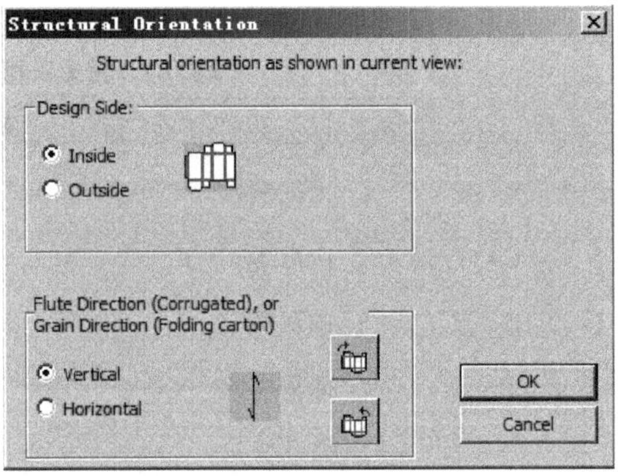

图2-72　设计面及楞向调整对话框

（二）绘制盒型结构图

1. 纸盒盒底绘制

（1）添加主辅助线

选择辅助线工具的第1个按钮，

即“辅助线偏移/角度”工具，用鼠标左键单击坐标轴y轴，移动鼠标后，在状况栏中输入盒底的长度126mm；同样利用鼠标左键单击坐标轴x轴，移动鼠标后，在状况栏中输入盒底的长度100mm，完成盒底的主体辅助图形，绘制结果如图2-73所示。

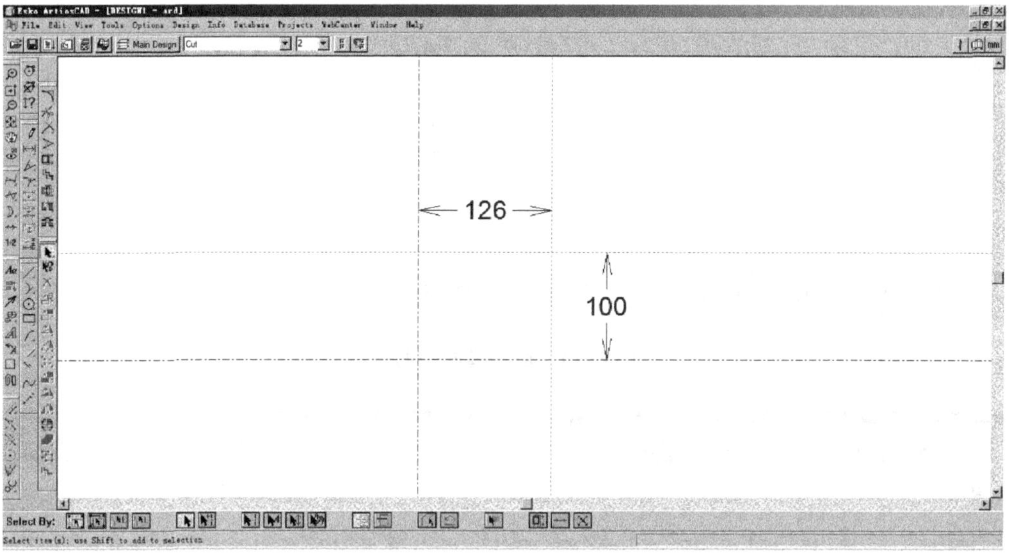

图2-73　添加盒底辅助线

继续使用辅助线工具，用鼠标左键单击坐标轴x轴，向下移动鼠标后，在状况栏中依次输入参数57mm，完成x轴下方辅助线的绘制；利用此工具按钮下的第2个工具连续辅助线偏移/角度工具，用鼠标左键单击与坐标轴x轴上面100mm处的辅助线，向上移动鼠标后，在状况栏中依次输入参数58mm、100mm、59mm，完成上方辅助线的绘制，绘制结果如图2-74所示。

使用连续辅助线偏移/角度工具，用鼠标左键单击坐标轴y轴，向左移动鼠标后，在状况栏中依次输入参数59mm、4mm、56mm、4mm，完成左边辅助线的绘制；按照同样的操作方法，在右边添加相应的辅助线，绘制结果如图2-75所示。

知识点13

连续辅助线偏移工具。在辅助线工具条的第1个按钮下的第2个工具是连续辅助线偏移工具，点选此工具，可以选择一条直线或一个圆弧，连续添加多个辅助线，只需在状况栏中输入与直线或圆弧之间的偏移值后按确定键，然后重复多次即可得到多条平行的直线或圆弧。

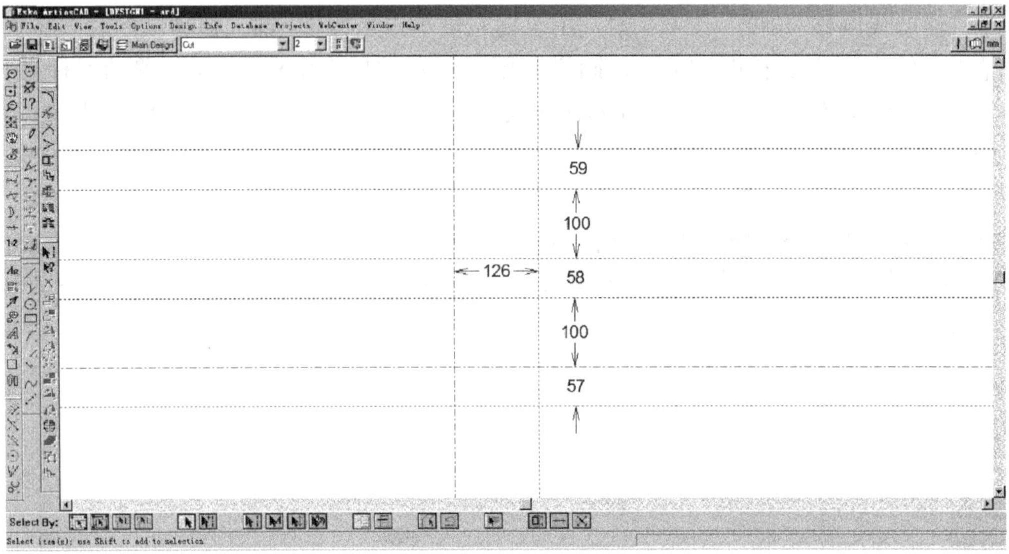

图2-74　添加横向辅助线

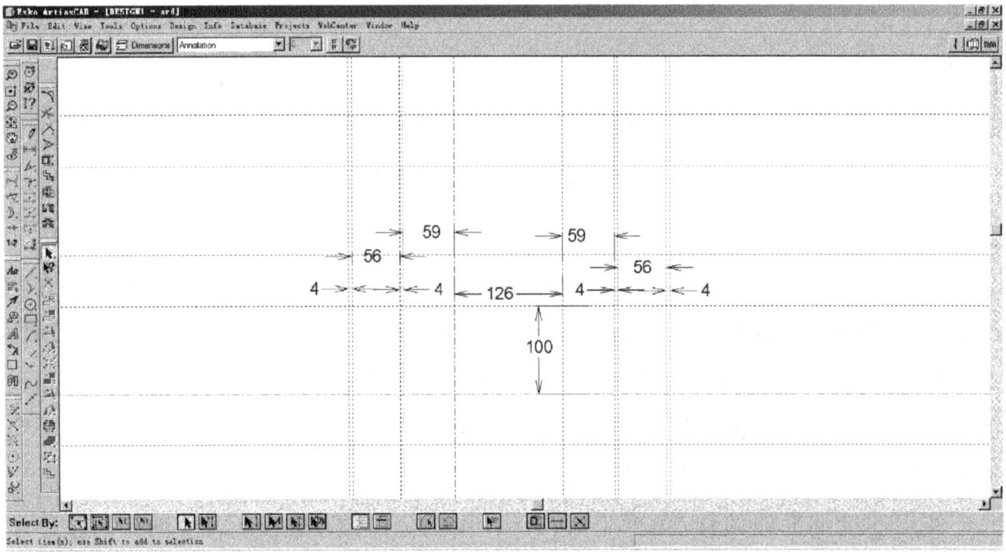

图2-75　添加纵向辅助线

（2）利用直线工具绘制盒底

选择“直线”工具，单击由辅助线构建的点A、B、C、D、A，绘制结果如图2-76所示。

2. 盒底左侧襟片绘制

（1）添加局部辅助线

单击辅助线工具中第3个工具垂直平分线工具，其默认值为2，对其所选择的对象进行平分。用鼠标左键单击线段AB、BC将其平分，绘制结果如图2-77所示。

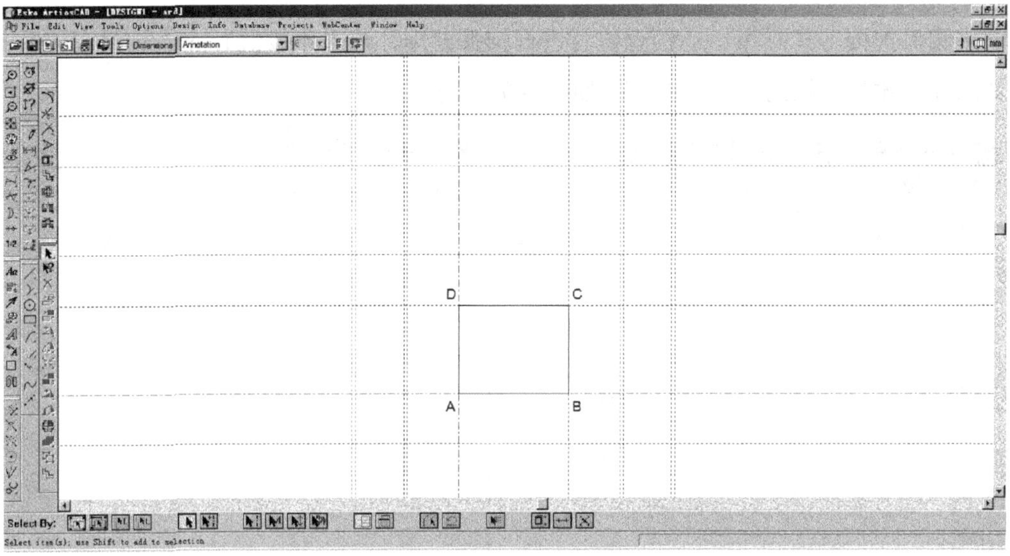

图2-76 绘制盒底

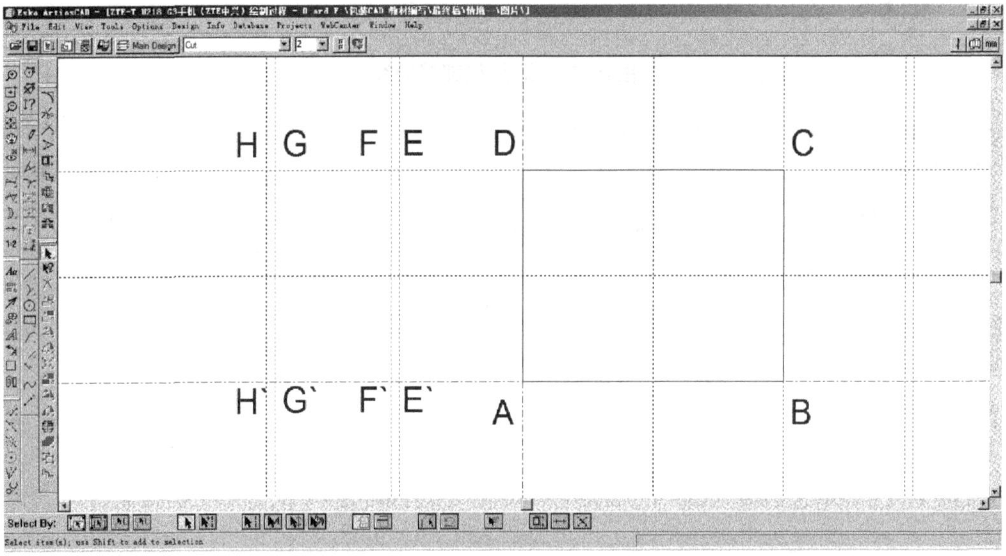

图2-77 添加线段垂直平分线

继续使用辅助线工具，根据盒型特点，添加与直线DH、AH`上下距离均为2mm的平行辅助线；添加与直线AD右边距离为4mm的平行辅助线；添加以点F为角顶点，与FD夹角为45°的斜线；添加与线段AD中心线上下距离分别为13mm、15mm的平行辅助线，绘制结果如图2-78所示。

（2）盒底左侧襟片绘制

选择“直线”工具，按照盒底左侧襟片的结构形式，分别连接相对应的点；

利用圆弧连接工具，对锁合位置进行圆弧处理，输入参数值1mm。绘制完成后，清除此次添加的辅助线，制作结果如图2-79所示。

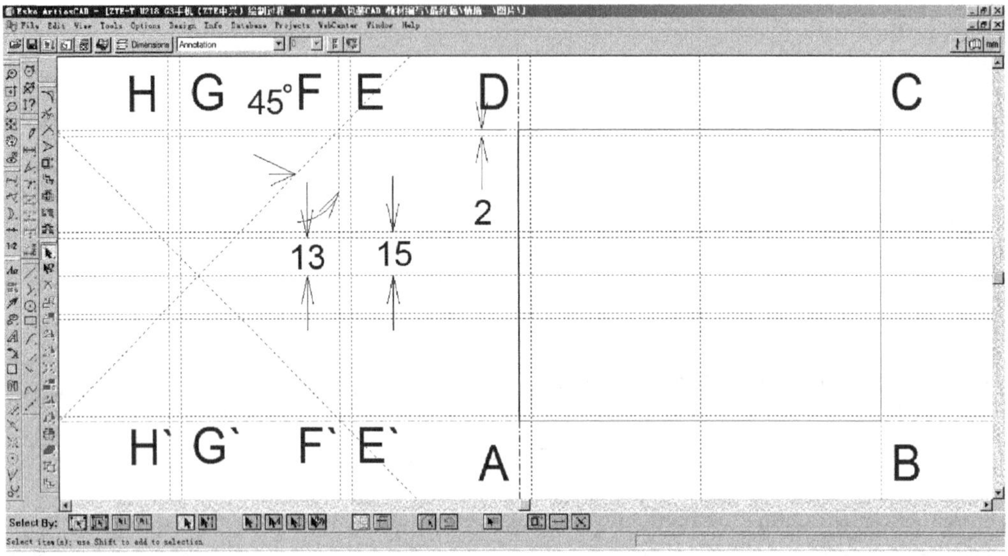

图2-78　添加局部辅助线

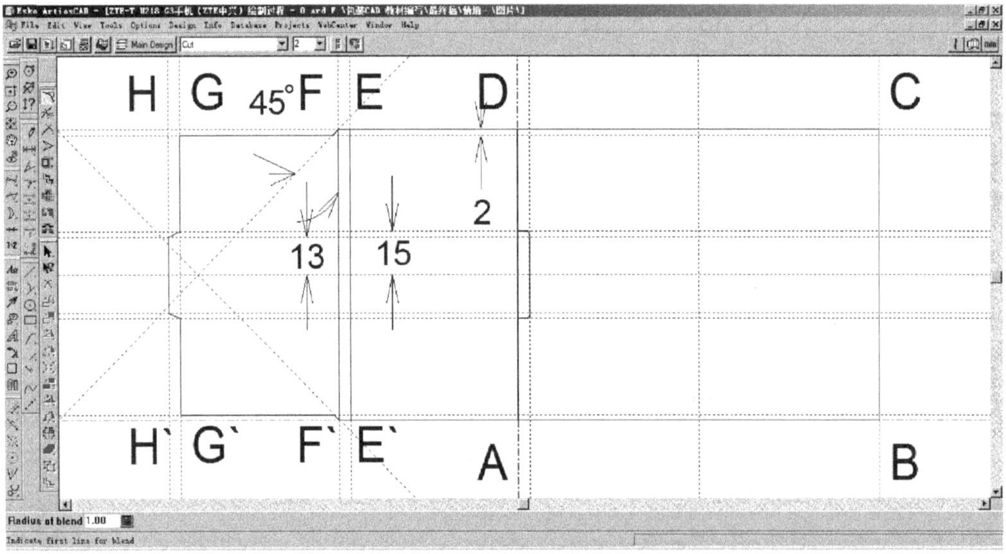

图2-79　左侧襟片绘制效果图

3. 绘制左下角襟片

（1）添加局部辅助线

使用辅助线工具，根据左下角襟片特点，添加与直线AD右边距离为4mm的平行辅助线；添加与直线AD左边距离为49.5mm的平行辅助线；添加与直线AB下边距离为3mm的平行辅助线，绘制结果如图2-80所示。

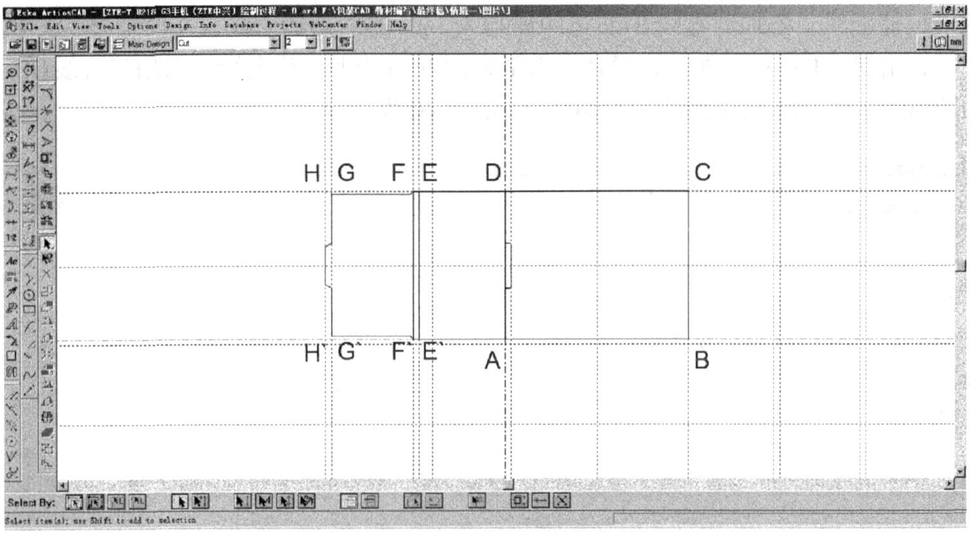

图2-80　添加辅助线

（2）左下角襟片绘制

选择“直线”工具，按照左下角襟片的结构形式，分别连接相对应的点；利用圆弧连接工具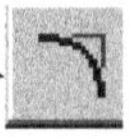，对旋转点位置进行圆弧处理，输入参数值4mm。绘制完成后，清除此次添加的辅助线，制作结果如图2-81所示。

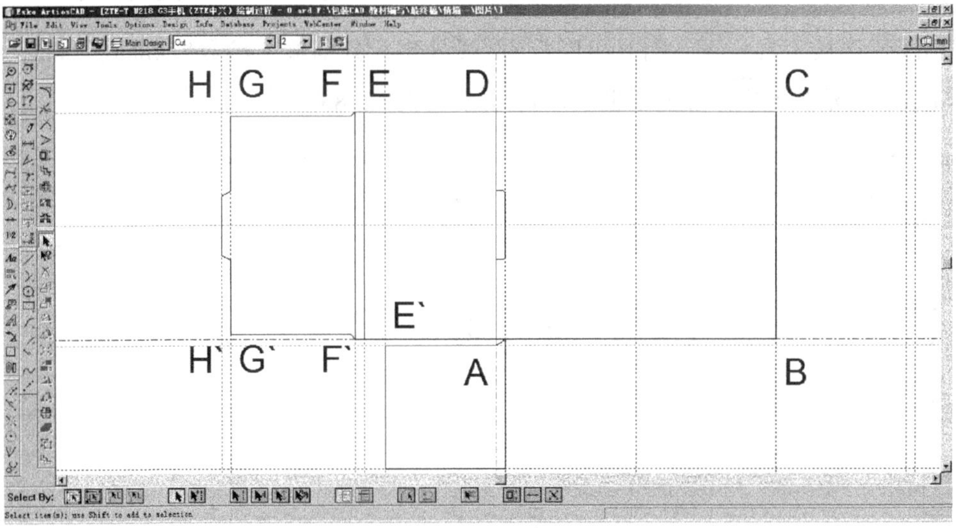

图2-81　左下角襟片绘制效果图

4. 绘制左上角襟片

（1）添加局部辅助线

使用辅助线工具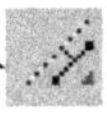，根据左上角襟片特点，添加与直线AD左边距离为49.5mm

的平行辅助线；添加与直线ID右边距离均为2mm的两条辅助线，并设定第2条辅助线与IJ相交于I'点；添加与直线IJ下边距离为2mm的平行辅助线；添加与直线CD上边距离为3mm的平行辅助线，绘制结果如图2-82所示。

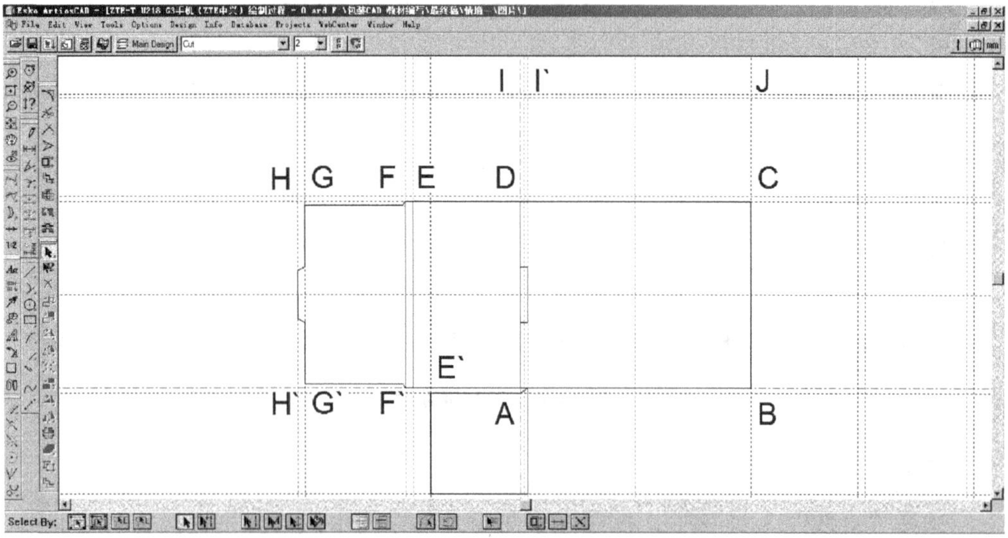

图2-82　添加辅助线

（2）左上角襟片绘制

选择“直线”工具，按照盒底左侧襟片的结构形式，分别连接相对应的点；利用圆弧连接工具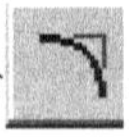，对D和I'进行圆弧处理，分别输入参数值4mm、2mm。绘制完成后，清除此次添加的辅助线，制作结果如图2-83所示。

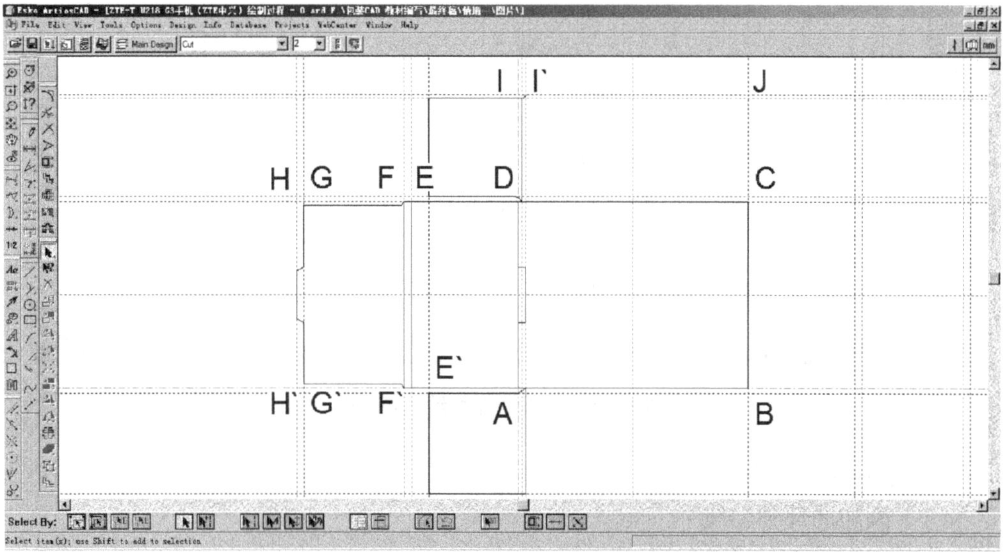

图2-83　左上角襟片绘制效果图

5. 纸盒盒盖襟片绘制

（1）添加局部辅助线

使用辅助线工具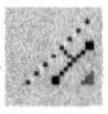，根据盒盖襟片结构特点，添加与直线LK下边距离为16mm的平行辅助线；添加与直线IJ上边距离为16mm的平行辅助线；添加与直线KI左边为35mm，右边为4mm的两条辅助线，绘制结果如图2-84所示。

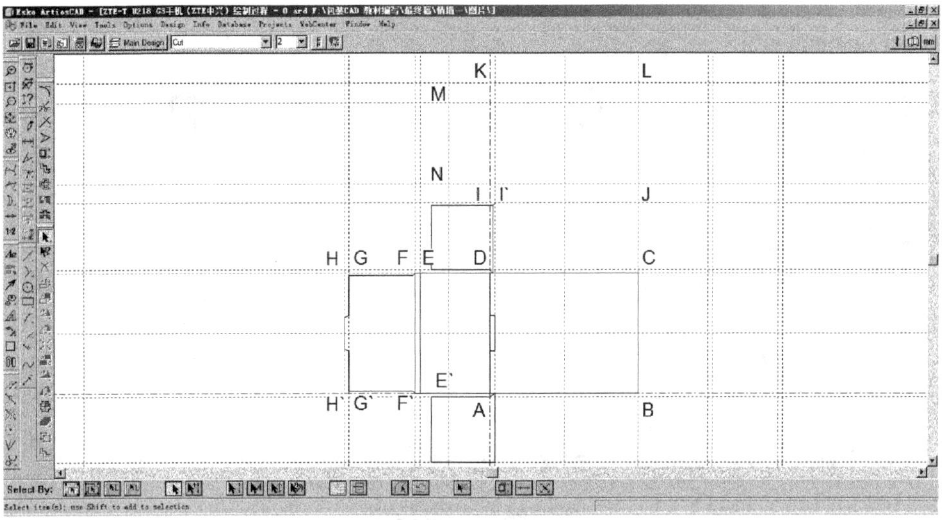

图2-84　添加辅助线

（2）盒盖襟片绘制

选择“直线”工具，按照纸盒盒盖襟片的结构形式，分别连接相对应的点；利用圆弧连接工具，对M和N进行圆弧处理，输入参数值5mm。绘制完成后，清除此次添加的辅助线，制作结果如图2-85所示。

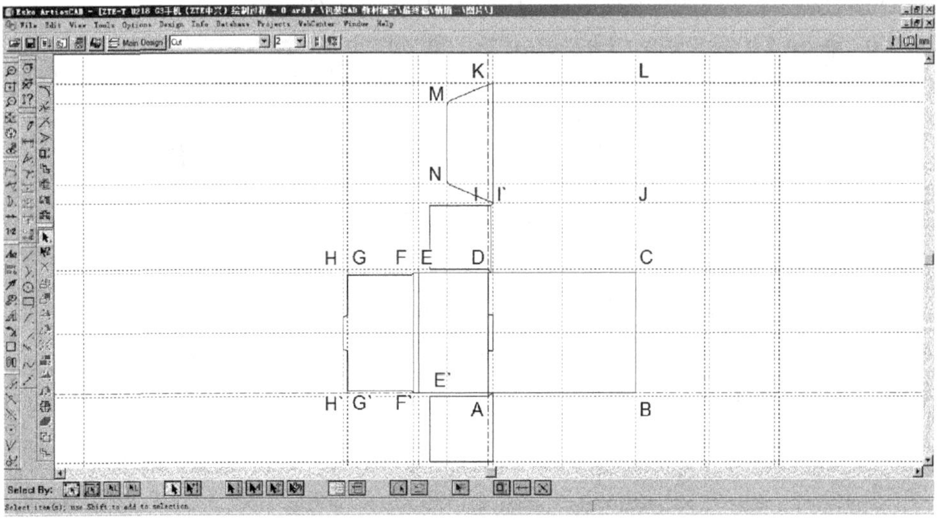

图2-85　纸盒盒盖襟片绘制效果图

6. 盒盖插入襟片绘制

（1）添加局部辅助线

使用辅助线工具，根据盒盖插入襟片结构特点，添加与直线OK右边距离为1mm的平行辅助线；添加与直线OK左边距离分别为38mm、46mm的两条辅助线；添加与直线KL上边距离为3mm的平行辅助线，绘制结果如图2-86所示。

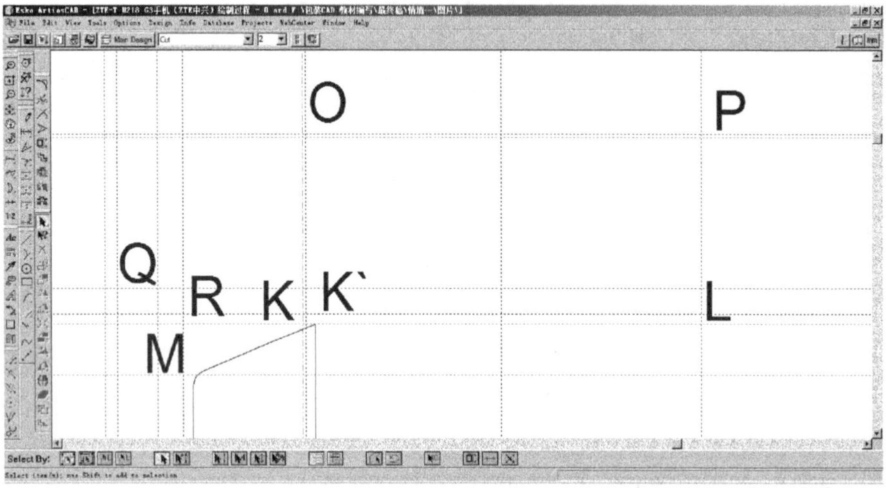

图2-86　添加辅助线

（2）盒盖插入襟片绘制

选择“直线”工具，按照纸盒盒盖插入襟片的结构形式，分别连接相对应的点；利用圆弧连接工具，对KK`处进行圆弧处理，输入参数值3mm；利用曲线工具，对线段OQ、QR进行圆弧变换，分别输入参数值49mm、8mm。绘制完成后，清除此次添加的辅助线，制作结果如图2-87所示。

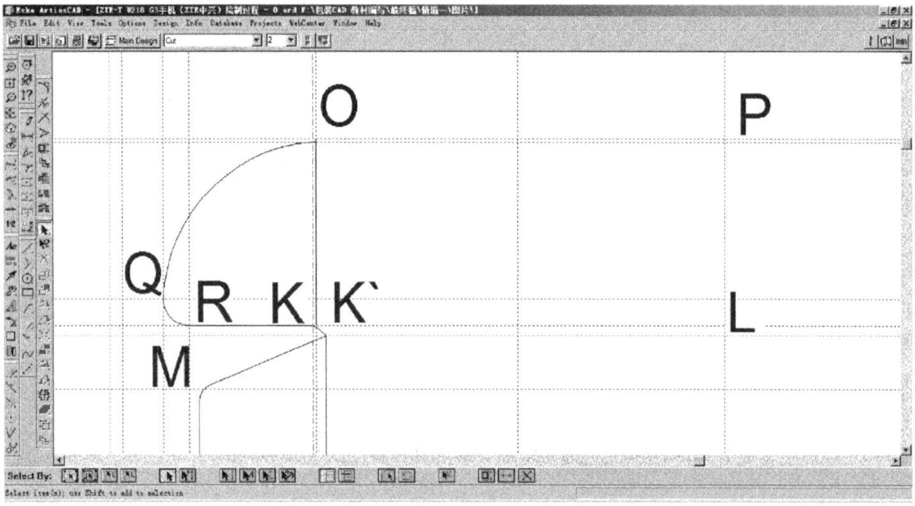

图2-87　纸盒盒盖插入襟片绘制效果图

7. 盒型整体绘制

本手机盒型结构是左右对称的，结构完全相同，可以通过复制完成右边结构图的绘制。

① 中垂线绘制。选择“辅助线分割/中点”工具，单击线段AB完成中垂线的设置，如图2-88所示。

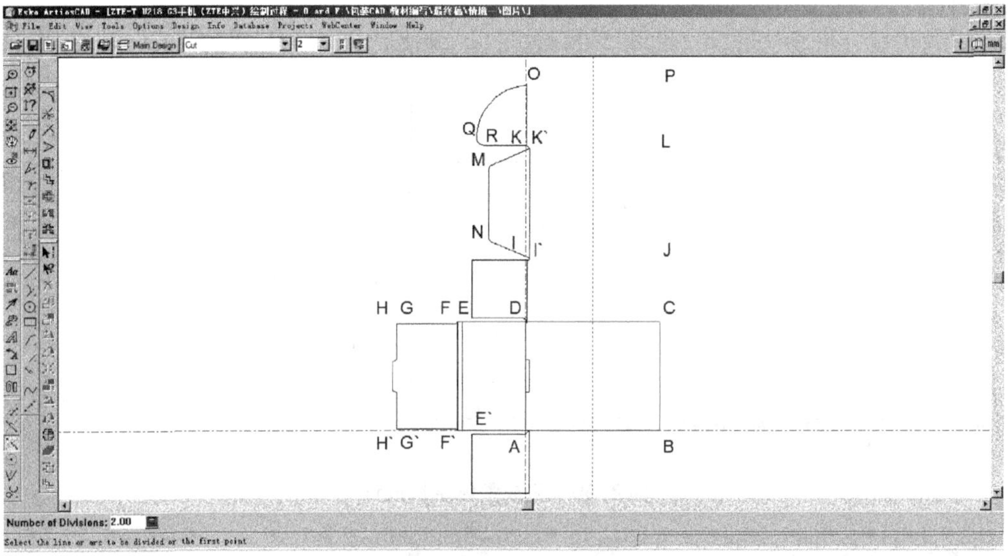

图2-88　添加中垂线

② 选择“选择”工具，按住Ctrl键，选择所有要复制的对象。

③ 选择“沿着直线镜像复制”工具，单击对称辅助线，完成操作效果如图2-89所示。

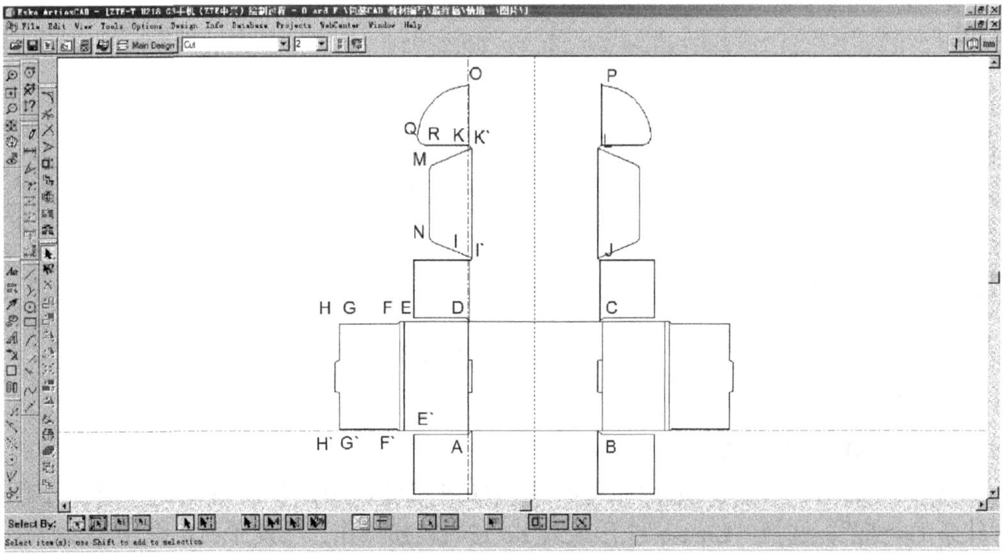

图2-89　完成镜像复制操作

④ 利用直线工具等工具完成相关位置线的连接，完成整体结构设计如图2-90所示，盒型最终结构设计效果如图2-91所示。

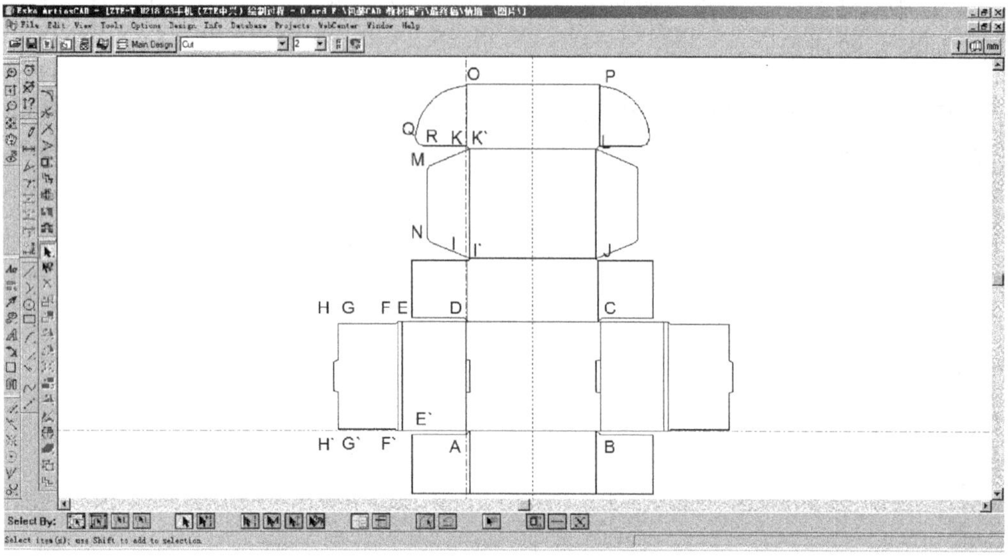

图2-90　完成整体结构设计

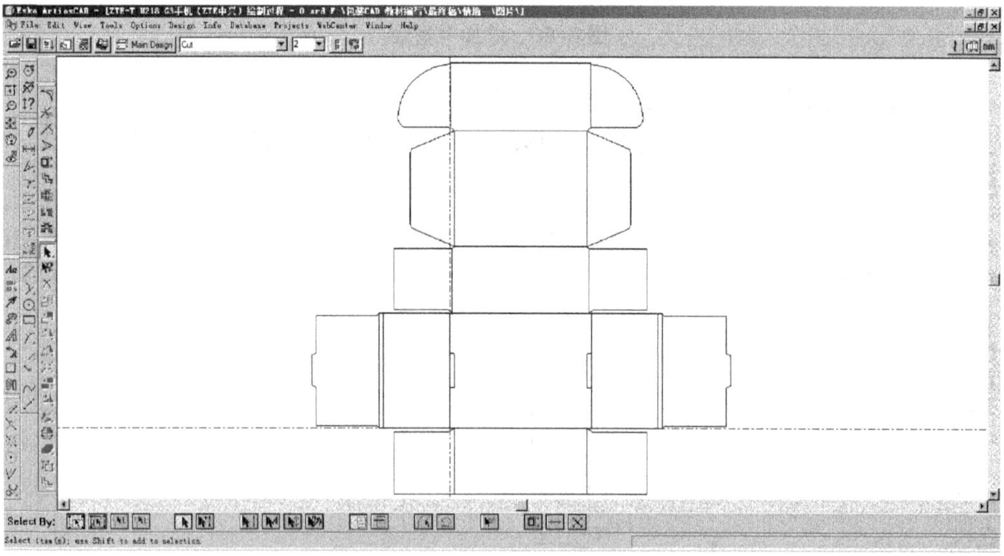

图2-91　结构设计效果图

（三）裁切压痕线转换

利用“选择”工具，选择需要转化的线段之后，用鼠标左键单击视图栏中的“线条的类型”，选择“Crease”（压痕线），完成转换操作，至此手机纸盒结构设计绘制完毕，绘制效果如图2-92所示。

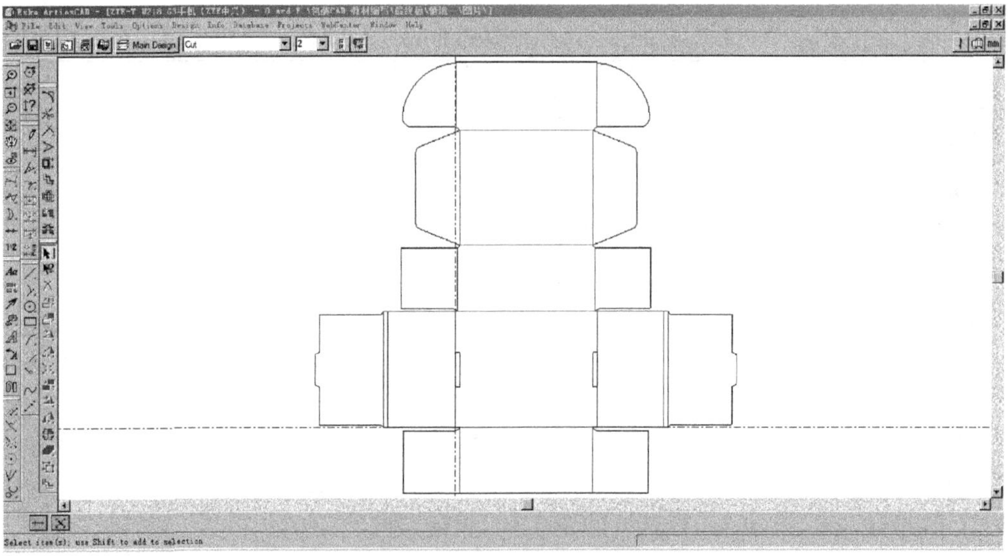

图2-92　转化线型完成结构图绘制

（四）盒型尺寸标注

当盒型结构结束后，要对盒型尺寸进行标注。

1. 创建尺寸层

单击尺寸标注工具，弹出如图2-93所示的对话框，提示创建尺寸层。

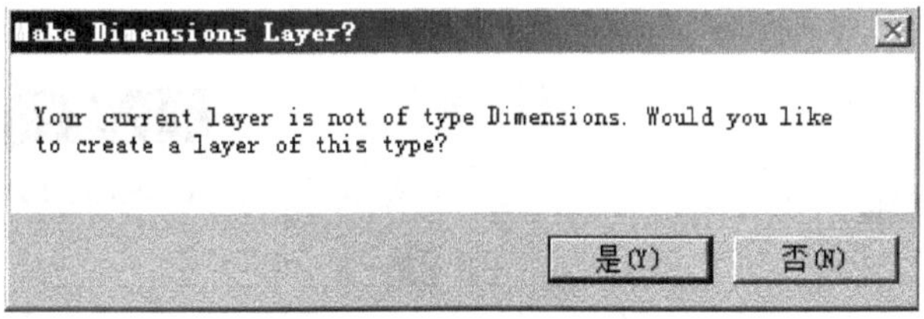

图2-93　创建尺寸层对话框

2. 尺寸标注

① 选择“距离尺寸”工具，按照要求标注出直线之间的距离。

② 选择“角度尺寸”工具，按照要求标注角度尺寸。

③ 选择“半径尺寸”工具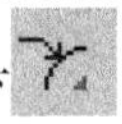，按照要求标注圆弧等半径大小，标注效果如图2-94所示。

（五）文件保存

① 选择“File”>“Save/Save As”命令，输入文件名，存储为“.ard”文件格式的文件。

② 选择“File” > “Export”命令，选择欲保存的文件格式，单击“OK”按钮即可。

提示：请保存好文件，后续课程将作为基本素材使用。

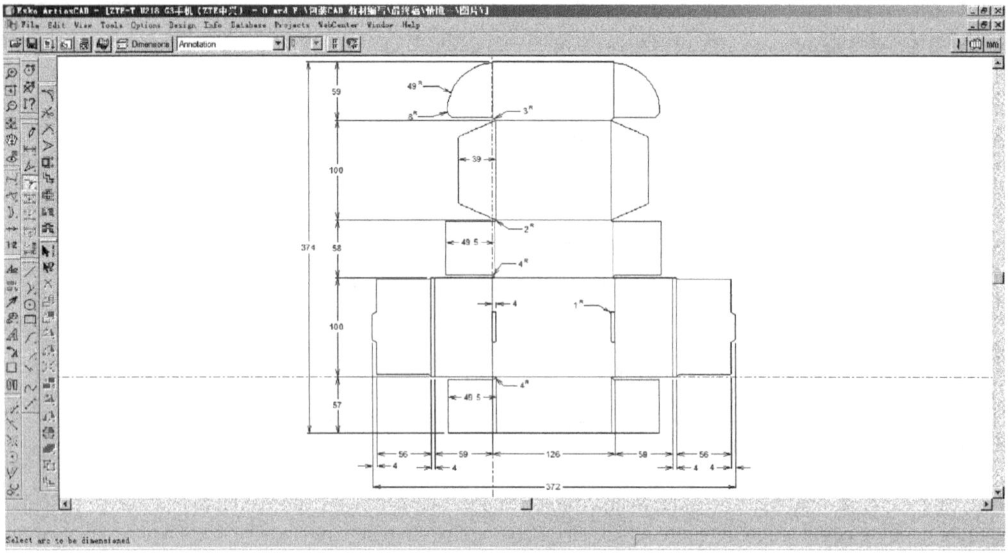

图2-94　尺寸标注完成

技能训练

某设计公司，盒型样品如图2-95所示，尺寸为190mm×135mm×70mm，请完成盒型图的绘制及尺寸标注。

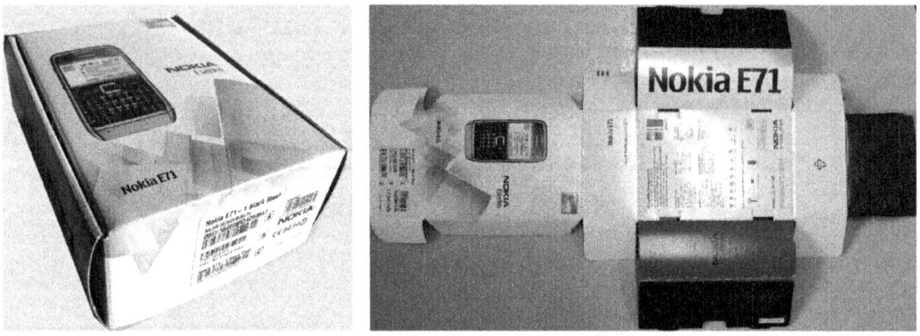

图2-95　电子产品包装盒立体及平面结构图

情境三 纸箱结构绘制

知识目标

了解纸箱结构图设计；掌握ArtiosCAD软件的基本操作；掌握不同类型纸箱的绘制方法。

能力目标

具备对纸箱结构种类分析能力；具备熟练操作ArtiosCAD软件操作的能力；具备使用ArtiosCAD软件进行纸箱结构图设计的能力；具备使用软件进行纸箱局部功能设计的能力。

情感目标

加强沟通能力；提高分析纸箱结构的能力。

纸箱是应用最广泛的包装制品，按用料不同，有瓦楞纸箱、单层纸板箱等，有各种规格和型号。纸箱常用的有三层、五层，七层使用较少，各层分为里纸、瓦楞纸、芯纸、面纸，里纸、面纸有茶板纸、牛皮纸，芯纸用瓦楞纸，各种纸的颜色和手感都不一样，不同厂家生产的纸（颜色、手感）也不一样。通常用作商品的包裹物或物品保护外层使用物，纸箱的体积因商品的大小而改变，纸箱通常有“小心轻放”“怕湿”“向上”“堆码极限”“怕晒”“防潮”“质量安全”“禁止翻滚”“不可践踏”“注意防火”“易碎物品”“绿化环境”“怕热”“食品”“防异味”等多种提示，保护内装物品不受伤害。

项目一　家用电器类包装——电视机纸箱绘制

本项目主要以电视机纸箱为典型案例，分析了通用开槽箱型（02型）的绘制方法。在项目实施过程中，要求学生掌握辅助线工具、直线工具、矩形工具、圆形绘制工具、尺寸标注工具、倒角工具、裁剪工具、复制工具、移动工具等的操作与使用。通过本项目的学习，学生可以独立完成通用开槽箱型的绘制工作。

一、项目提出

长虹26英寸液晶电视的包装纸箱，样品如图3-1所示，纸箱内尺寸为715mm×215mm×505mm，分别记为L_i、B_i、H_i。采用AB型瓦楞纸板，纸板厚7mm，请完成盒型图的绘制。

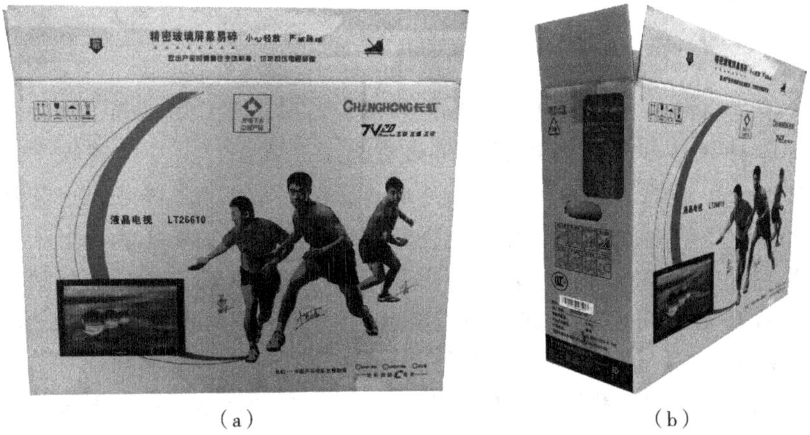

（a）　　（b）

图3-1　样品盒

二、项目分析

本纸箱为0201类型的瓦楞纸箱。

瓦楞纸箱按照国际纸箱标准，分为基本箱型和组合箱型两大类。其中，基本箱型在国际标准中有图例可查，一般由4~8位阿拉伯数字表示，组合箱型是由两种或两种以上基本箱型组成与演变而成，用多组数字及符号表示。常用的基本箱型有通用开槽箱型（02型）、套合型纸箱（03型）、折叠型纸箱和托盘（04型）、滑盖型纸箱（05型）、固定型纸箱（06型）、预粘合纸箱（07型）等类型。

三、项目绘制

（一）尺寸计算

采用厚度为7mm的AB型瓦楞纸板，纸箱结构为0201型，如图3-2所示。根据内尺寸计算制造尺寸如下：

L_1=724mm，L_2=724mm，B_1=224mm，B_2=221mm，H=521mm，F=115mm，J=45mm。

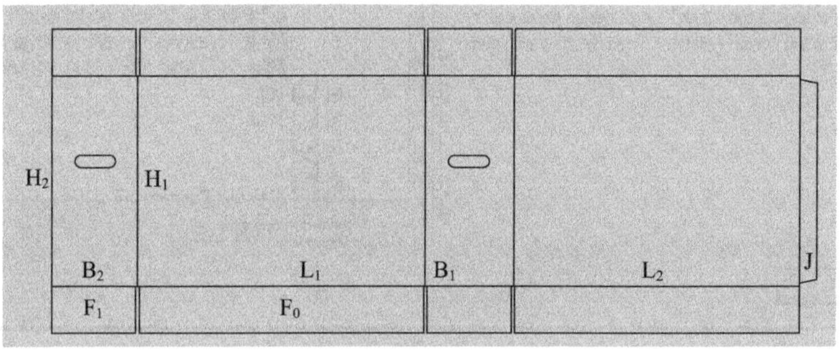

图3-2　结构图名称

知识点1

瓦楞纸箱尺寸计算。瓦楞纸箱的内尺寸一般由内装物的最大外尺寸、内装物排列方式以及隔衬与缓冲件的尺寸确定，然后根据纸箱箱型和瓦楞纸板类型来确定制作尺寸。一般公式为：

$$X=X_i+k$$

式中　X——制造尺寸，mm；

X_i——纸箱内尺寸，mm；

k——制造尺寸修正系数，mm。

对接摇盖F的制造尺寸计算公式为：F=（B_1+x_f）/2

接头J尺寸一般根据瓦楞层数及工艺条件确定。这里取：J=45mm。

表3-1为02类型纸箱制造尺寸修正系数值，表中代号的意义如图3-2所示。

表3-1　02类瓦楞纸箱制造尺寸修正系数k值与x_f值　　mm

楞型 \ 尺寸名称	L_1	L_2	B_1	B_2	H	F	J
A	6	6	6	3	9	4	35～40
B	3	3	3	1	6	1	
C	4	4	4	2	8	3	
AB	9	9	9	6	16	6	45～50
BC	8	8	8	5	14	5	

（二）利用新建设计绘制结构图

1. 新建文件

选择“Flie” > “New Design”命令，弹出如图3-3所示的对话框，此纸箱要求用AB型瓦楞，单位为mm，因此参数数值选择Corrugated-Metric-Single design parameters，纸板编号选择AB型瓦楞，然后单击“确定”按钮，完成新文件的创建。

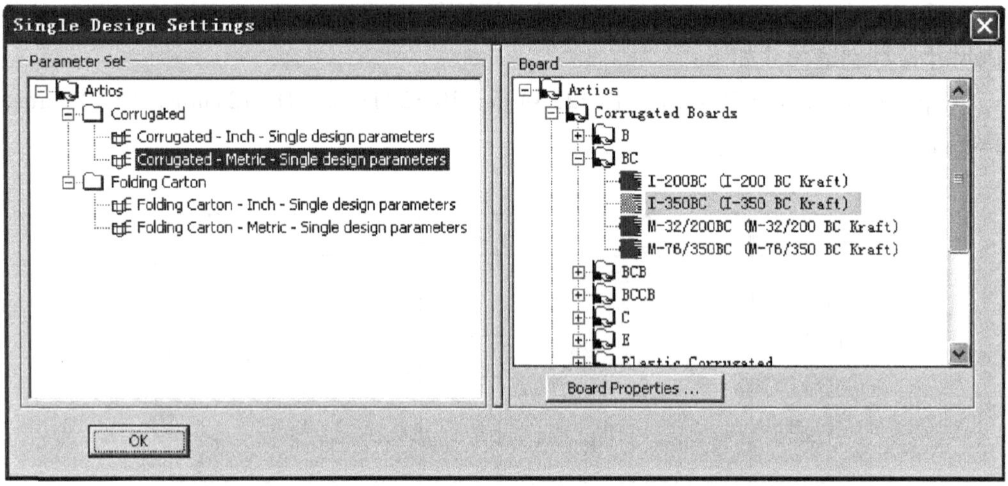

图3-3　新建文件对话框

2. 利用辅助线确定盒体各部尺寸

选择辅助线工具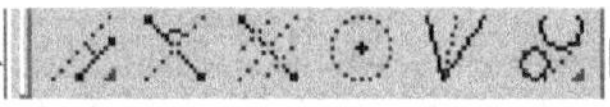的第1个按钮下的辅助线偏移/角度工具，用鼠标左键单击坐标轴*y*轴，向右移动鼠标后，在状况栏中输入偏移数值221mm，完成第1条辅助线的绘制，继续用鼠标左键单击刚刚绘制的这条辅助线，向右移动鼠标后，在状态栏中输入偏移数值724mm，完成第2条辅助线的绘制。同理，依次完成其余纵向辅助线的绘制，偏移数值分别为224mm、724mm、45mm。绘制结果如图3-4所示。

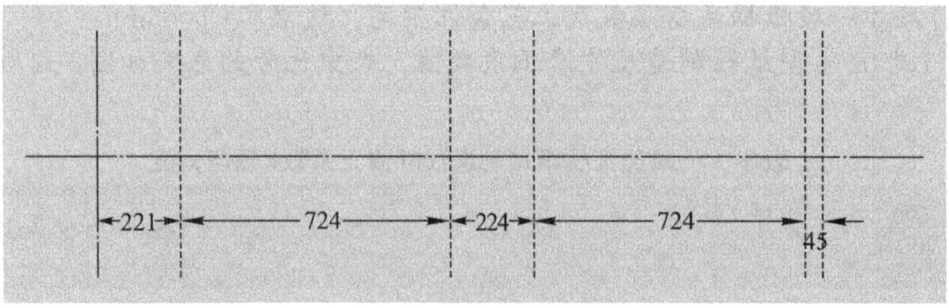

图3-4　添加纵向辅助线

继续使用辅助线偏移/角度工具，用鼠标左键单击坐标轴*x*轴，向上移动鼠标后，在状况栏中输入偏移数值521mm，用鼠标左键单击刚刚绘制的辅助线后，向

上移动鼠标，在状态栏中输入偏移数值115mm。用鼠标左键单击x轴，向下移动鼠标，在状态栏中输入偏移数值115mm，完成横向辅助线的绘制。绘制结果如图3–5所示，为了便于后面的说明，图中各点标注字母如图3–5所示。

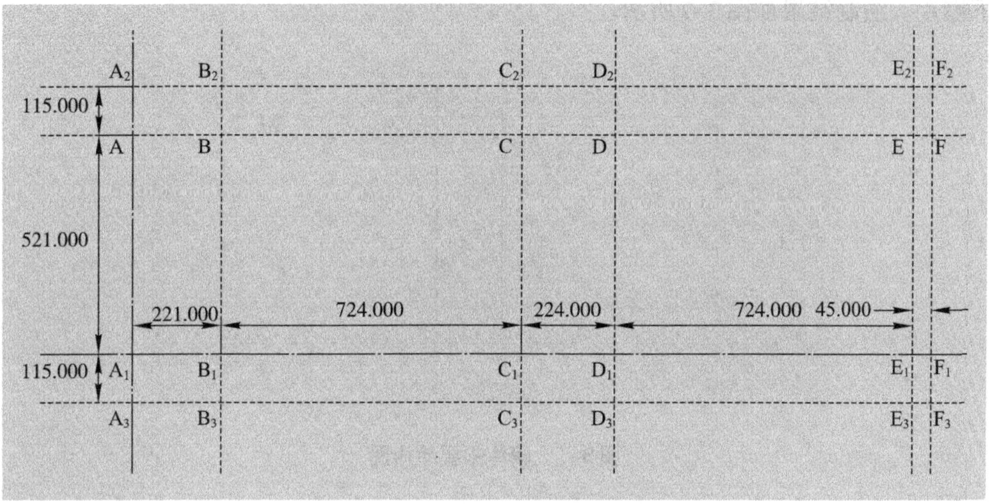

图3–5　添加主要辅助线后的效果图

知识点2

辅助线偏移工具。位于辅助线工具条上的第1个工具，点选此工具，选择已绘制的辅助直线或圆弧，在状况栏中输入与直线或圆弧之间的一个偏移值，可以得到偏移的一条直线或一个圆弧。

3. 绘制箱体

选择“直线”工具，起始点默认为原点A_1，单击A，绘制直线A_1A。选择几何工具条中的第4个矩形工具的第3个“利用直线绘制矩形”工具，选择刚绘制的直线A_1A，移动鼠标到辅助线B_1B，用鼠标左键单击，完成矩形A_1ABB_1的绘制。同样，分别利用直线B_1B、C_1C、D_1D、E_1E完成其右边矩形的绘制。绘制结果如图3–6所示。

图3–6　主体绘制结果

4. 绘制上下襟片

利用辅助线偏移/角度工具，分别在直线B_1B、C_1C、D_1D的两边和E_1E的左边绘制偏移量为3.5mm的辅助线，作为箱体襟片的开槽。然后利用直线工具绘制上下襟片。绘制结果如图3–7所示。

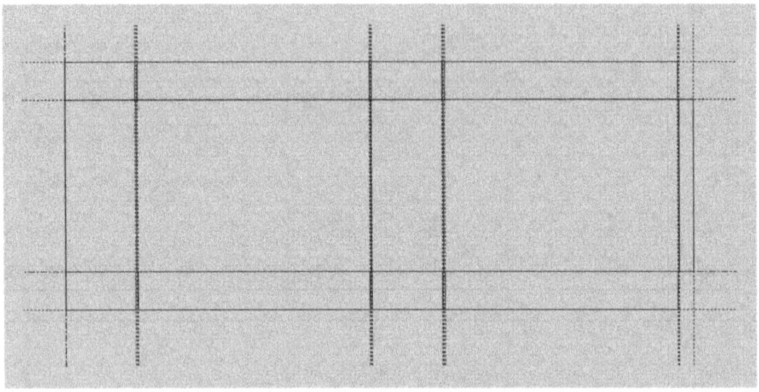

图3–7　箱体主要结构图

知识点3

复制工具与移动工具。在绘制上下襟片时，当绘制完上面的结构以后，可以选择上面绘制的襟片，通过镜像复制，然后移动到下面来，可以节约绘制时间。

5. 绘制黏合襟片倒角

调整工具条的第1个按钮就是倒角工具。选择倒角工具中的第2个倒直角工具，弹出如图3–8所示的参数设定栏。这里，选择第2个选项按钮，两个倒角距离不一样，参数如图3–8所示。

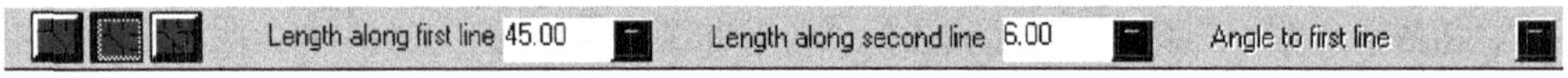

图3–8　直角倒角工具参数设定

选择第1条直线EF和第2条直线FF_1，完成倒角。同样的参数设定，选择第1条直线E_1F_1，选择第2条直线FF_1，完成襟片下部的倒角。最终倒角结果如图3–9所示。

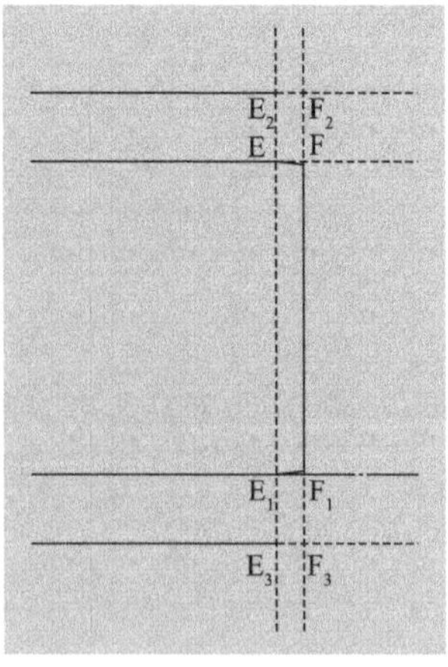

图3–9　襟片倒角结果

知识点4

倒角工具。在调整工具栏中的第1个按钮是倒角工具。共有倒圆角、倒直角、倒半圆3个工具。

6. 绘制两端开口提手

① 利用辅助线工具条上的第3个按钮“等分辅助线”工具，选择直线AB，输入参数3mm，绘制两个纵向

辅助线，将直线AB 3等分。选择“辅助线”工具，作AB直线轴向下偏移195mm和225mm两条水平辅助线。

② 选择“矩形”工具，绘制由上四条辅助线围成的矩形。

③ 选择“利用直径绘圆”工具，分别以矩形左右垂直边为直径绘制圆形。绘制后效果如图3-10所示。

④ 选择“修剪内部”工具，分别单击上述轮廓里面的半圆和纵向直线，删除内部线条。绘制后效果如图3-11所示。

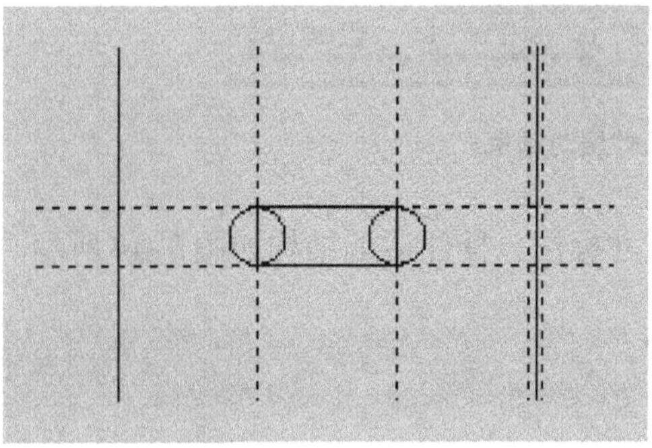

图3-10 绘制结果1

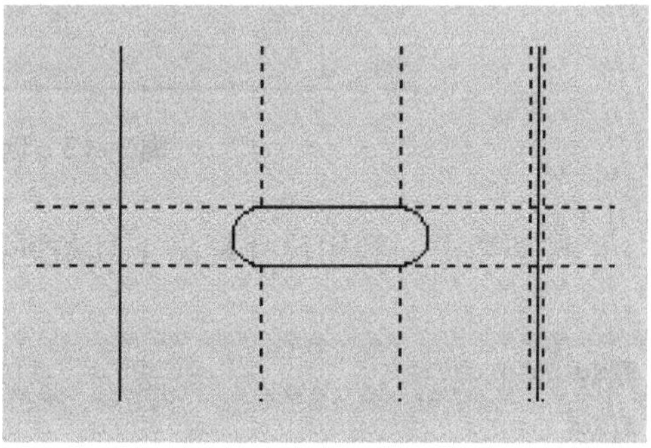

图3-11 绘制结果2

⑤ 同样绘制另一个提手，可以采用复制的方式。

7. 裁切压痕线转换

选择“选择”工具，选择需要转化的线段之后，用鼠标单击视图栏中的“线条的类型”，选择“crease”（压痕线），完成转换操作。至此电视机箱的绘制完毕，绘制效果如图3-12所示。

图3-12 最终绘制结果

8. 尺寸标注

当盒型结构绘制结束后，要对盒型尺寸进行标注。

单击尺寸标注工具，弹出如图3-13所示的对话框，提示创建尺寸层，单击“是”按钮，完成尺寸标注层的创建。

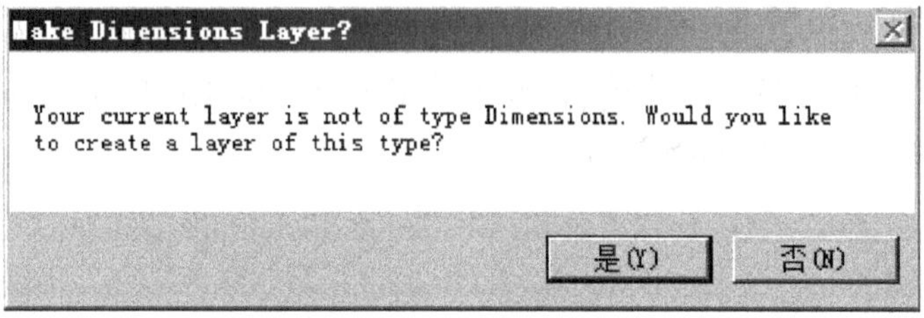

图3-13　创建尺寸层对话框

按照要求，利用尺寸标准工具条进行尺寸标注，标注后的结构如图3-14所示。

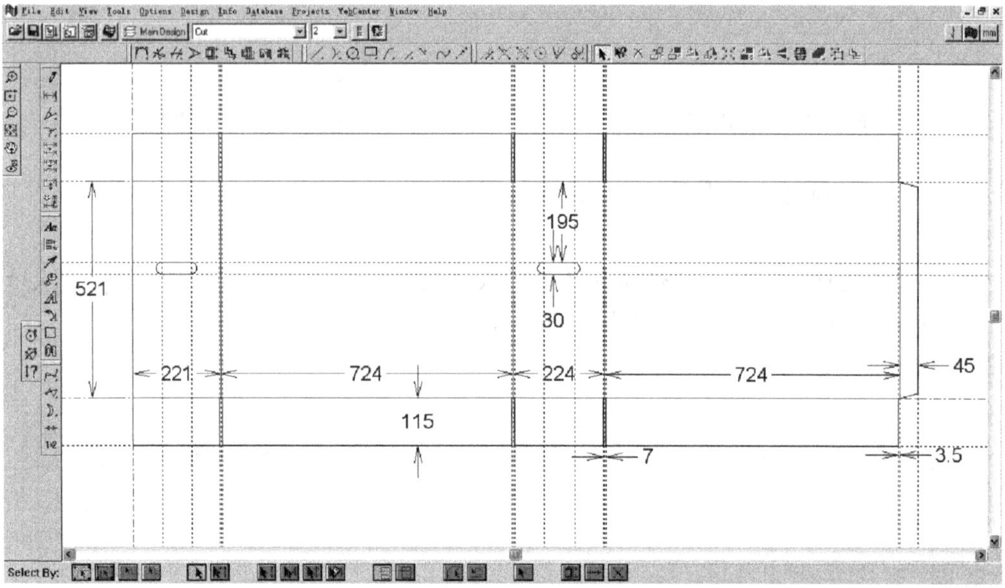

图3-14　尺寸标注完成

（三）利用标准盒型库绘制结构图

选择“Flie” > “Run a Standard”命令，弹出图3-15所示的对话框，此纸箱为0201型瓦楞纸箱，因此在Corrugated下面的FEFCO中的200 Series中选择F0201箱型，然后单击“OK”按钮，进入下一步选择纸板。

选择纸板后，单击“OK”按钮，进入“Inside dimensions”对话框，如图3-16所示，输入长、宽、高的内尺寸分别为715mm、215mm、505mm，输入完成后单击“Next”按钮进入“Basic style choices”对话框，如图3-17所示，进行参数设置。单击“Next”按钮进入“Detail style choices”对话框，如图3-18所示。

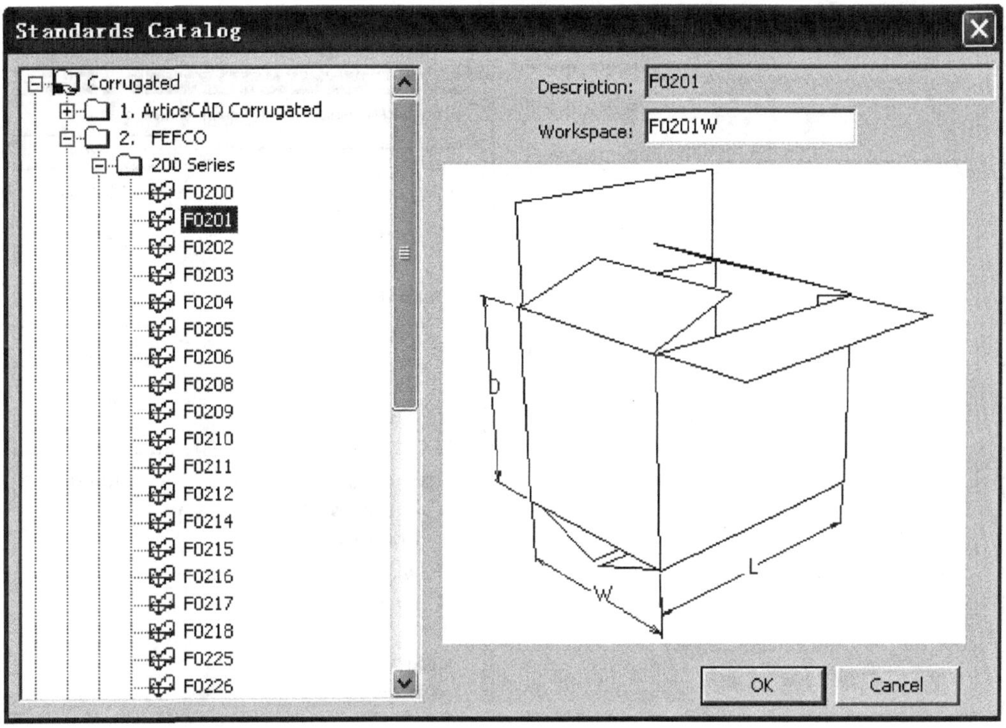

图3-15 标准盒型库对话框

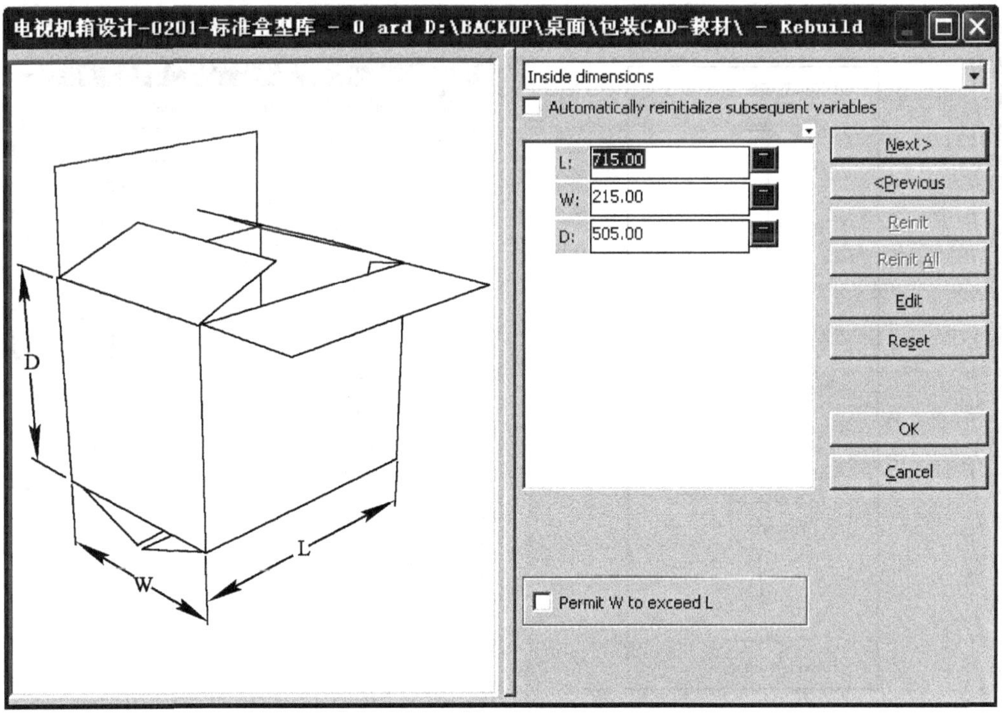

图3-16 Inside dimensions对话框

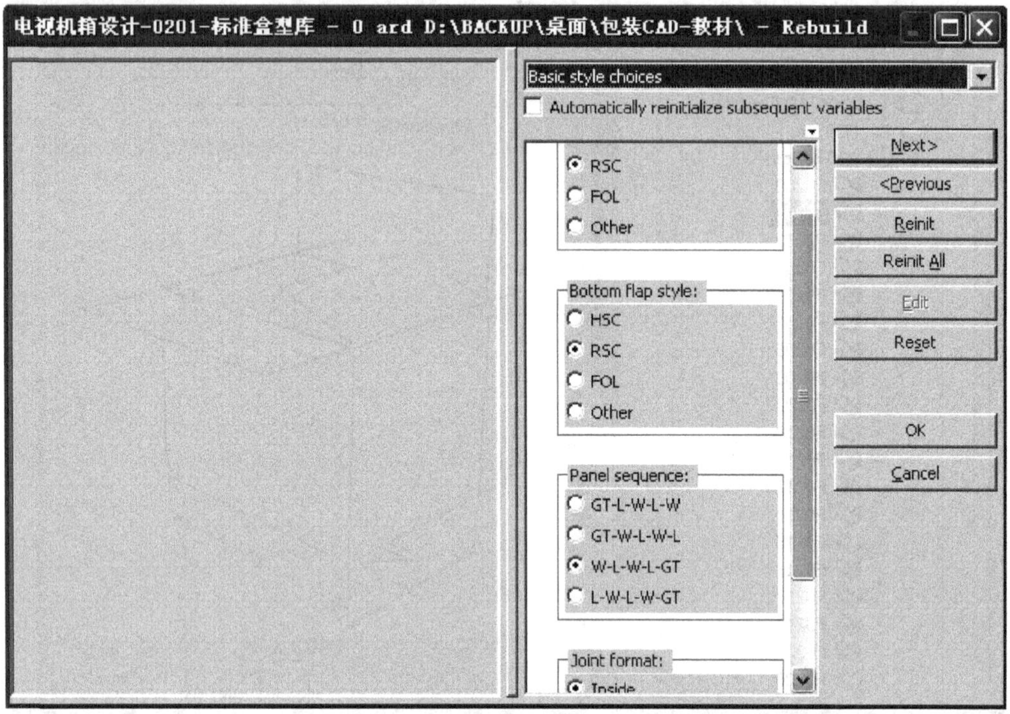

图3–17　Basic style choices对话框

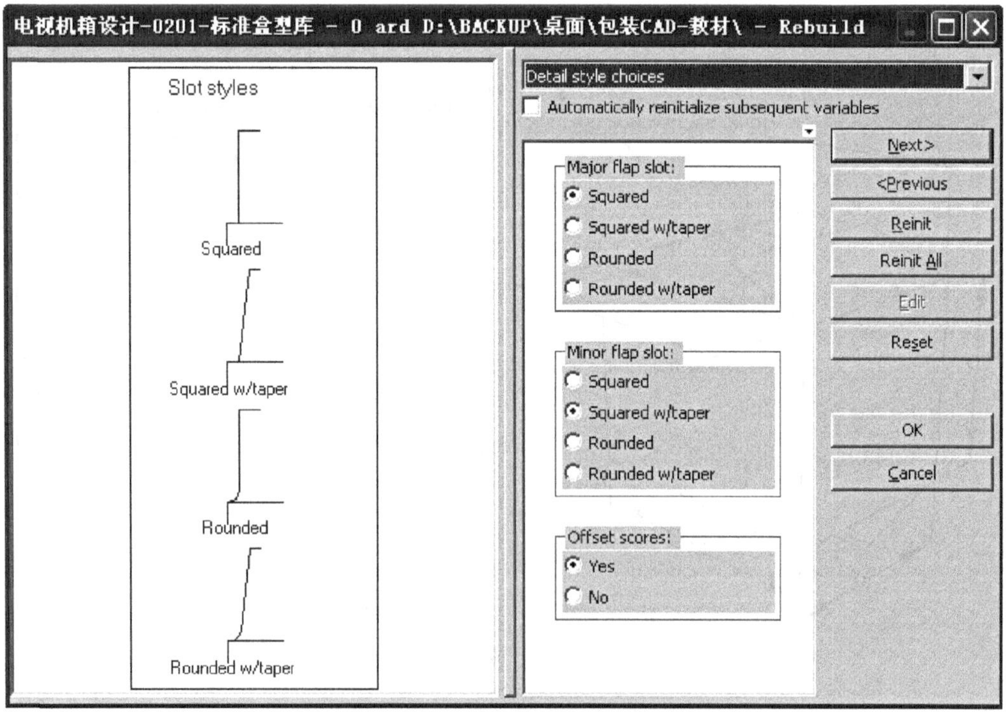

图3–18　Detail style choices对话框

单击“Next”按钮，进入“Main panel allowances”对话框，如图3-19所示，并输入相应参数。单击“Next”按钮进入“Major flap slot dimensions”对话框，如图3-20所示，并输入相应参数。单击“Next”按钮进入“Minor panel slot”对话框，如图3-21所示，并输入相应参数。

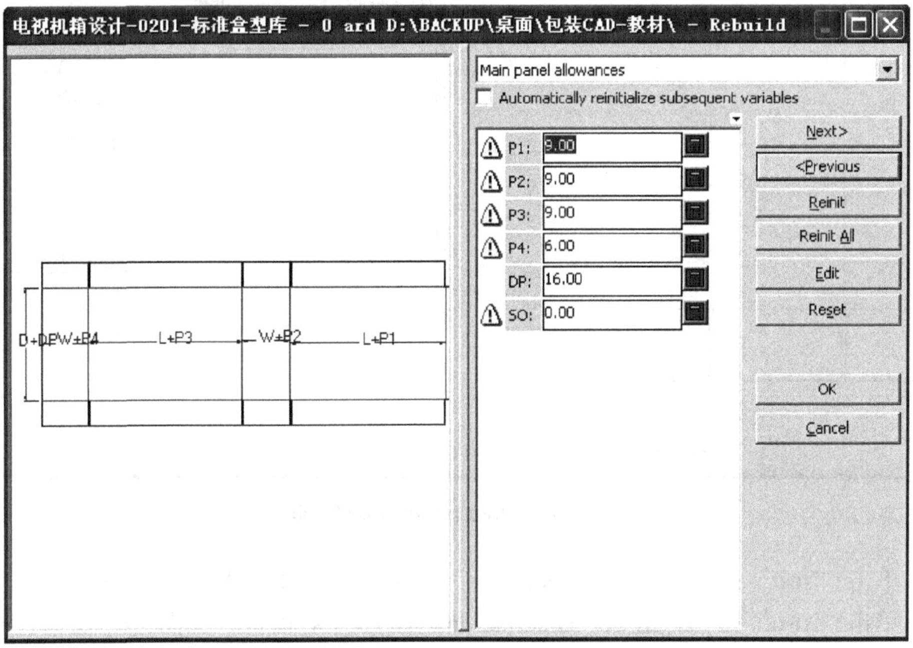

图3-19　Main panel allowances对话框

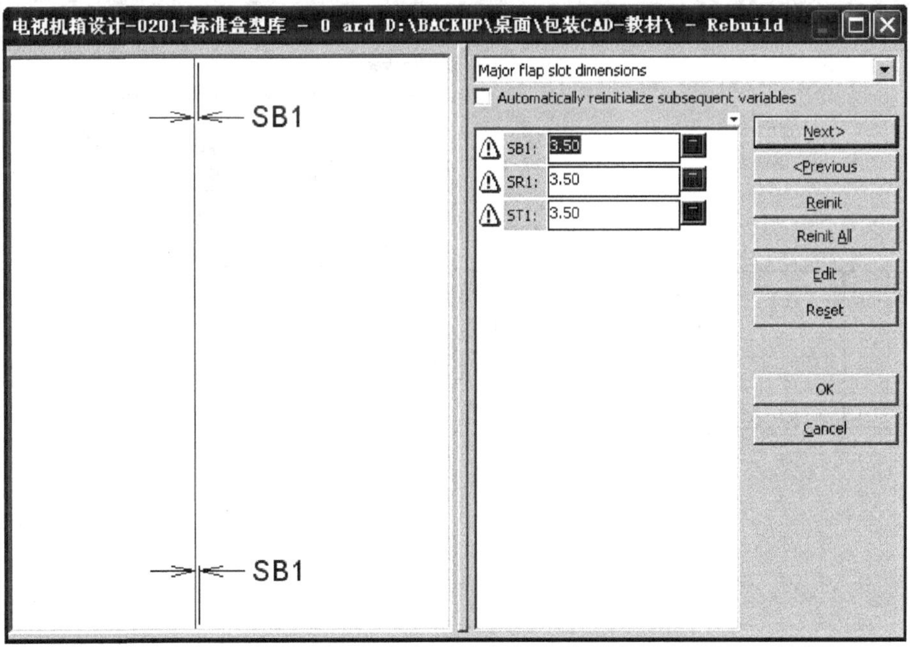

图3-20　Major flap slot dimensions对话框

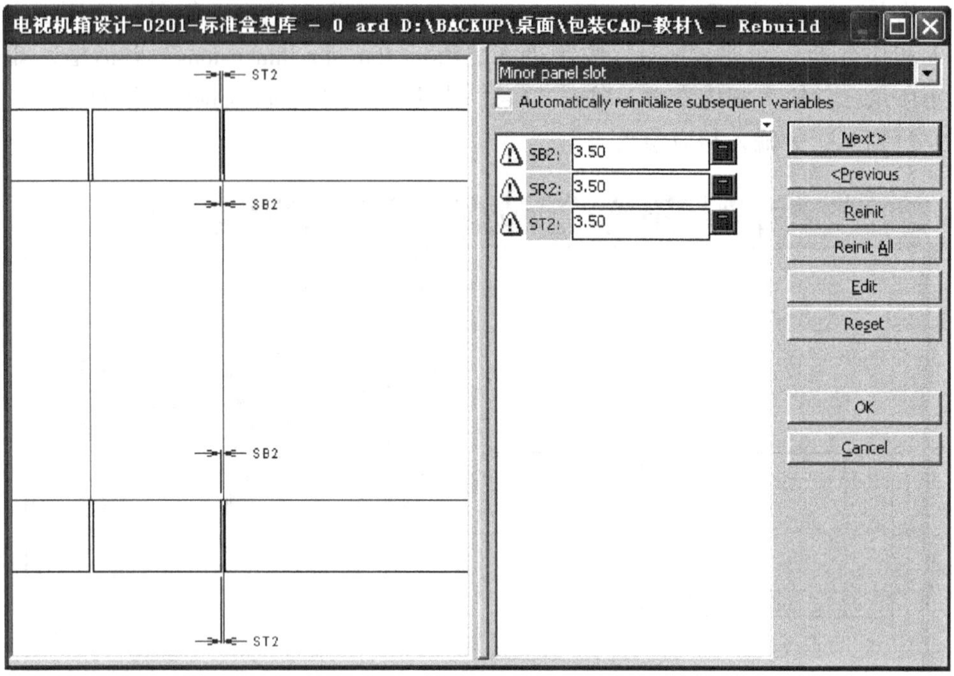

图3-21　Minor panel slot对话框

单击“Next”按钮，进入“Flap sizes”对话框，如图3-22所示，并输入相应参数。单击“Next”按钮，进入“Glue tab dimensions”对话框，如图3-23所示，并输入相应参数。

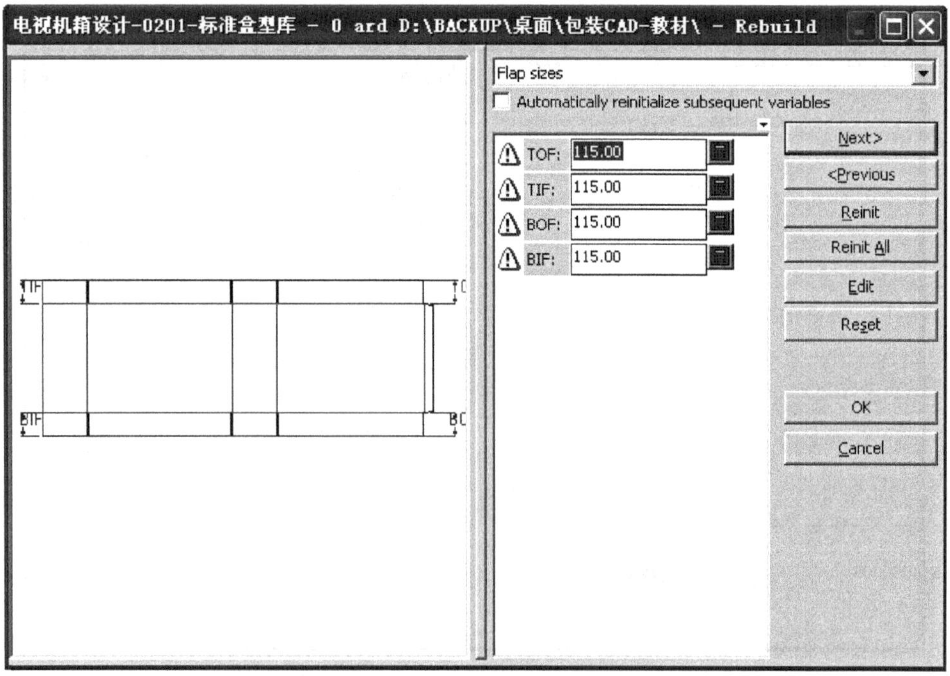

图3-22　Flap sizes对话框

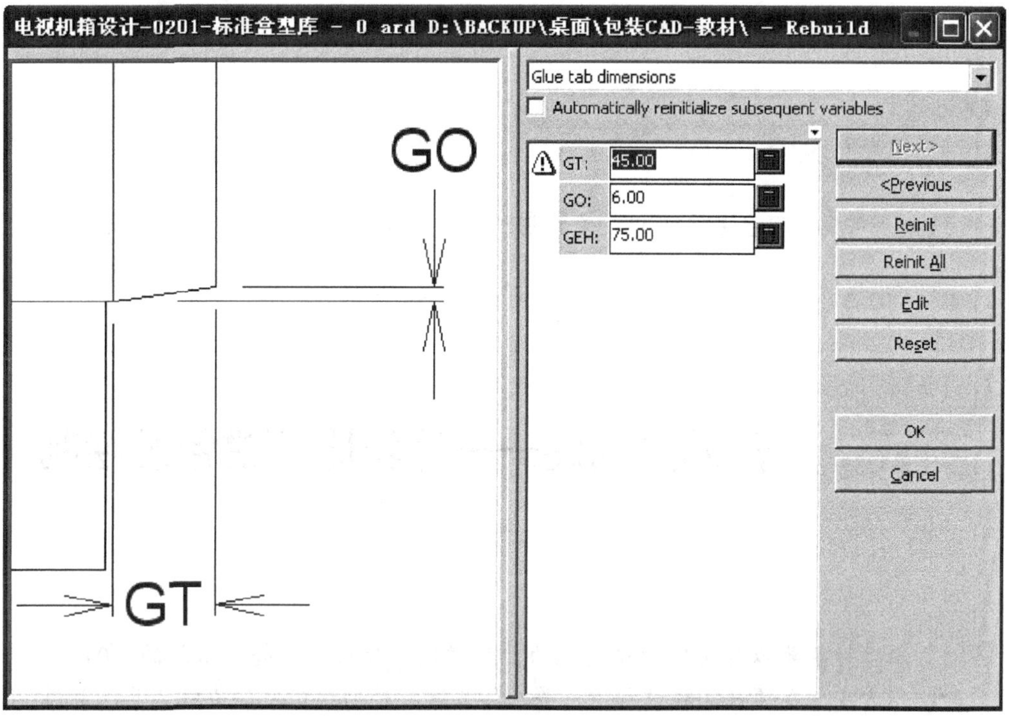

图3–23 Glue tab dimensions对话框

上述所有参数设置完成后，单击“OK”按钮，完成纸箱的绘制。打开图层“Overall Dimensions”的显示，显示标注图层，最终绘制结果如图3–24所示。利用标准盒型库绘制盒型，只需要按尺寸要求设置好各种参数，会自动完成盒型的绘制，裁切压痕线和尺寸标注也会自动完成。

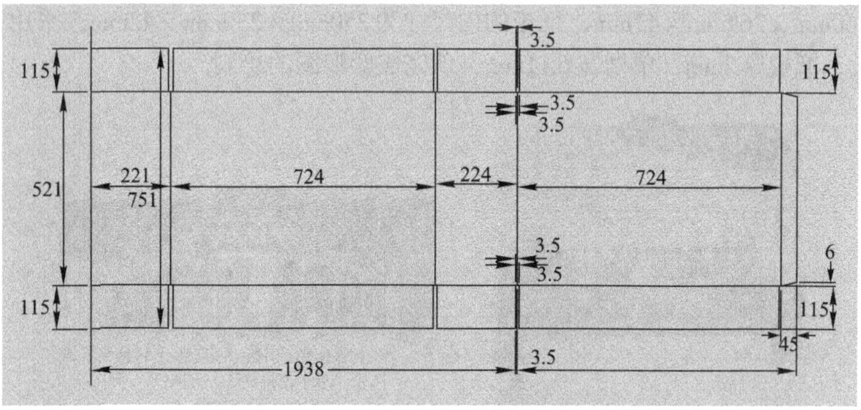

图3–24 最终绘制结果

（四）文件保存

① 选择“File” > “Save/Save As”命令，输入文件名，存储为“.ard”文件格式的文件。

② 选择“File” > “Export”命令，选择欲保存的文件格式，单击“OK”按钮即可。

技能训练

绘制一常见电器包装盒，材料为瓦楞纸箱，尺寸和结构根据产品自行设计。

项目二　食品类包装——外卖比萨饼包装绘制

本项目主要以外卖比萨饼包装为典型案例，分析了折叠型纸箱的（04型）的绘制方法。在项目实施过程中，要求学生掌握辅助线工具、直线工具、圆弧工具、直线偏移工具、延伸点工具、圆弧连接工具、镜像复制工具等的操作与使用。通过本项目的学习，学生可以独立完成折叠型纸箱的绘制工作。

一、项目提出

某企业生产加工一批外卖比萨饼的瓦楞纸箱，纸箱的样品如图3–25所示，外尺寸为260mm × 269mm × 47mm，纸箱的内尺寸为250mm × 250mm × 42mm，采用B型瓦楞纸板，纸板厚2mm，单楞宽6.11mm，请完成盒型图的绘制。

图3–25　客户提供的样品盒

二、项目分析

本比萨饼纸箱属于04类型的瓦楞纸箱，由0426基本箱型演变而来，经过局部修改，满足外送比萨饼包装的要求。底面尺寸为260mm × 260mm，顶面尺寸为254mm × 260mm，后侧面高为44mm，前侧面尺寸为46mm。

三、项目绘制

（一）利用工具绘制结构图

1. 新建文件

选择“Flie” > “New Design”命令，弹出如图3-26所示的对话框，此纸箱要求用B型瓦楞，单位为mm，因此参数数值选择Corrugated-Metric-Single design parameters，纸板编号选择B型瓦楞，然后单击“确定”按钮，完成新文件的创建。

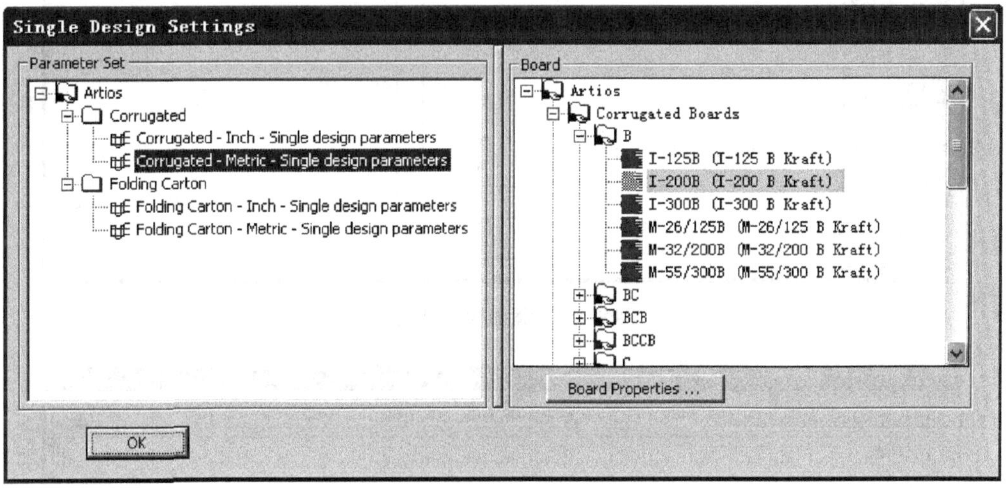

图3-26 新建文件对话框

2. 利用辅助线确定盒体各部尺寸

选择辅助线工具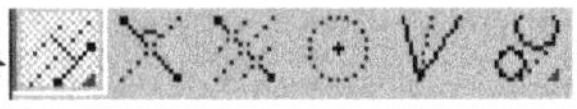的第1个按钮下的第2个工具连续辅助线偏移/角度工具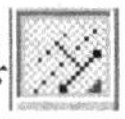，用鼠标左键单击坐标轴x轴，向上移动鼠标后，在状况栏中依次输入偏移数值8mm、262mm、37mm、9mm、234mm、26mm，用鼠标右键单击，完成x轴上方辅助线的绘制；用鼠标左键再次单击坐标轴x轴后，向下移动鼠标后，在状态栏中依次输入偏移数值46mm、8mm、44mm、4mm，用鼠标右键单击，完成下面4条横向辅助线的绘制，绘制结果如图3-27所示。

继续使用连续辅助线工具，用鼠标左键单击坐标轴y轴，向左移动鼠标后，在状况栏中输入偏移数值44mm，用鼠标右键单击，完成y轴左侧辅助线的绘制；用鼠标左键再次单击坐标轴y轴后，向右移动鼠标后，在状态栏中依次输入偏移数值

50mm、44mm、36mm、36mm、44mm、50mm、44mm，用鼠标右键单击，完成y轴右侧辅助线的绘制；绘制结果如图3-28所示。

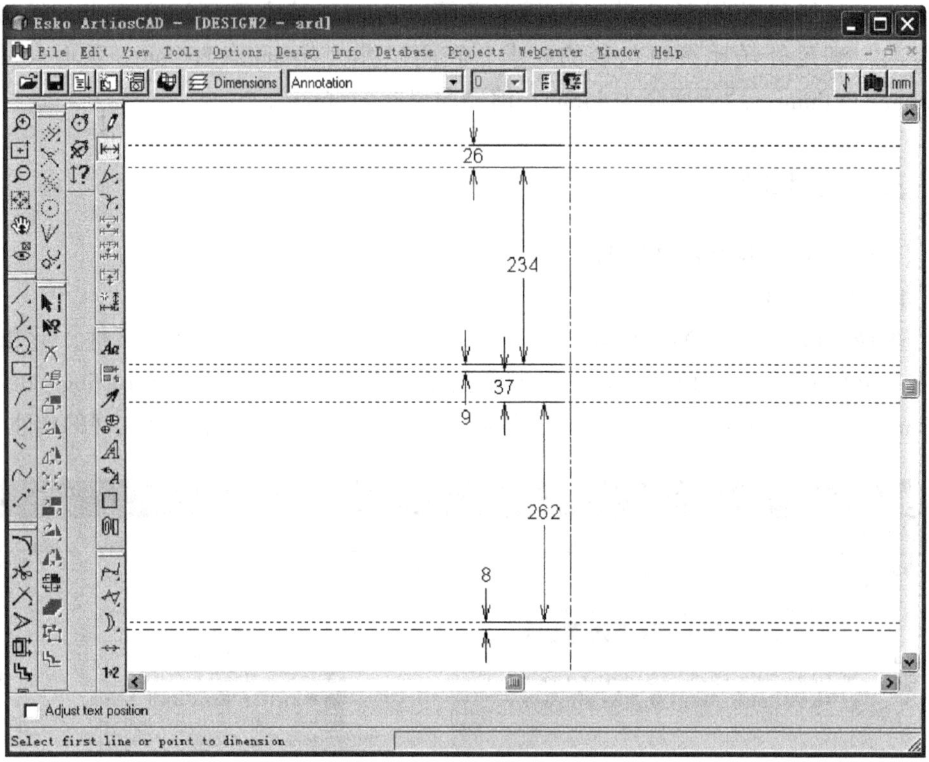

图3-27　添加横向辅助线

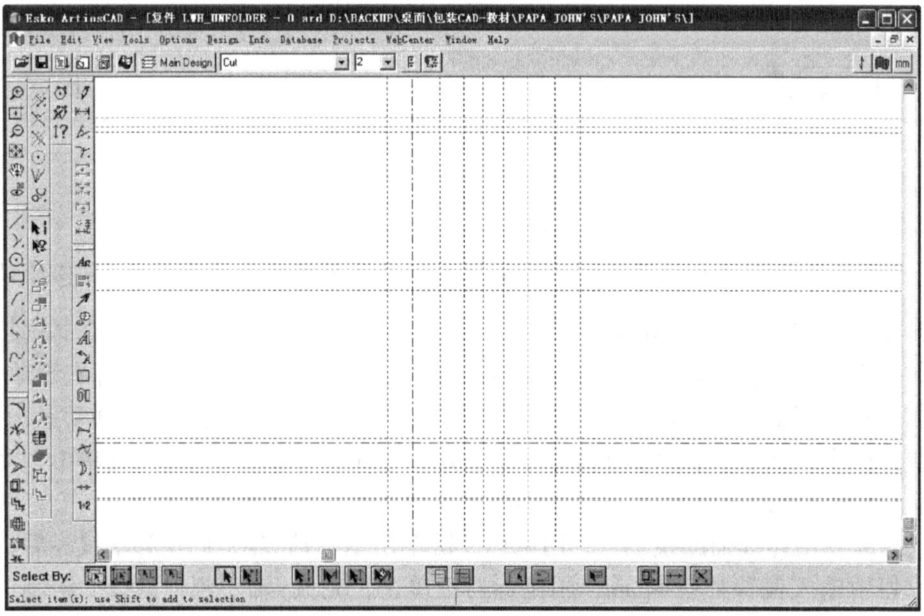

图3-28　添加纵向辅助线

知识点5

连续辅助线偏移工具。在辅助线工具条的第1个按钮下的第2个工具是连续辅助线偏移工具，点选此工具，选择一条直线或一个圆弧，就可以在状况栏中输入与直线或圆弧之间的多个偏移值，得到多条平行的直线或圆弧。

3. 利用直线工具绘制箱体

选择“直线”工具，单击由辅助线构建的点，绘制结果如图3-29所示。如需要重新选择一个起始点，可以通过单击几何模型工具条中的“移动到点”工具，或使用快捷方式“Ctrl+W”，即可实现从新的点绘制。箱体主要部分尺寸利用尺寸标注如图3-29所示。

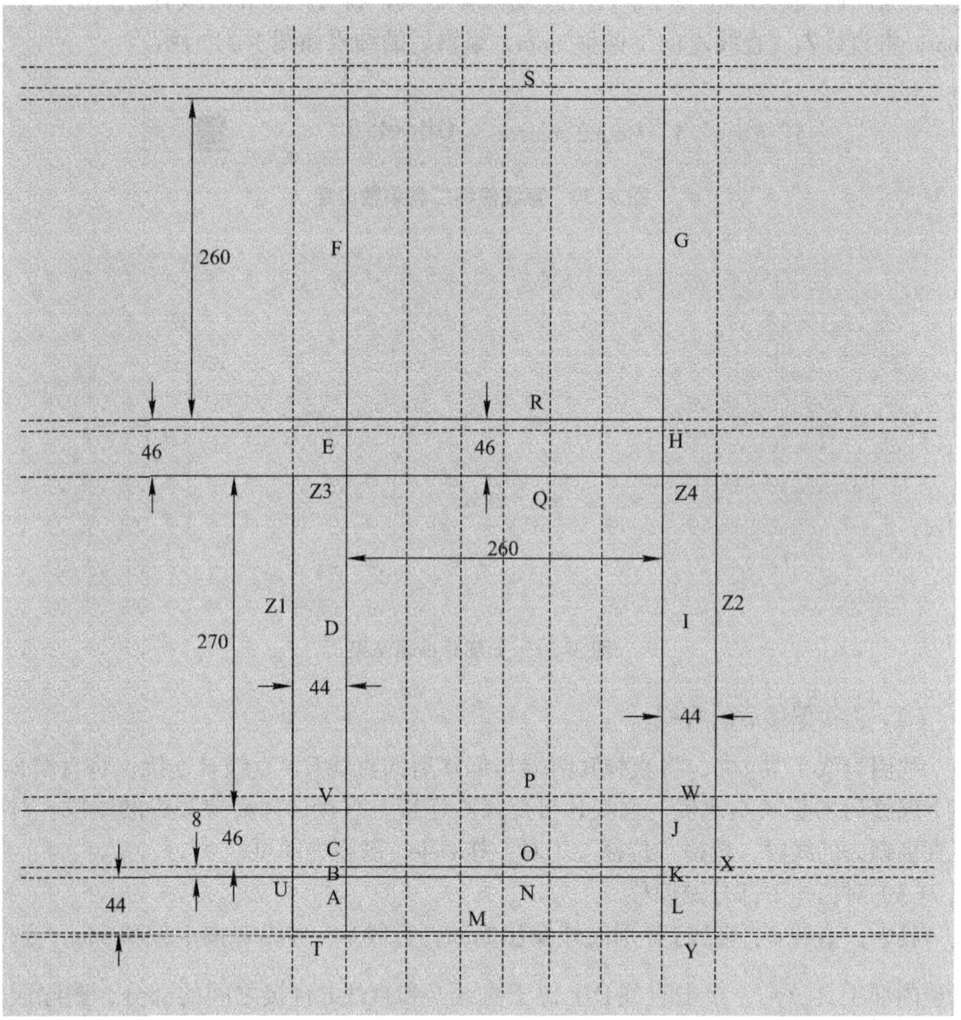

图3-29 绘制箱体

知识点6

直线工具。在ArtiosCAD里，直线是一个基本的创作结构。任何一个图形都是由直线和圆弧所组成的。可利用3种工具来绘制直线：直线角度/偏移工具，直线水平/垂直工具和直线角度/长度工具。欲绘制一条斜线，点选直线角度/偏移工具。游标所在点即为直线的起点，在状态栏设定直线的角度及终点的偏移。利用拖曳的方式完成设定后，直线的绘制即告完工。

4. 编辑盒体

（1）对直线做偏移

选择编辑工具条最后一个工具，直线偏移工具，选择直线F，在状况栏对应的位置输入相应的偏移数值，如图3-30所示，使线条向内偏移3mm，同样选择直线G，也向内偏移3mm。同样利用直线偏移工具，将直线E和直线H分别向外偏移2mm，将直线Z_3、直线Z_4向下偏移2mm，编辑后的结果如图3-31所示。

图3-30　直线偏移工具参数设定

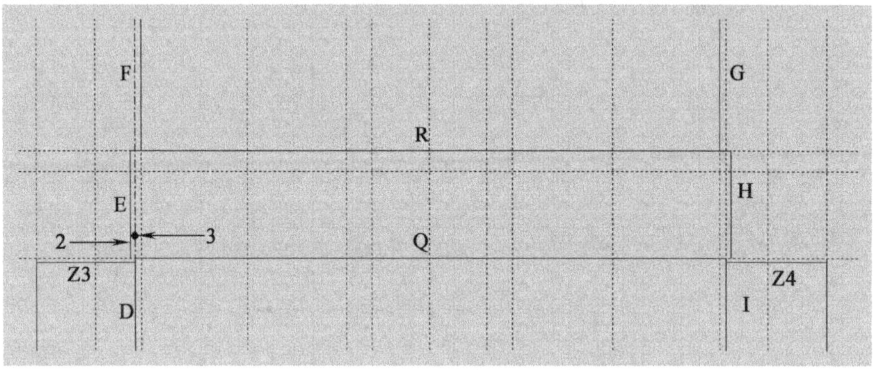

图3-31　上部分编辑结果

（2）连接偏移后的直线

利用直线工具，将直线R两端与偏移后的直线E、直线H连接；将直线E与向下偏移后的直线Z_3连接，直线H与直线Z_4连接，直接选择需要删去的线段。对于可直接删去的线段，选择“选择”工具，按Delete键删去即可。

（3）对箱体下部分做偏移

其中，直线C、直线J分别向外偏移2mm，直线V、直线W向上偏移2mm；选择修整内部工具，单击直线D上位于直线V和直线P直接之间的部分，删除因直线V向上偏移而多出来的部分，使直线D与直线V连接，同样是直线I与直线W连接；利用直线工具，使直线C与直线D连接，使直线J与直线L连接；选择延伸点工具，单击直线B、O的交点，在状态栏中输入如图3-32所示的参数设置，直接将该交点移动到直线C的下端点即可，同样将直线O、K的交点延伸到直线J的下端点，使由直线B、O、K、N组成的长方形变化为梯形。编辑后的结果如图3-33所示。

图3-32　延伸点工具参数设定

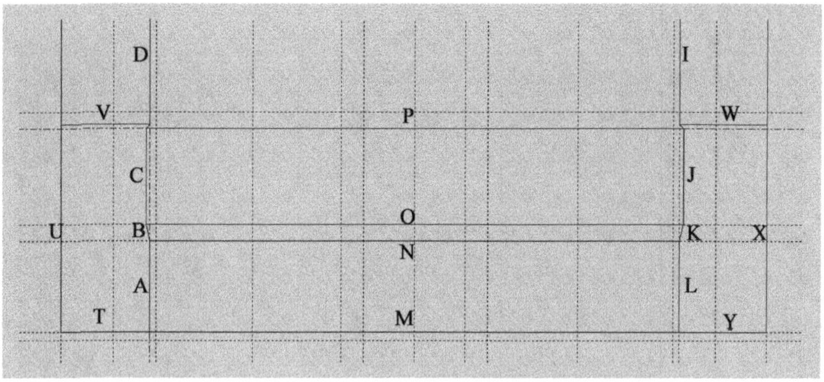

图3-33　下部分编辑结果

知识点7

直线偏移工具。在编辑工具栏中的最后一个按钮是直线偏移工具。利用此工具可以使选择的直线向外或向内偏移所设定的距离。

延伸点工具。在调整工具条上的延伸点工具的功能是移动一个定点以及以设定点为端点的直线、曲线。当选择一个欲延伸的定点后，应该输入欲移动该点的角度及距离或者移动到一个新点。

5. 绘制襟片

① 选择移动到点工具，将当前点移动到直线Z_1与Z_3的交点处。

② 选择“辅助线”工具，作y轴纵向平行线，向左边偏移18mm的平行辅助线。

③ 选择“直线”工具，从当前点往上绘制长度为106mm的垂直直线段，接着绘制一条水平向下角度为15°，并与上面所作辅助线相交的直线段。

④ 选择移动到点工具，将当前点移动到直线E的上端点，并利用直线工具绘制向上角度为30°与所作辅助线相交的直线段，并利用直线工具连接辅助线上两直线端点。绘制结果如图3-34所示的阴影部分。

⑤ 选择“圆弧连接”工具，分别选择角a的两条，设置状态栏里的圆角半径为3mm，如图3-35所示，将棱角转换为圆角；同上分别将角b和角c转成圆角。绘制结果如图3-36所示。

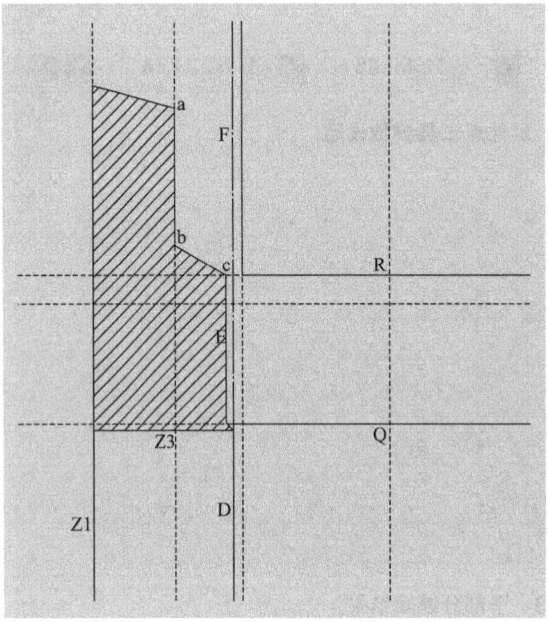

图3-34　绘制襟片

图3-35　圆弧连接工具参数设置

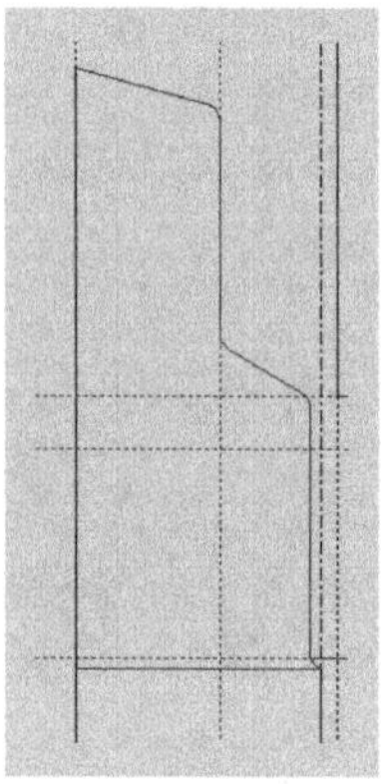

图3-36　圆角后的结果

⑥ 选择移动到点工具，将当前点移动到直线S和直线F的交点上，选择“直线”工具，从当前点向左绘制水平直线至左侧辅助线，然后向下连接起来；选择“圆弧连接”工具，将刚绘制的两条直线的棱角转换为圆角，半径为12mm；绘制结果如图3-37所示。

⑦ 选择图3-37中表示的直线2~7后，选择“沿直线镜像复制”工具，选择中间的辅助线，将图3-27中的2~7镜像复制到右边。最后结果如图3-38所示。

知识点8

圆弧连接工具。调整工具条上的第1个按钮就是圆弧连接工具。圆弧连接是指连接两条直线的圆弧，可以用来使棱角圆弧化，并适用于任何非平行线上。如果两条线的端点不在同一个点上，延伸两条线至一定点。输入圆弧连接的半径，点选欲使棱角圆弧化的两条直线。

6. 绘制插入襟片

① 选择“辅助线”工具，作两条y轴纵向平行线，向右边分别偏移94mm和166mm。两条辅助线将直线S分成三段，再利用删除工具和辅助线工具，将直线S两端的线段删除，只保留中间部分。

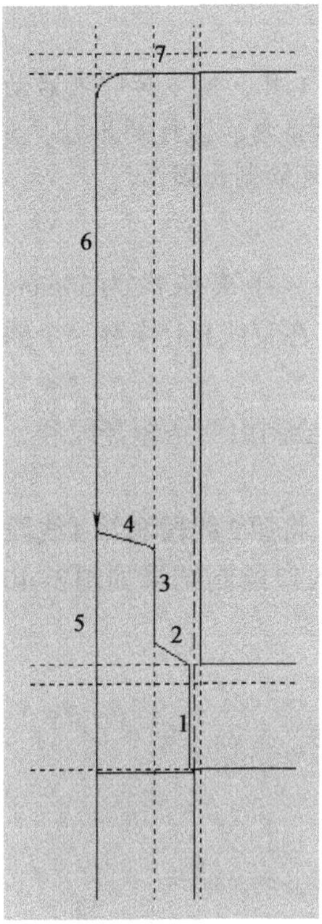

图3-37 绘制结果1

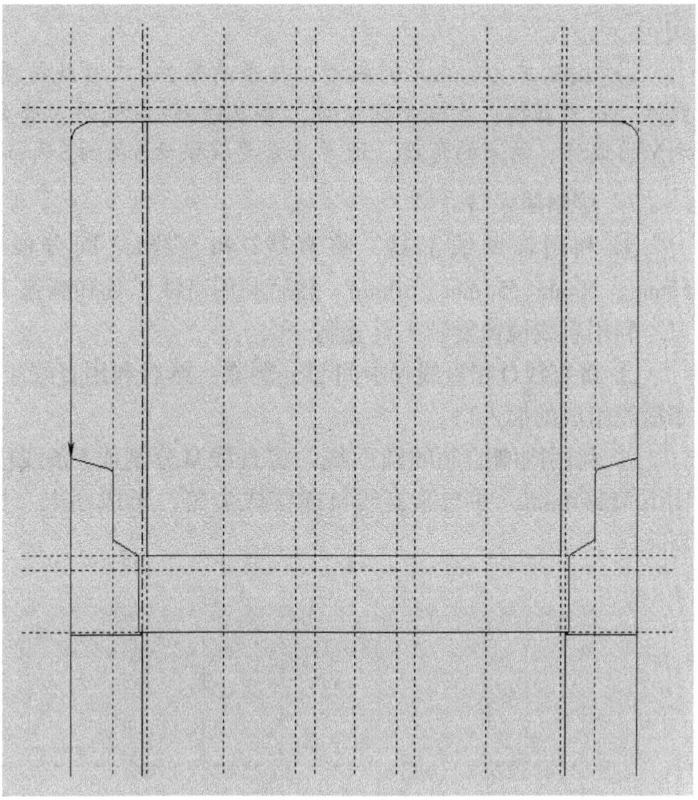

图3-38 绘制结果2

② 利用直线工具 及圆弧工具 ，按如图3-39所示尺寸，绘制插入襟片其他部分。

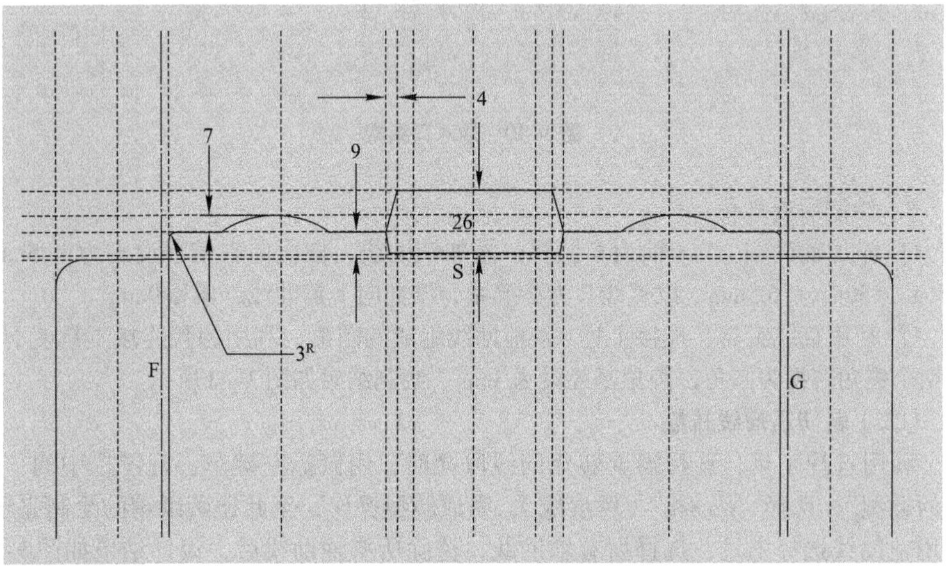

图3-39 绘制插入襟片部分

知识点9

圆弧工具。在几何模型工具条的第2个工具就是圆弧工具，按下后即可启动圆弧飞出工具条，在绘制圆弧时，要求给出5项资料：开始的角度、弧线的半径、X和Y的偏移、结束的角度。通常只需要提供此5项的3项，即可绘制出圆弧。

7. 绘制插入口

① 利用辅助线工具，将直线D和直线I之间分成5份，距离依次为50mm、55mm、50mm、55mm、50mm，然后利用直线工具和圆弧工具在直线P上绘制一个插口，利用直线镜像复制工具复制一次。

② 将直线O和直线N中间部分删除，然后利用直线工具绘制由两条短竖线和一条横线组成的插入口。

③ 利用刚刚绘制的辅助线，将直线M分割成5条线段，将第2线段和第4线段向下偏移4mm，并与原直线M连接成尖角，形成插卡。插入口绘制结果如图3-40所示。

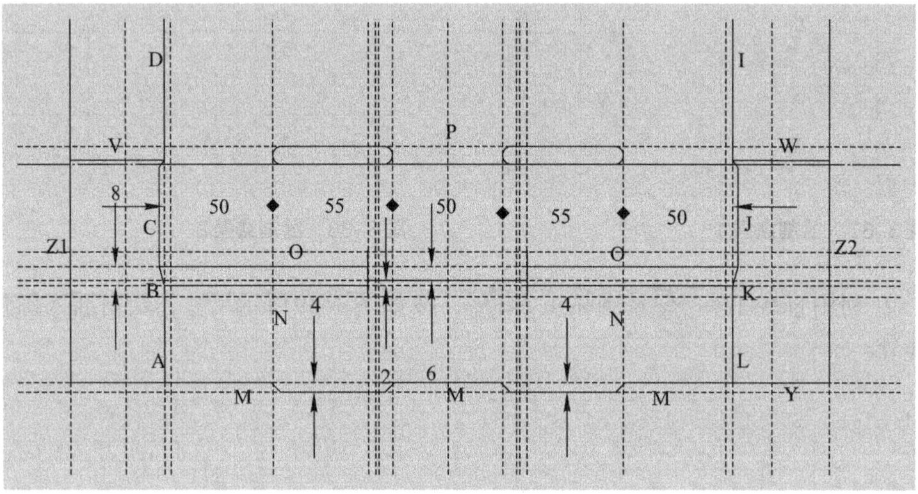

图3-40 插入口结构

8. 绘制后透气孔

① 添加辅助线。以y轴为参照线，添加辅助线，依次向右偏移设定为98.5mm、6.5mm、50mm、6.5mm。以直线R为参照系，添加向下辅助线，偏移9mm。

② 利用直线工具，连接上述5条辅助线组成的图形，利用圆弧连接工具使下面的两个棱角转换为圆角，圆角半径设为3mm。绘制结果如图3-41所示。

（二）裁切压痕线转换

利用选择工具，选择需要转化的线段之后，用鼠标左键单击视图栏中的“线条的类型”，选择“crease”（压痕线），完成转换操作，至此比萨纸箱的绘制完毕，利用辅助线选择工具，选择所有辅助线，清除所有辅助线后，设计结果如图3-42所示。

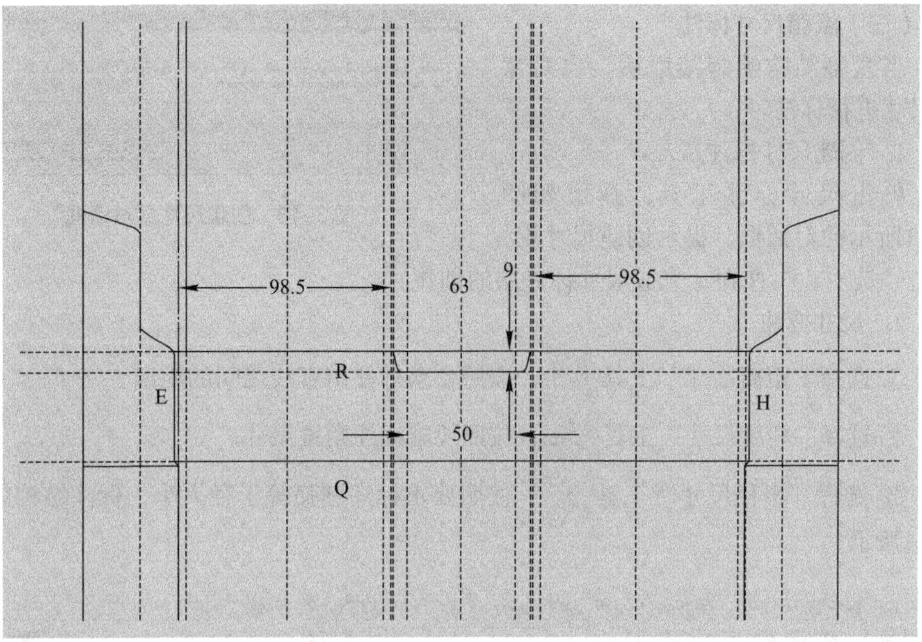

图3-41 绘制后透气孔

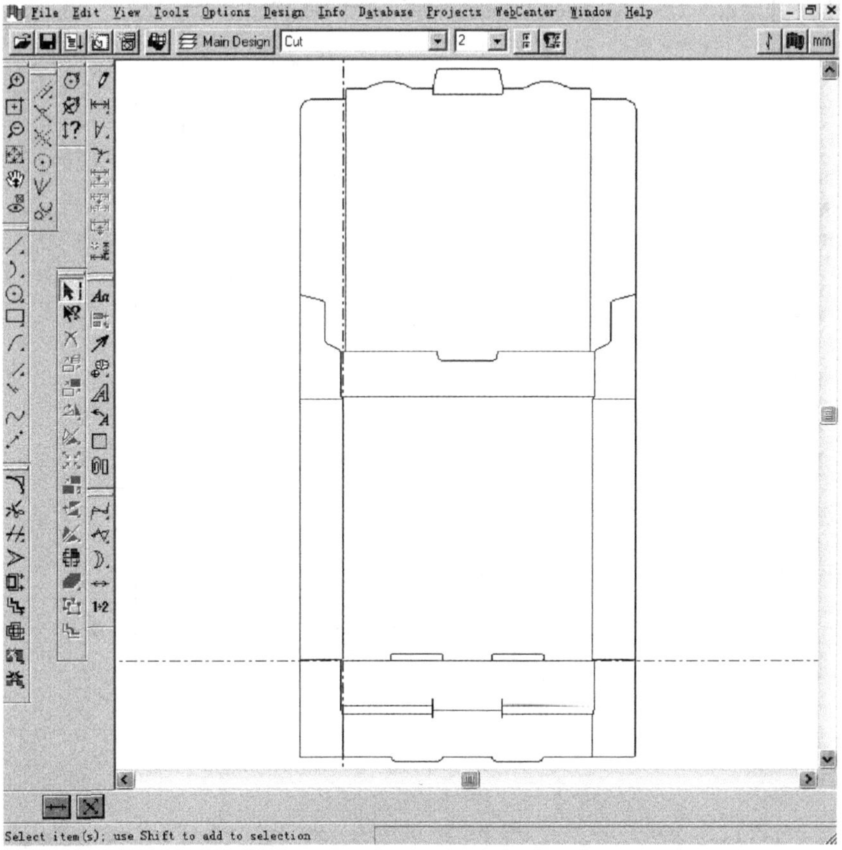

图3-42 转化线型完成结构图绘制

（三）纸箱尺寸标注

当盒型结构绘制结束后，要对盒型尺寸进行标注。

1. 创建尺寸标注层

单击尺寸标注工具，弹出如图3-43所示的对话框，提示创建尺寸层，单击“是（Y）”按钮，完成尺寸标注层的创建。

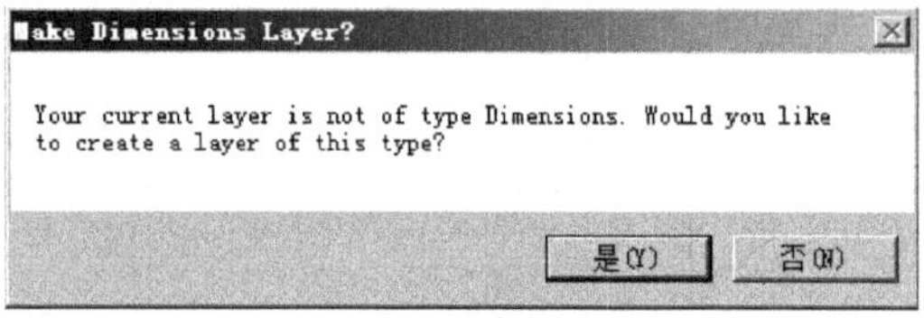

图3-43 创建尺寸层对话框

2. 尺寸标注

① 选择“距离尺寸”工具，按照要求标注出直线之间的距离。

② 选择“角度尺寸”工具，按照要求标注角度尺寸。

③ 选择“半径尺寸”工具，按照要求标注圆弧等半径大小，标注结构如图3-44所示。

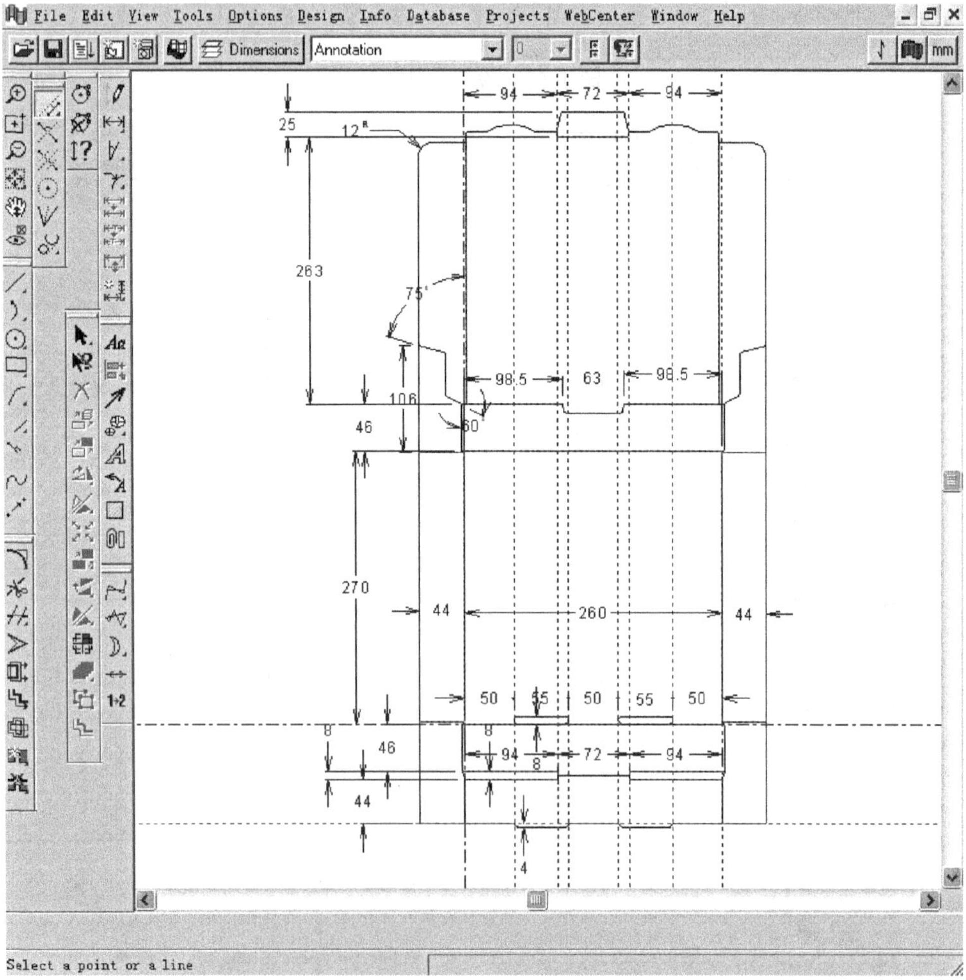

图3-44 尺寸标注完成

（四）文件保存

① 选择“File” > “Save/Save As”命令，输入文件名，存储为“.ard”文件格式的文件。

② 选择“File” > “Export”命令，选择欲保存的文件格式，单击“OK”按钮即可。

技能训练

绘制一常见食品包装盒，材料为瓦楞纸板，尺寸和结构根据产品自行设计。

项目三 礼品类包装——甜点圈纸箱包装绘制

本项目主要以糕点纸箱为典型案例，分析了带提手纸箱的绘制方法。在项目实施过程中，要求学生掌握辅助线工具、直线工具、矩形工具、倒角工具、延伸点工具、圆弧连接工具、弧形工具、镜像复制工具、移动工具等的操作与使用。通过本项目的学习，学生可以独立完成带提手纸箱的绘制工作。

一、项目提出

某企业生产加工一批甜点圈E瓦楞纸箱外包装，纸箱的样品如图3-45所示，纸箱的内尺寸为234mm × 99mm × 101mm，采用E瓦楞纸板，厚度为1.5mm，请完成盒型图的绘制。

图3-45 甜点圈样品盒

二、项目分析

本纸箱为0217类型的瓦楞纸箱。

FEFCO 0217型属于异形纸箱，又称之为手拎式卡口折底箱，箱盖结构采用提示设计，方便携带，结构新颖美观。箱底结构类似于管式折叠纸盒中的锁底式结构，承载强度较大。

三、项目绘制

（一）利用工具绘制结构图

1. 新建文件

选择“Flie” > “New Design”命令，弹出如图3–46所示的对话框，此纸盒要求用E瓦楞纸板，单位为mm，因此参数数值选择SBS（I–SBS–12），然后单击“确定”按钮，完成新文件的创建，如图3–46所示。

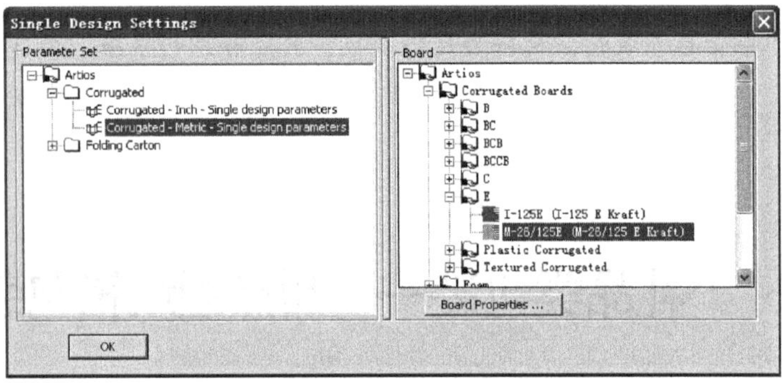

图3–46　新建文件对话框

2. 利用辅助线确定盒体各部尺寸

选择辅助线工具的第1个按钮中的第2个工具连续辅助线偏移/角度工具，用鼠标左键单击坐标轴x轴，用鼠标右键单击完成x轴上方辅助线的绘制；用鼠标左键单击坐标轴x轴后，用鼠标右键单击完成下面4条横向辅助线的绘制，继续使用连续辅助线工具，用鼠标左键单击坐标轴y轴，用鼠标左键再次单击坐标轴y轴后，用鼠标右键单击完成y轴右侧辅助线的绘制；绘制结果如图3–47所示。

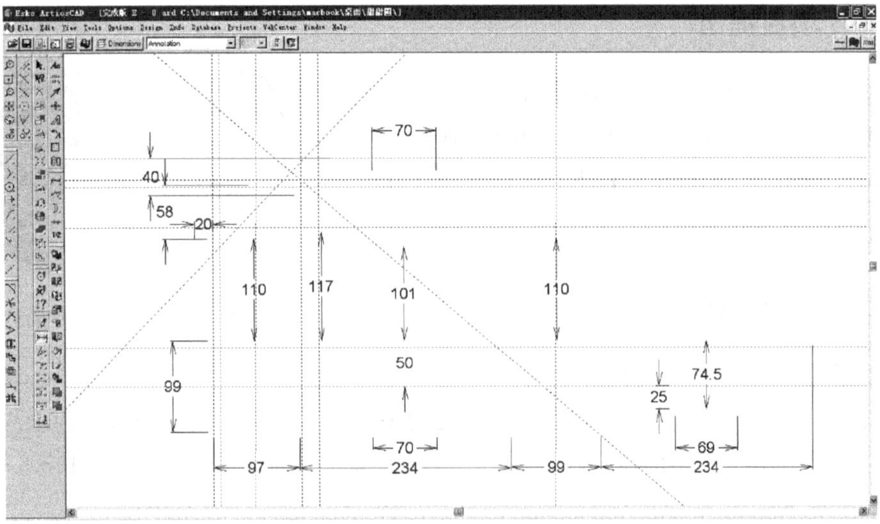

图3–47　设置辅助线

3. 利用绘图工具绘制箱体

选择“矩形”工具，根据尺寸绘制大块的版面，然后使用绘制连接的搭口矩形。再做适合倒角，利用其中的 Radius of blend 做圆弧倒角，其中的中

做chamfer倒棱，对于拱形的地方我们可以使用工具。箱体左边的绘制结果如图3–48所示。

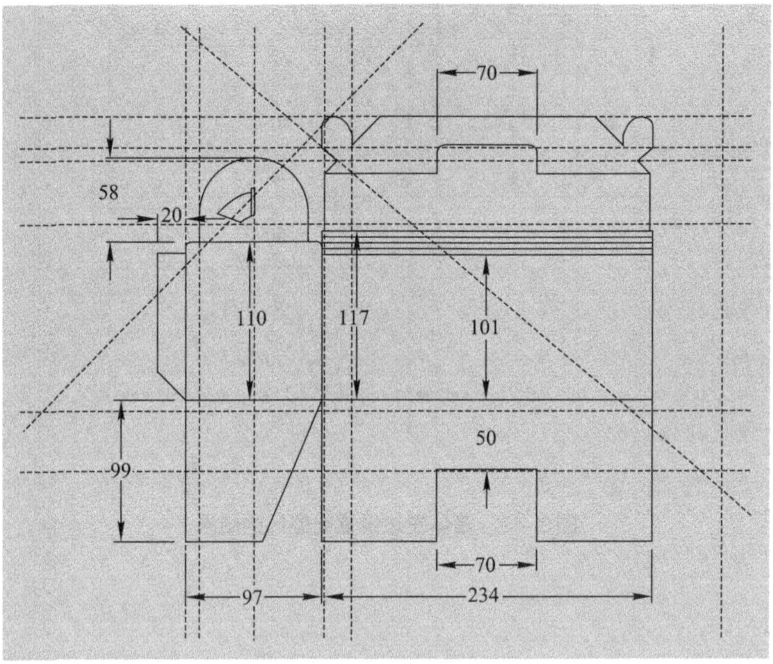

图3–48 箱体左边绘制结果

知识点10

利用直线绘制矩形工具。在矩形飞出工具条的第2个按钮是利用直线绘制矩形工具，选择一条直线作为绘制矩形的基本直线，以拖曳的方法设定矩形的大小或在状态条中输入矩形的尺寸，当矩形的对边的偏移设定后，ArtiosCAD即开始绘制矩形。此工具保持激活的状态，可继续绘制其他的矩形。

在绘制过程中我们经常会碰到对称结构或需要复制结构的情况，这时可以使用和去完成操作，这样可以节约相当多的时间，注意：镜像或复制前可以先设置好相应线的属性，设置好裁切线和压痕线，如图3–49所示，减少不必要的差错。将箱体左边的结构复制到右边后的结果如图3–50所示。

其中，如图3–51（a）和图3–51（b）所示的结构，都是较难确定的弧度线型，这时可以使用直线的连接后，再使用弧形工具改变直线的属性，工具是最常用的直线转弧线的工具。

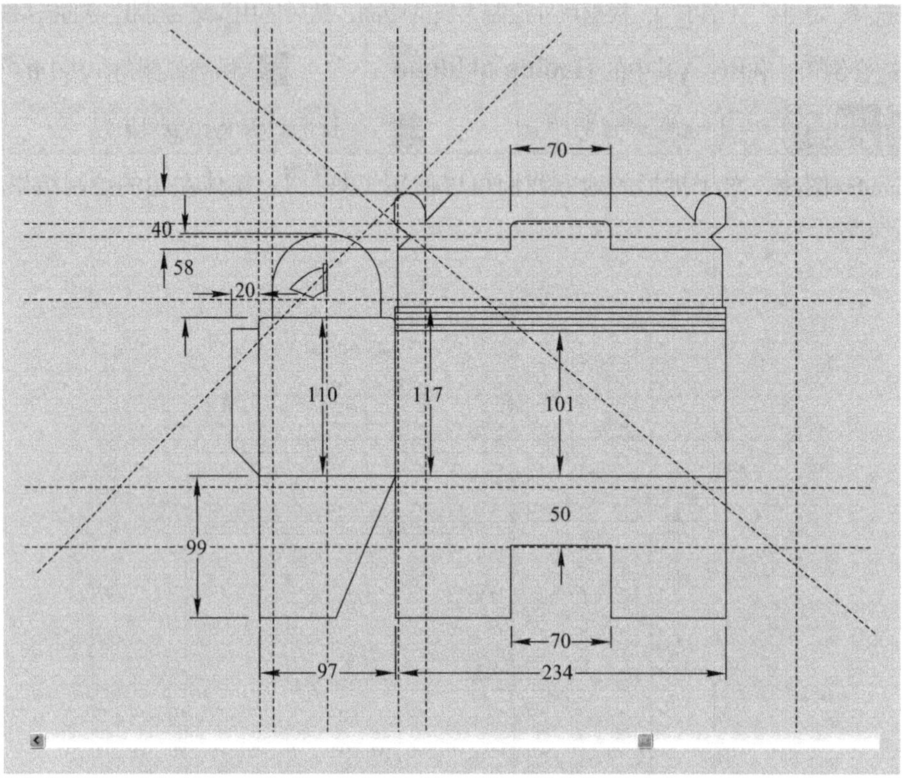

图3-49 箱体左边设置线型后的结果

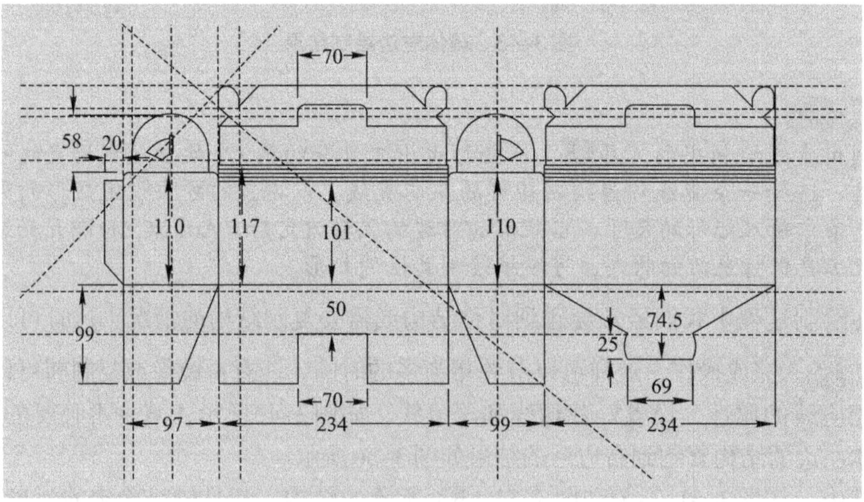

图3-50 复制后的绘制结果

（二）三维效果展示

利用ArtiosCAD 3D功能转成三维效果图，如图3–52所示。

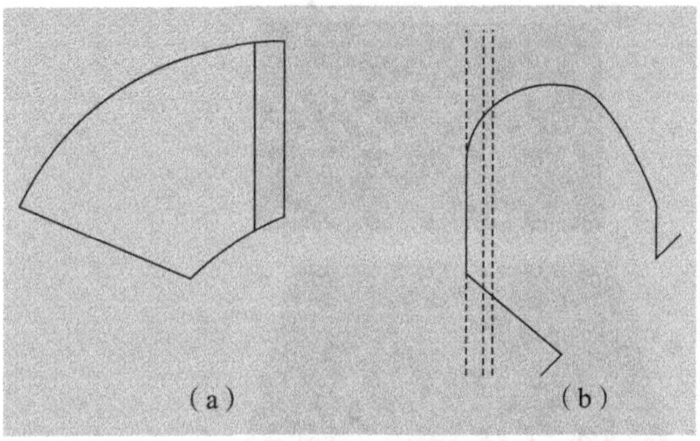

图3–51　特殊线条

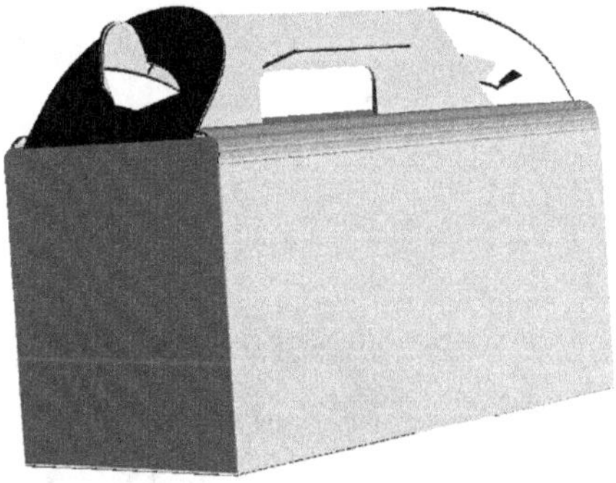

图3–52　三维效果展示

（三）文件保存

① 选择“File” > “Save/Save As”命令，输入文件名，存储为“.ard”文件格式的文件。

② 选择“File” > “Export”命令，选择欲保存的文件格式，单击“OK”按钮即可。

技能训练

绘制一常见礼品包装盒，材料为瓦楞纸板，尺寸和结构可根据产品自行设计。

项目四　电子类产品包装——笔记本电脑纸箱绘制

本项目主要以笔记本电脑纸箱为典型案例，分析了多部分组合纸箱的绘制方法。在项目实施过程中，要求学生掌握辅助线工具、直线工具、矩形工具、圆形绘制工具、倒角工具、圆弧连接工具、镜像复制工具等的操作与使用。通过本项目的学习，学生可以独立完成组合纸箱的绘制工作。

一、项目提出

某企业生产加工一批苹果笔记本电脑外包装盒，纸盒的样品如图3–53所示，外尺寸为454mm×293mm×70mm，内尺寸为444mm×279mm×68mm，请完成盒型的绘制。

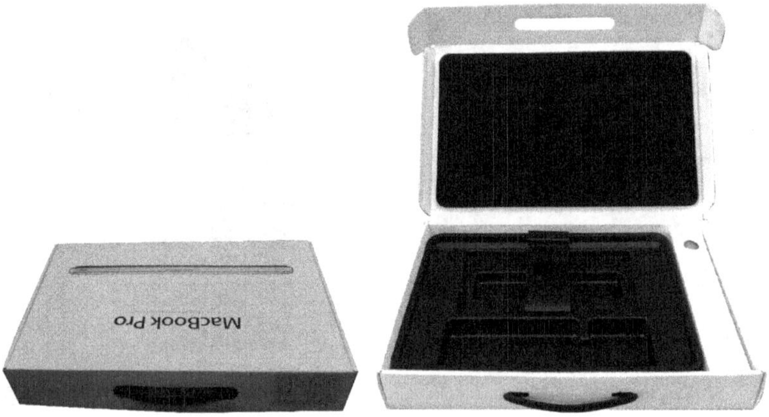

图3-53 样品盒

二、项目分析

本瓦楞包装盒为苹果笔记本电脑外包装盒，整个盒型由3个部分组成，包括盖子、底座和内部配件盒。拆分结构如图3-54所示：其中图3-54（a）和图3-54（b）的阴影部分粘贴在一起，形成箱体。

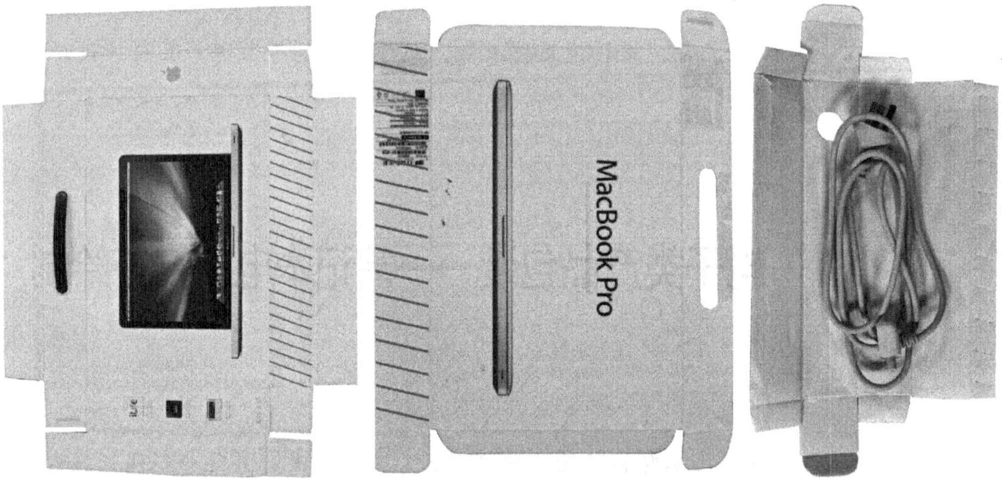

（a）底座 （b）盖子 （c）内部配件盒

图3-54 三部分结构示意图

三、项目绘制

（一）利用工具绘制结构图

1. 新建文件

选择“Flie” > “New Design”命令，弹出如图3-55所示的对话框，此纸箱要求用E型瓦楞，单位为mm，因此参数数值选择M–26/125 E（M–26/125 E Kraft），纸板编号选择E型瓦楞，然后单击“确定”按钮，完成新文件的创建，如图3–55所示。

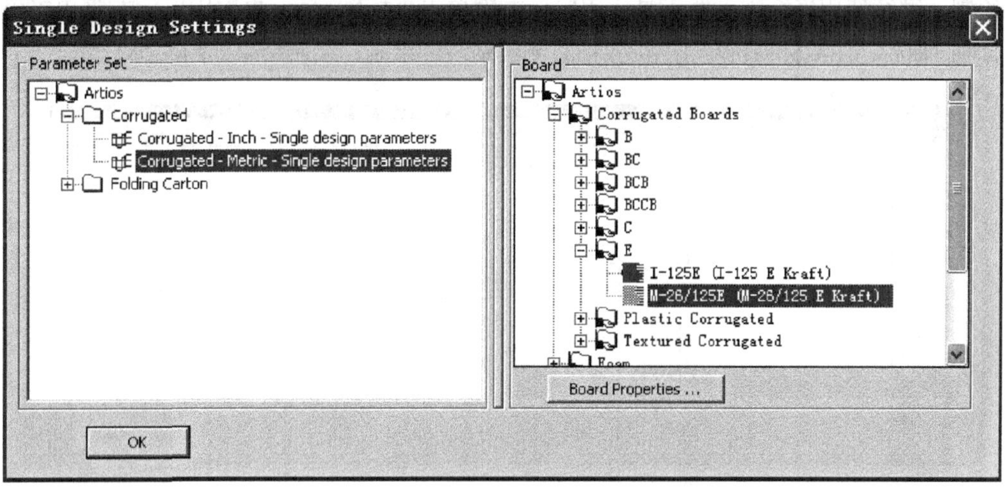

图3–55 新建文件对话框

2. 绘制盒盖

（1）利用辅助线确定盒盖尺寸

选择辅助线工具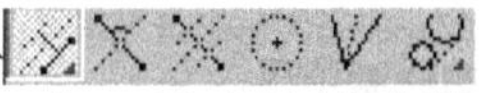的第1个按钮中的第2个工具连续辅助线偏移/角度工具，用鼠标左键单击坐标轴x轴，用鼠标右键单击完成x轴上方辅助线的绘制；用鼠标左键单击坐标轴x轴后，用鼠标右键单击完成下面4条横向辅助线的绘制，继续使用连续辅助线工具，用鼠标左键单击坐标轴y轴，再次用鼠标左键单击坐标轴y轴后，用鼠标右键单击完成y轴右侧辅助线的绘制；绘制结果如图3–56所示。

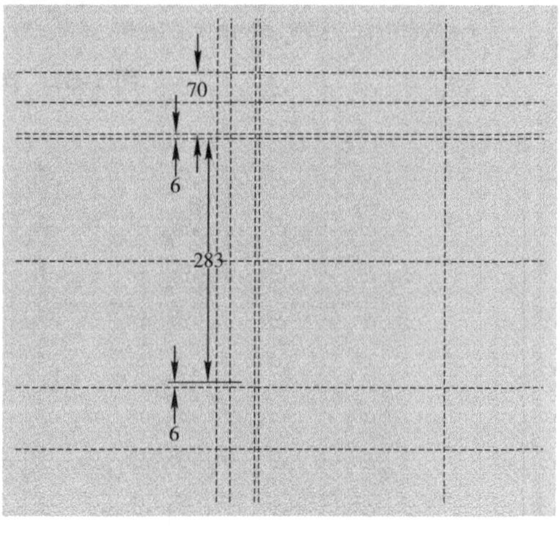

图3–56 设置盒盖的辅助线

（2）利用绘图工具绘制盒盖

选择“矩形”工具，根据尺寸绘制大块的版面，然后使用绘制连接的搭口矩形。然后做适合倒角，利用倒角工具中的做圆弧倒角，用倒角工具中做chamfer倒棱。绘制盒盖结果如图3–57所示。

3. 绘制底座

（1）利用辅助线确定盒体底座尺寸

选择辅助线工具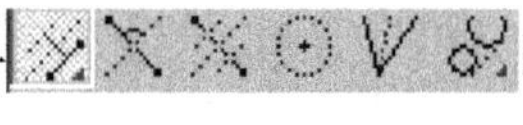的第1个按钮中的第2个工具连续辅助线偏

移/角度工具，用鼠标左键单击坐标轴x轴，用鼠标右键单击完成x轴上方辅助线的绘制；用鼠标左键再次单击坐标轴x轴后，用鼠标右键单击完成下面4条横向辅助线的绘制，继续使用连续辅助线工具，用鼠标左键单击坐标轴y轴，再次用鼠标左键单击坐标轴y轴后，用鼠标右键单击完成y轴右侧辅助线的绘制；绘制结果如图3–58所示。

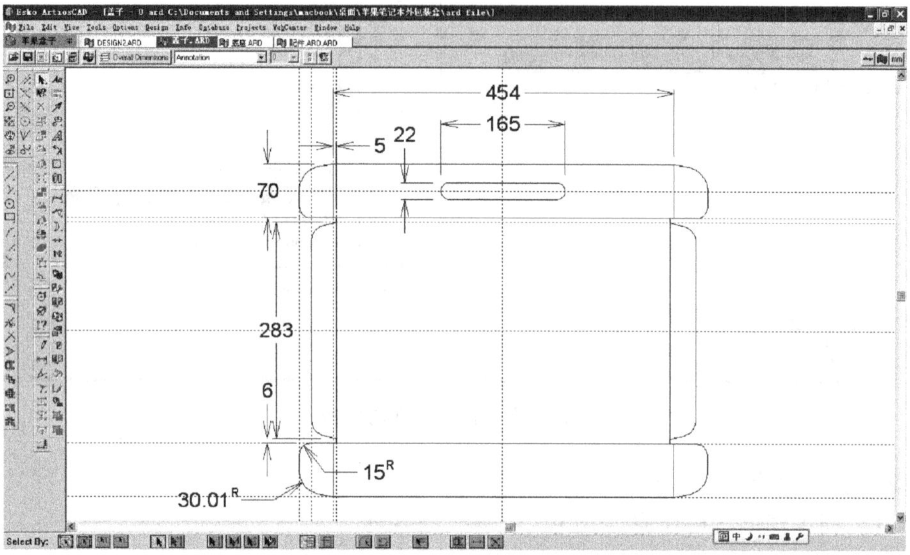

图3–57　盒盖的绘制结果

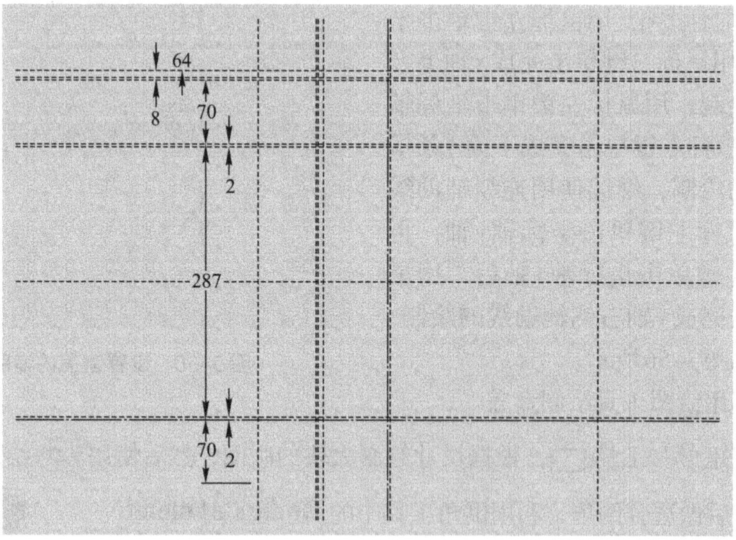

图3–58　设置底座的辅助线

（2）利用绘图工具绘制底座

选择“矩形”工具，根据尺寸绘制大块的版面，然后使用绘制连接的搭口矩形。绘制结果如图3–59所示。

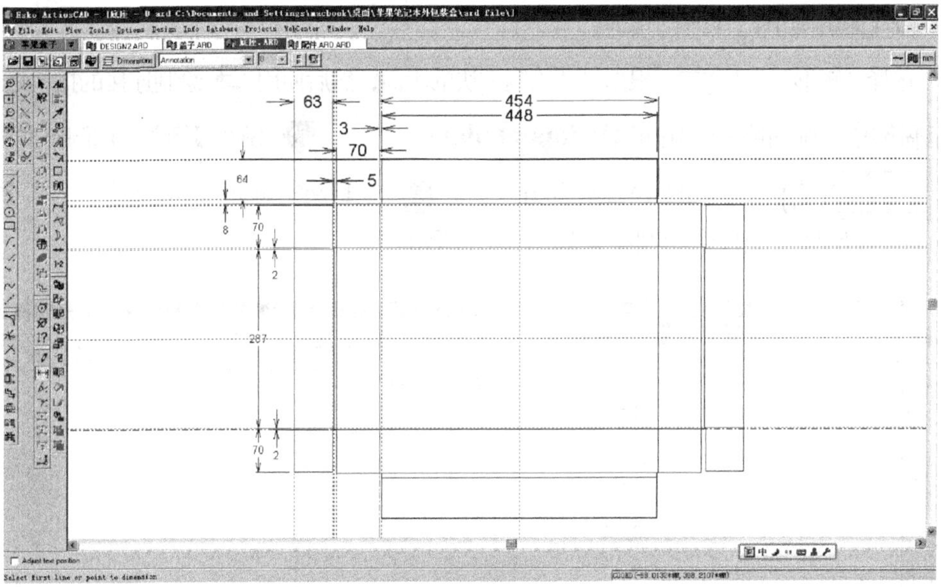

图3-59 底座绘制结果

4. 绘制配件盒型

（1）利用辅助线确定配件尺寸

利用辅助线确定配件主要尺寸，绘制结果如图3-60所示。

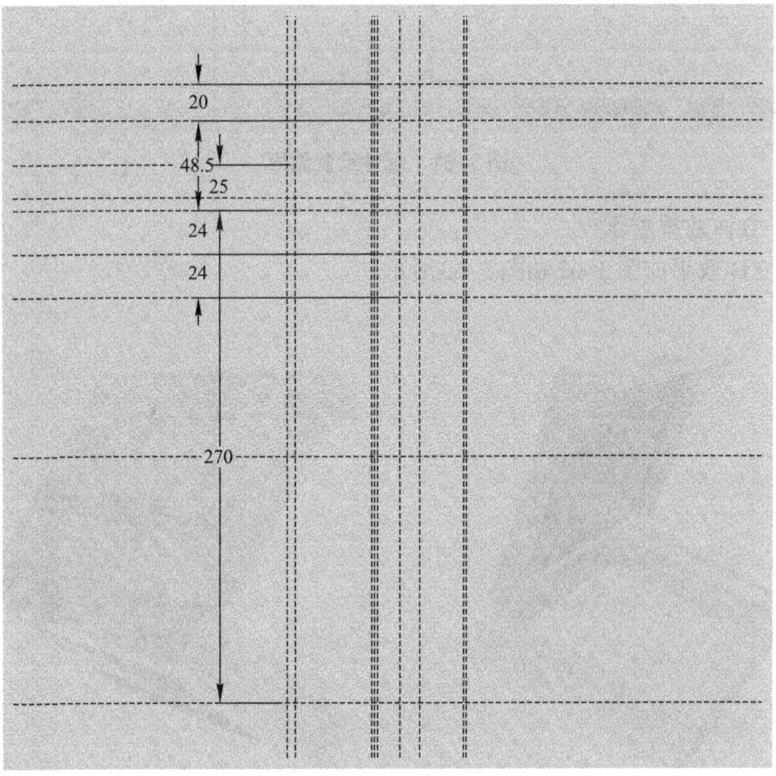

图3-60 设置配件的辅助线

（2）利用绘图工具绘制配件

选择“矩形”工具，根据尺寸绘制大块的版面，然后使用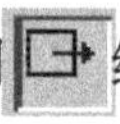绘制连接的搭口矩形。然后做倒角，利用倒角工具中的

做圆弧倒角，用倒角工具中的

做chamfer倒棱。配件盒绘制结果如图3-61所示。

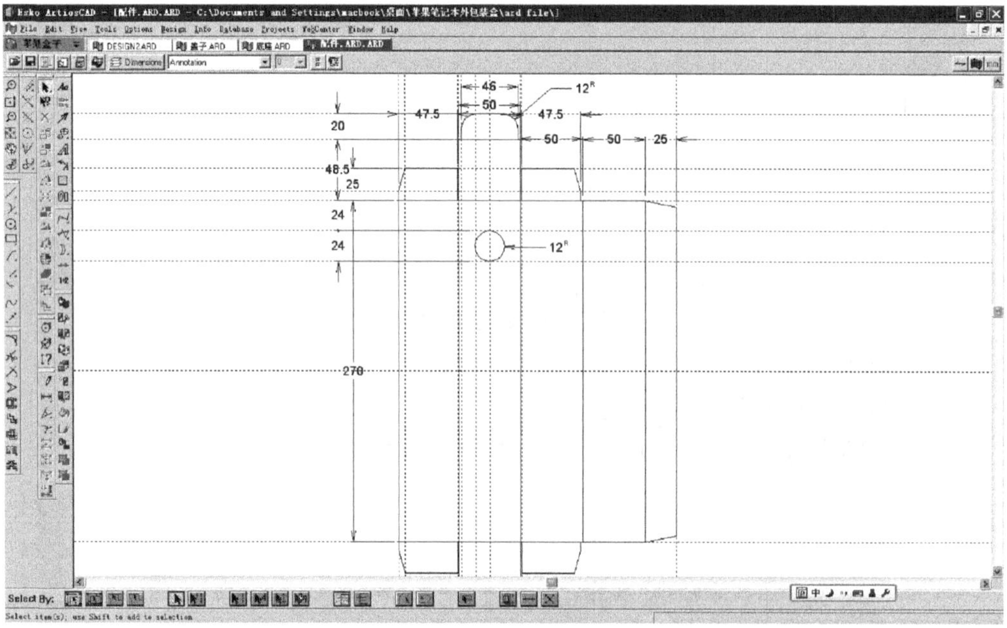

图3-61　配件绘制结果

（二）立体效果展示

三维立体效果如图3-62和图3-63所示。

图3-62　三维效果展示

图3-63　三维效果展示

（三）文件保存

① 选择“File” > “Save/Save As”命令，输入文件名，存储为“.ard”文件格式的文件。

② 选择“File” > “Export”命令，选择欲保存的文件格式，单击“OK”按钮即可。

技能训练

绘制一常见的电子类包装盒，材料为瓦楞纸板，尺寸和结构可根据产品自行设计。

情境四
立体成型设计

知识目标

了解纸盒、纸箱立体成型过程；掌握ArtiosCAD软件的3D转换基本操作；掌握纸盒、纸箱成型的VRML动画输出。

能力目标

具备屏幕软打样能力，具备熟练的包装盒3D成型、动画输出的能力。

情感目标

理解包装结构设计软件可以直观、生动记录纸盒、纸箱3D成型的过程，加强立体表现的学习。

项目一　日化用品包装——牙膏盒立体成型设计

本项目主要以情境二项目一中的牙膏盒为典型案例，分析了折叠纸盒的立体成型设计方法。在立体成型之前，需要利用设计检查工具检查平面结构图的线型信息，主要看是否有双重线、有未连接的缝隙等。在项目实施过程中，要求学生掌握3D视图工具、折叠工具的操作与使用。通过本项目的学习，学生可以独立完成折叠纸盒的立体成型设计。

一、项目提出

某包装印刷企业生产加工一批某品牌牙膏产品的纸盒，牙膏盒的平面结构图已在情境二项目一中绘制，如图4-1所示。

现要求能将牙膏盒的平面结构转换为三维的立体盒型，以获得真实、直观的牙膏盒立体成型效果。

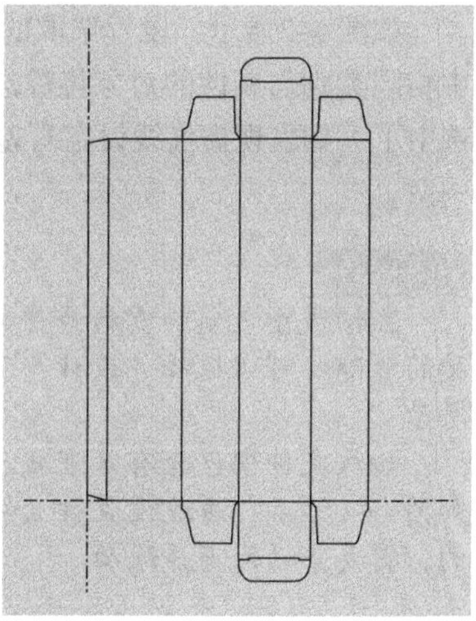

图4-1 牙膏盒平面结构图

二、项目分析

牙膏盒为管式折叠纸盒，成型主要依据折痕线与折叠角度，并通过粘贴襟片连接，由盖板和底板插入固定而成。

因此认识3D工作界面，掌握折叠、视图旋转等工具的运用，是Artio CAD中实现牙膏盒立体成型的关键。

三、项目绘制

在ArtiosCAD中要实现包装的立体成型设计，需运用软件中的3D折叠功能。

1. 盒型线条的检查

打开牙膏盒结构ARD文件，在编辑工具条中选择“按例样选取”命令，并选中任意一条红色折痕线，即弹出按例样选取窗口，如图4-2所示。

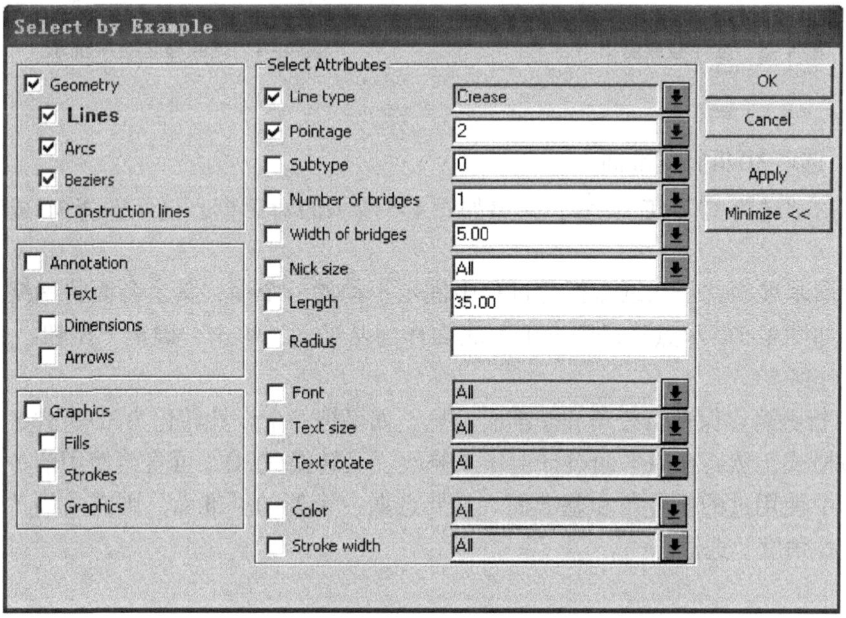

图4-2 按例样选取窗口

如图4–2所示，设置选取的类别与属性参数，然后单击“确定”按钮。盒型结构中相同类别与属性的对象将被选中，由此，牙膏盒中所有“点数”为2的折痕线均被选中了。如发现折痕线设定有差错，可以在这里修改。同理，再选取所有切线，核对一遍。

知识点1

立体成型之前，需检查平面结构图的线型信息。主要看是否有双重线、有未连接的缝隙。可以选择“设计”下拉菜单中的“设计检查”，弹出的窗口信息如图4–3所示。

如该文件中包含有双重线、小缝隙等，会在屏幕相应位置标记出来，提示修改。如图4–4所示。通过设置最大缝隙的范围，一般可自动修复缝隙。如提示未能修复的，需要手动检查并改动。

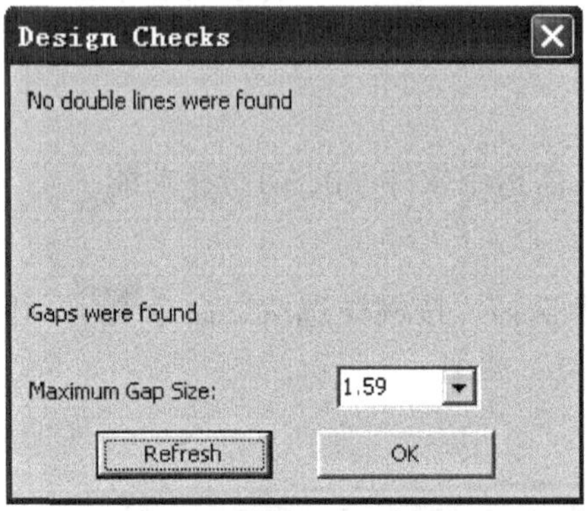

图4–3　设计检查窗口

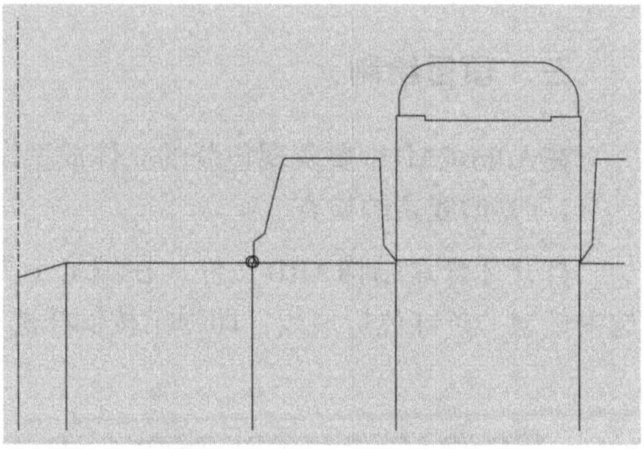

图4–4　缝隙检查结果提示

2. 选取3D折叠基准面

单击“转为3D”工具，弹出如图4–5所示的对话框，提示选择3D成型的基准面。

所谓基准面就是在纸盒折叠过程中固定不动的一个面，其余各面将围绕这个面折叠。如图4–5所示点选牙膏盒下部底面作为基准面，单击“确定”按钮，进入3D折叠工作区。

3D折叠可以保存折叠角和基准面信息。如果把一个设计转化为3D折叠，并保存为A3D格式，然后在原平面设计上作了修改，又转换成3D，可直接使用前一折叠设计版本中使用过的折叠角和基准面。如要选取一个新的基准面，则需关闭“使用先前的折叠角度”选框。

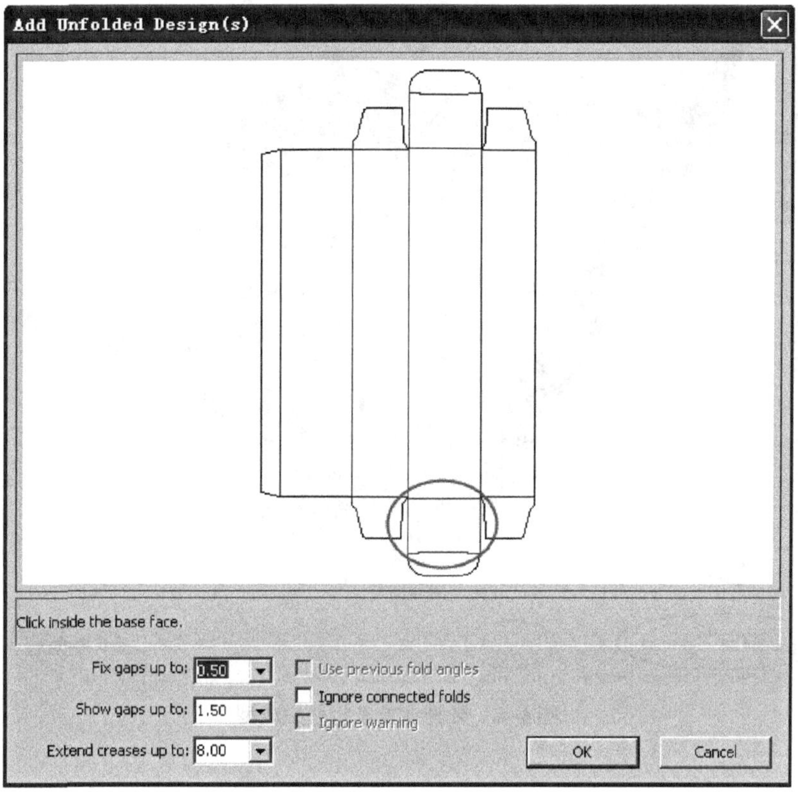

图4–5　设定牙膏盒基准面

知识点2

从视图/工具栏中可以打开3D折叠工作区相关工具。下面来认识一下这些常用的工具和命令。

① 此为3D视图工具。选择其中放大、缩小、撑满缩放，可放大或缩小图形在桌面的大小，选择手形工具，可改变图形在桌面的位置。选择视图角度工具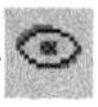，可从任意角度观察所画图形。

② 此为3D工具。选择其中折叠角度、折叠全部、2边折叠相接、1边折叠相接，可实现多种折叠效果。选择配对、配对全部、取消配对，可利用涂胶区配对，编辑快速自动折叠效果。

3. 3D折叠

① 单击折叠角度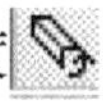，如图4–6所示，选择牙膏盒的一条折线，在下方数据输入框中，输入折叠角度为90°，结果如图4–6所示。折叠角度的大小也可以用鼠标拖动右边的滑动标尺来控制。

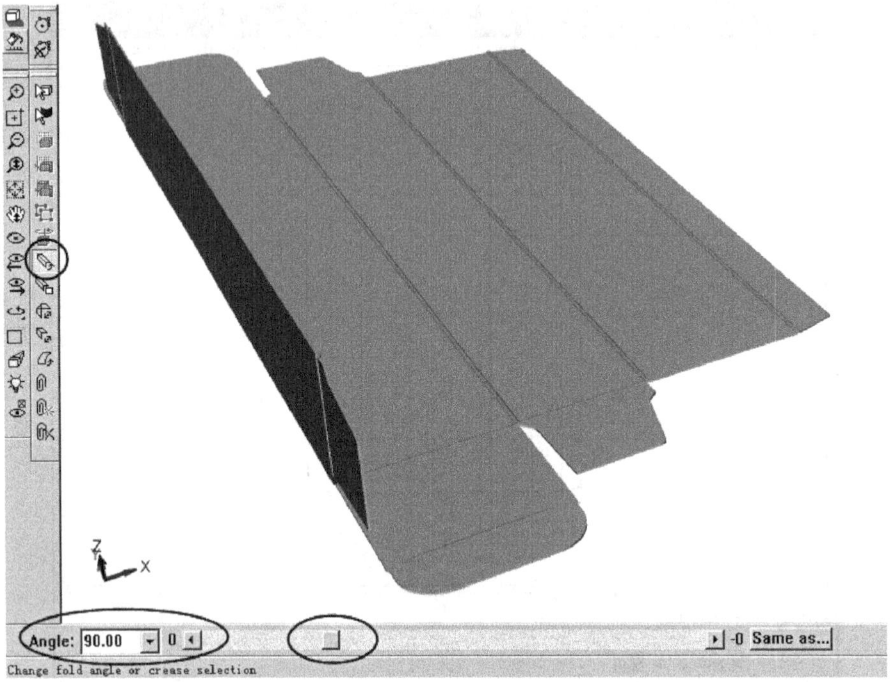

图4-6 牙膏盒首条折叠线成型

② 按下Shift键，选择与首条折叠线平行的其他折线，并输入折叠角度为90°。如图4-7所示，牙膏盒的4个体板已折叠成型。

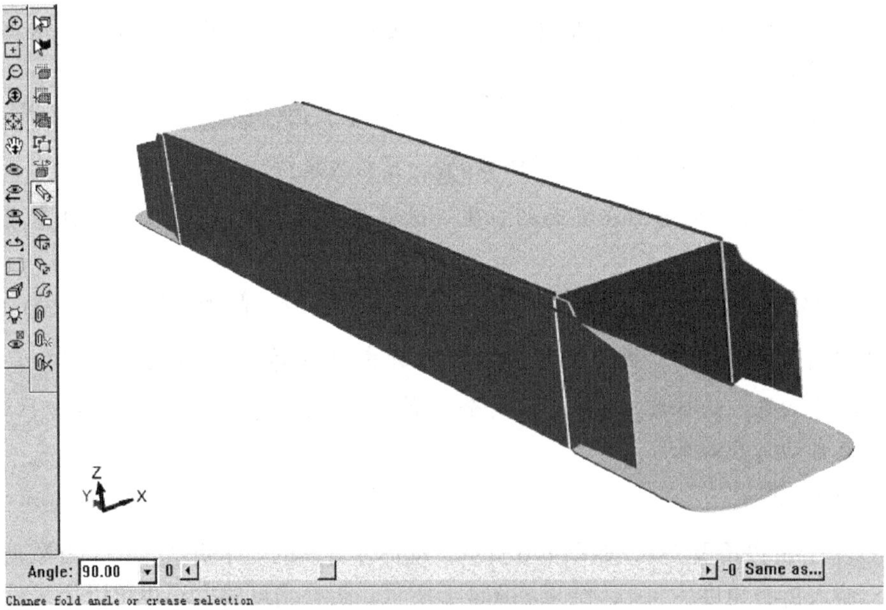

图4-7 牙膏盒4个体板折叠成型

③ 按下Shift键，依次选择连接牙膏盒侧面的4个防尘襟片的折线，并输入折叠角度为90.5°（这里0.5°是折叠角度的增量，目的是不让4个防尘襟片和后续与之相叠的纸盒盖面和底面相撞，显示的表面更光洁）。结果如图4-8所示。

④ 分别选择连接牙膏盒底面和盖面的2条折线，并输入折叠角度。至此完成了牙膏盒的封底与封盖。效果如图4-9所示。

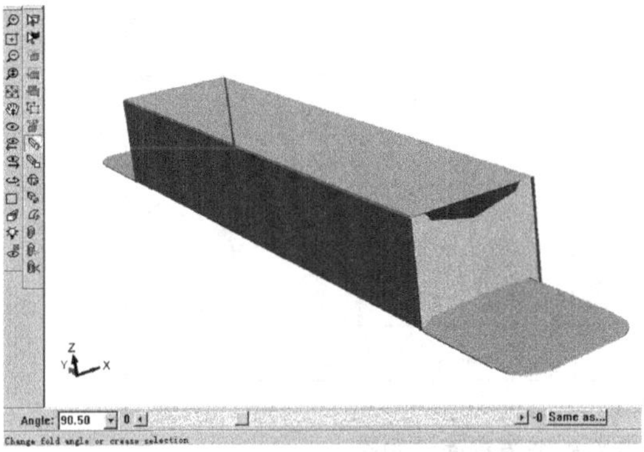

图4-8　牙膏盒防尘襟片折叠成型

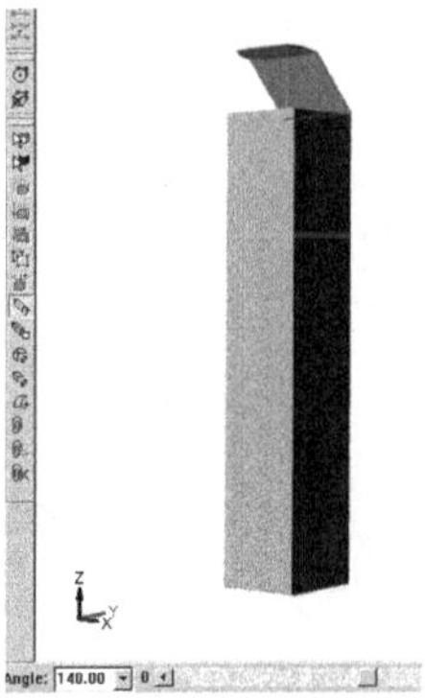

图4-9　牙膏盒立体折叠成型

⑤ 将3D折叠成型的牙膏盒保存为Artios 3D的文件，即后缀名为.A3D的文件。项目任务完成。

技能训练

要求学生完成情境二中的项目二、项目三和项目四，关于纸盒结构设计的3D成型设计工作项目。

项目二　家电类包装——电视机纸箱立体成型设计

本项目主要以情境三项目一中的电视机纸箱为典型案例，分析了瓦楞纸箱的立体成型设计方法。在项目实施过程中，要求学生在掌握3D视图工具、折叠工具的操作与使用外，还要了解虚拟动画输出的过程，记录之前电视机箱3D成型的全过程，并能将其输出为可交互的虚拟动画。通过本项目的学习，学生可以独立完成折瓦楞纸箱的立体成型，并能制作3D成型的虚拟动画。

一、项目提出

长虹26英寸LED彩电包装纸箱平面结构图已在情境二项目一中绘制，如图4-10所示。

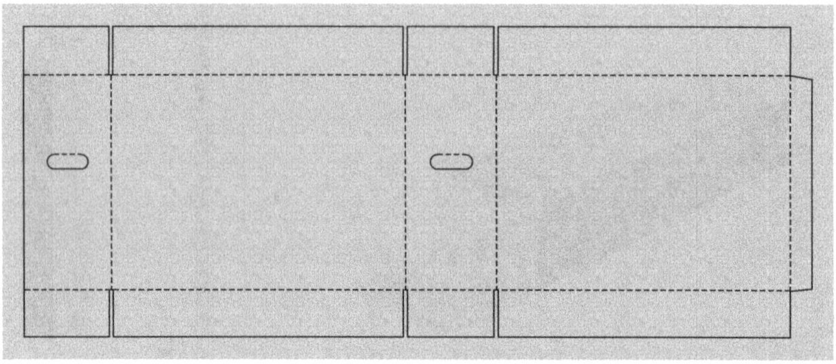

图4-10　电视机纸箱平面结构图

现要求将电视机纸箱平面图转换为三维的立体包装纸箱，并相应得到包装纸箱立体成型的动画。

二、项目分析

电视机纸箱的立体成型主要依据纸箱的折痕线与折叠角度，并通过制造商接头钉合固定而成。

与项目一中牙膏盒的3D成型相似，纸箱的立体成型需掌握3D工作界面中折叠工具的运用。而输出电视机纸箱立体成型的动画，需要进一步掌握ArtioCAD中动画工具的运用。

三、项目绘制

（一）纸箱3D成型

1. 检查结构图

电视机纸箱立体成型之前，同样需检查平面结构图的信息。执行“设计检查”命令，如项目一中的图4-4所示。

2. 选取3D折叠基准面

单击“转为3D”工具（快捷键Ctrl+3），如图4-11所示，选择电视机纸箱下部底面作为基准面，单击“确定”按钮。

3. 3D成型

① 单击折叠角度，用鼠标分别选择电视机纸箱体板4条折叠线，输入折叠角度为90°，折叠结果如图4-12所示。

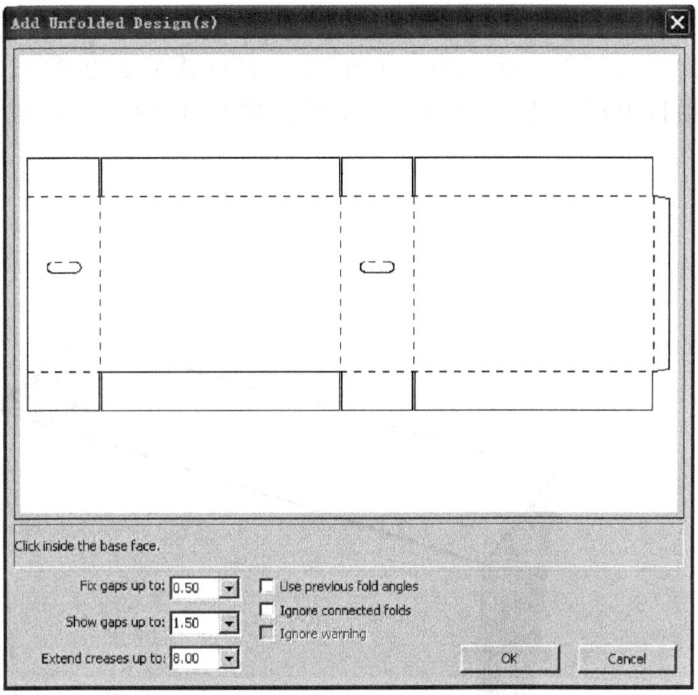

图4–11　设定电视机纸箱基准面

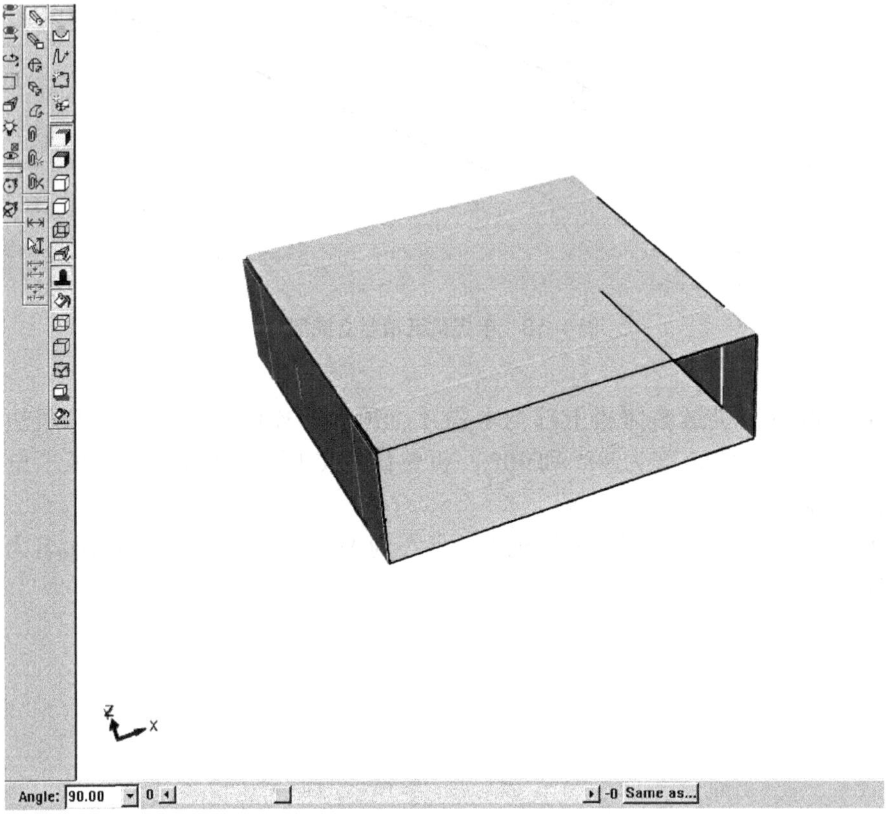

图4–12　电视机纸箱4个体板折叠成型

② 分别选取电视机纸箱体板下部与下襟片、底面相连的短边折叠线和长边折叠线，分别输入折叠角度为89° 和90°（1° 是折叠角度的增量，其目的是与牙膏盒折叠项目中相同的，不再赘述）。折叠结果如图4-13所示，电视机箱已竖立成型。

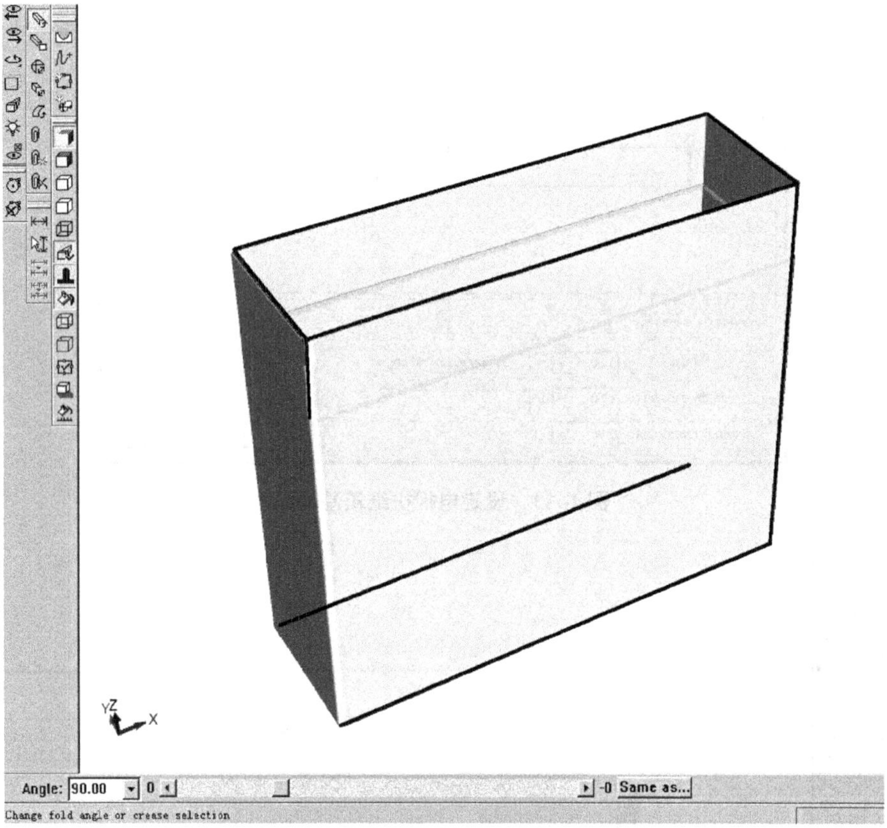

图4-13　电视机纸箱竖立成型

③ 选取电视机纸箱体板上部与上襟片、顶面相连的短边折叠线和长边折叠线，分别输入折叠角度为89° 和90°。折叠结果如图4-14所示，完成了电视机纸箱的封盖。

④ 随后将3D折叠成型的电视机纸箱保存为Artios 3D的文件，即后缀名为.A3D的文件。

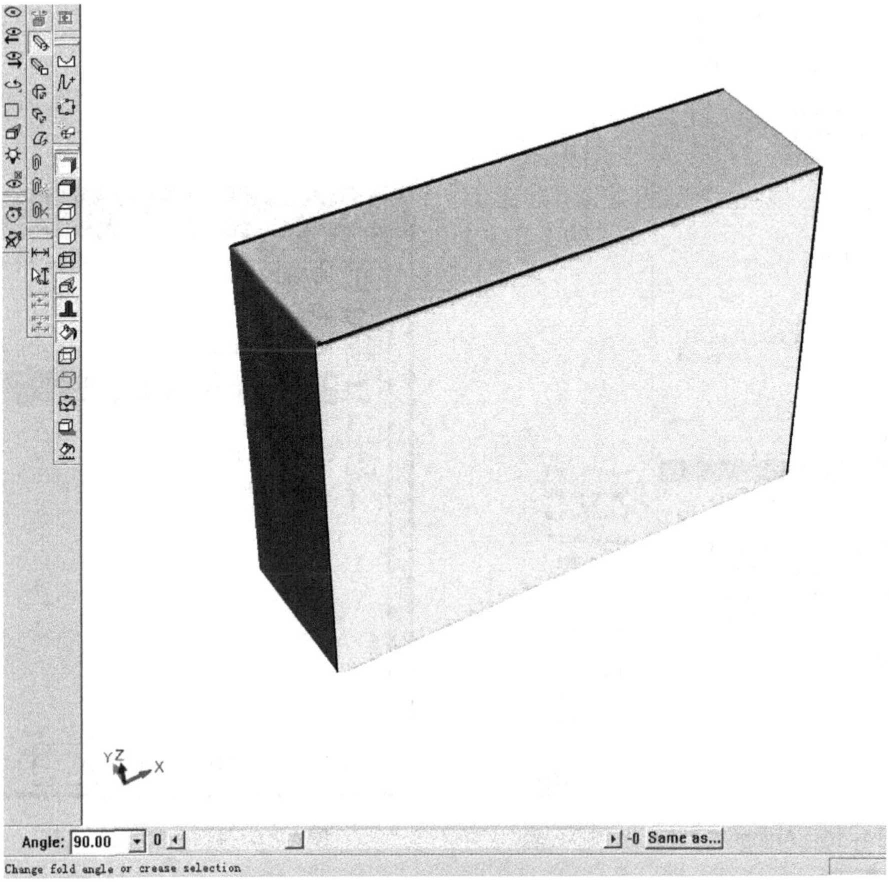

图4–14　电视机纸箱封盖成型

（二）虚拟动画输出

利用ArtiosCAD强大的虚拟软打样功能，可以记录之前电视机纸箱3D成型的全过程，并将其输出为可交互的虚拟动画。

ArtiosCAD的输出命令在文件/输出–3D中打开，目前支持的3D输出的文件格式有Animation AVI、Collada、Solid Works、VRML等格式，如图4–15所示。

1. 记录关键帧

保持在ArtiosCAD的3D工作区状态，打开“视图/工具栏”中的“动画”工具，如图4–16所示。

① 单击添加帧工具，添加第1个关键帧，开始3D动画的记录，并执行“3D成型”中步骤①中的如图4–12所示的折叠。

② 分别添加第2个关键帧、第3个关键帧，分别执行“3D成型”中步骤②中的如图4–13所示的折叠。

③ 依次添加第4个关键帧、第5个关键帧，分别执行“3D成型”中步骤③中的如图4–14所示的折叠。

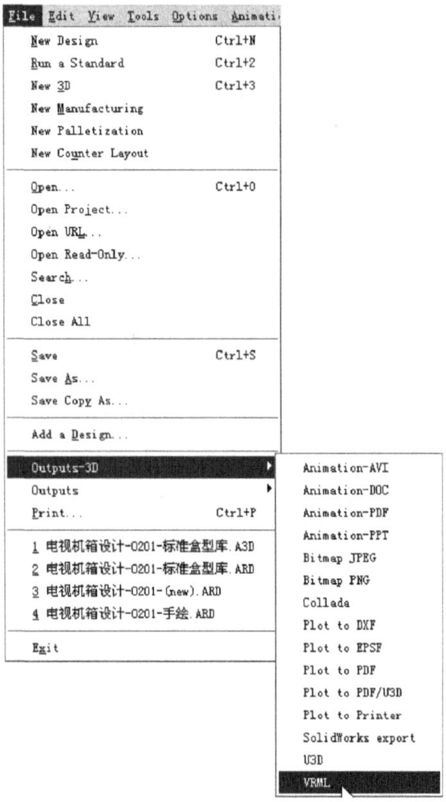

图4–15　ArtiosCAD的输出–3D列表

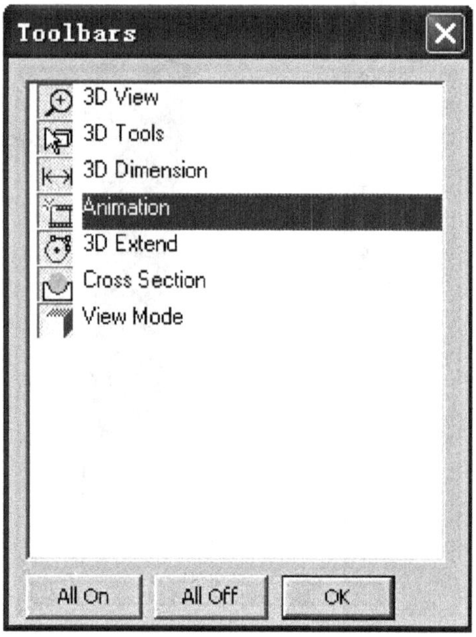

图4–16　打开“动画”工具

④ 添加第6个关键帧，将纸箱两侧面的圆弧形纸板折叠进去，形成两侧提手位。再次保存A3D文件。

知识点3

下面需要认识一下“动画”的相关工具及使用。

此为动画工具栏。添加帧，是记录3D动画的基础。回放可以在逐个关键帧之间查看动画记录的连续性。使用删除关键帧、更新关键帧和从特定范围更新关键帧等工具，可以较方便编辑动画的连接效果和修改3D的动画顺序。

2. 调整动画效果

单击回放工具，在软件屏幕的下方，出现了如图4–17所示的动画状态条。通过播放、暂停、向前1帧、向后1帧等命令，可以连续或分步看到我们所记录的电视机纸箱折叠动画的过程。

图4–17　动画状态条

播放时，如果发现该段动画的记录有问题，可以作些调整。比如，可以在任两个关键帧之间添加新的帧插入动画；可以用更新关键帧来替换之前记录的关键帧；此外，如感觉第3个关键帧、第5个关键帧两底面成型和两顶面成型过渡的速度较快，而第6个关键帧提手成型速度又较慢时，可将第3个关键帧、第5个关键帧从原先的间隔时间3秒延长至6秒，而将第6个关键帧的间隔时间缩短至1秒。

3. 输出动画与屏幕浏览

需要将调整后的电视机纸箱3D动画效果输出成方便浏览的动画。选择虚拟现实VRML格式。VRML具有文件量小、可交互、开放性编辑和跨平台浏览等优点，是最适宜在网络上传播的交互动画格式之一。

① 执行文件/输出-3D/VRML命令，弹出VRML输出设置窗口，如图4-18所示的设置相应参数。

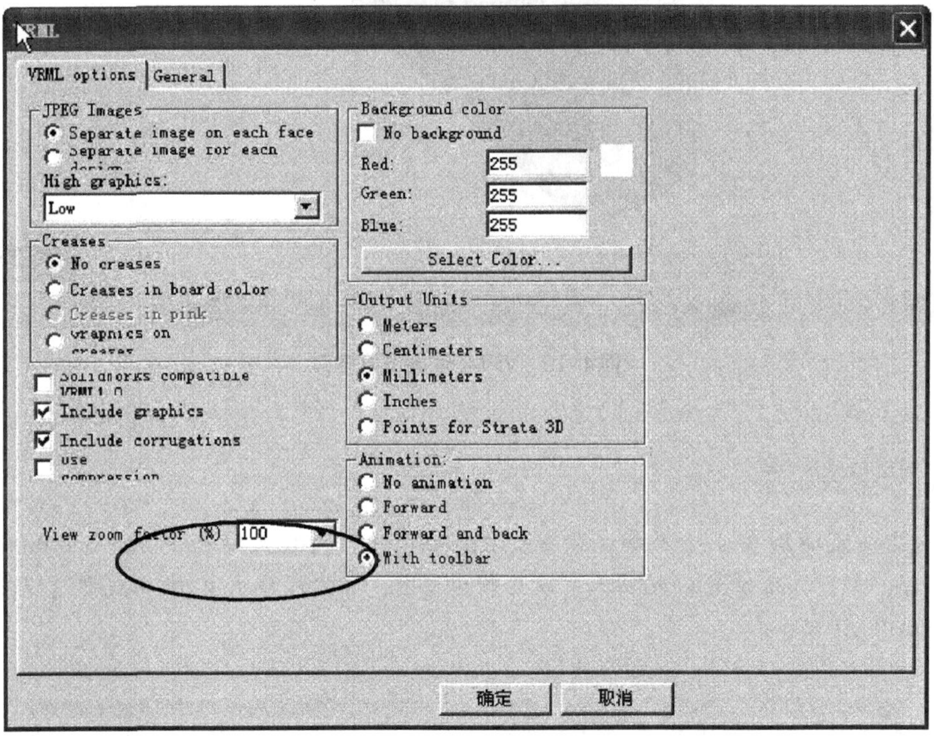

图4-18 VRML输出设置窗口

在“动画”一栏中选择“带工具条”项；这样输出的VRML动画打开时，会有一个工具条出现，方便控制3D动画的播放。单击“确定”按钮，保存为后缀名为.WRL的文件。

② VRML动画的屏幕浏览一般需要安装浏览器插件，这里推荐安装的是Cortona Vrml和BS Contact。安装Cortona浏览器插件之后，打开.WRL文件，在IE的浏览窗口

就能看到如图4-19所示的效果。此时，分别单击四周工具栏中的平移、旋转、缩放等工具，并拖动鼠标，就可以看到一个电视机箱3D成型的交互性虚拟动画了。

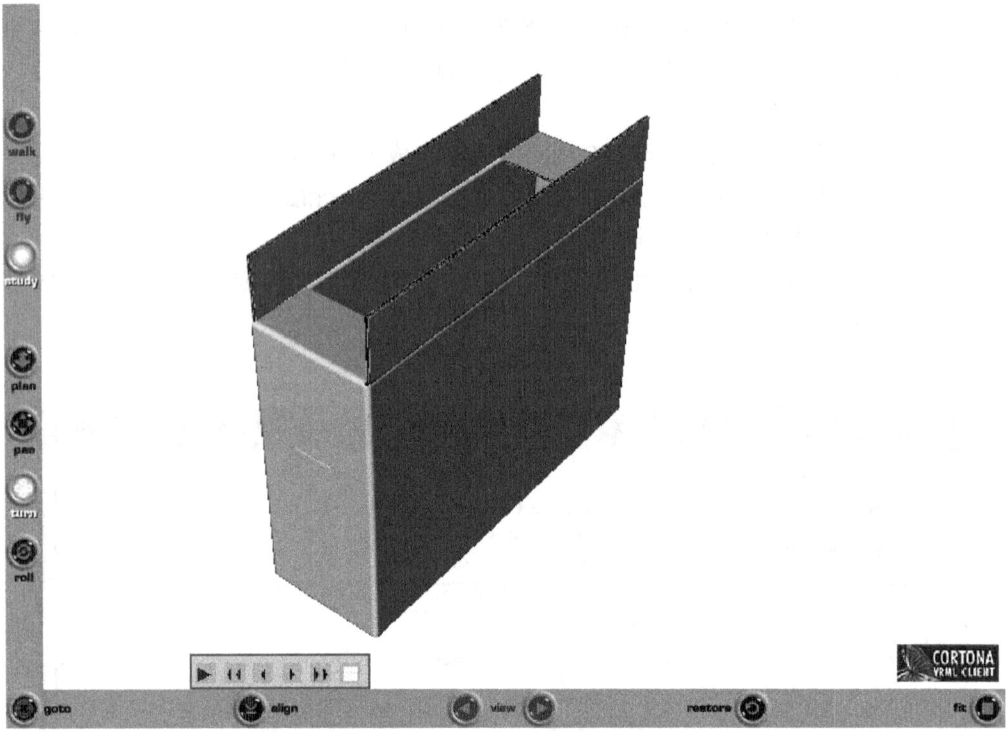

图4-19　VRML动画浏览窗口

技能训练

某包装印刷企业生产加工的9寸比萨外卖盒，内装尺寸为250mm×250mm×45mm，盒型样品如图4-20所示。请绘制盒型图，并完成分步3D立体成型过程，记录为VRML动画。

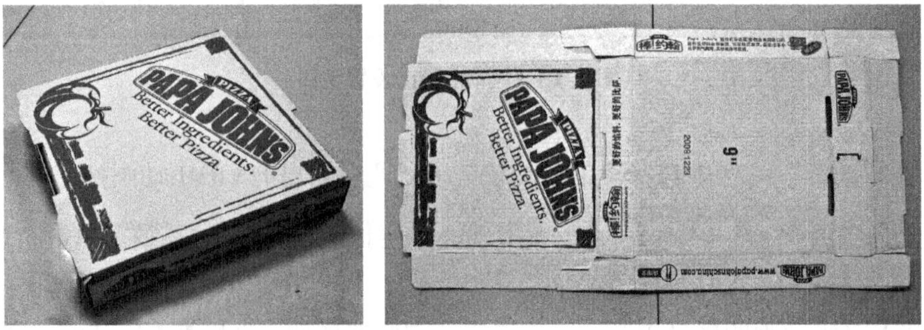

图4-20　比萨外卖盒立体及平面结构图

情境五
结构与装潢双向设计

知识目标

了解结构与装潢双向设计的作用，了解插件的功能及使用。

能力目标

能够运用盒型库进行盒型设计；能够运用设计检查工具进行检查，并能够进行修整；能够运用插件完成结构与装潢的双向设计；能够根据要求进行相应的3D文件格式的输出。

情感目标

提高学生的审美情趣，提高学生的综合设计能力。

包装设计是保证商品包装达到科学、合理、美观、适销等要求的必要条件和操作程序。GB 4122.1—2008给出了“包装设计Package Design”的术语及其定义，即“对产品的包装进行选型、结构和装潢设计”。对于包装设计者来说，如何将结构、造型和装潢三大设计，通过一个软件或者一个程序，完美地结合在一起，将会给日常工作带来很大的方便。

一、项目提出

某印前设计部门为某企业设计一款折叠纸盒，盒型设计尺寸为65mm×35.5mm×95mm，需完成结构设计、装潢设计，并能实现在线输出。

二、项目分析

针对上述任务，要实现结构与装潢设计单个设计，是非常简单的。结构设计软件有Esko-Graphics公司的ArtiosCAD、广州中为公司的Packmagc、邦友公司的BOX-VELLUM、方正ePack。装潢设计的软件有两大类：一类为图像处理软件，处理后为位图，如：Photoshop；另一类为图形处理软件，以获得矢量图，如：Illustrator、

CorelDraw和Freehand。

合理地选择包装设计软件来完成设计效果，将会起到缩短周期，提高工作效益。而ArtiosCAD（结构设计）可以通过相应的插件和操作，与Illustrator（装潢设计）软件有机地结合起来，达到设计的目的。

三、项目实施

（一）盒型结构图输出设计

1. 结构图绘制

选择“File”>“Run a Standard”命令，将会打开ArtiosCAD软件的标准盒型库，根据盒型库中已存在的盒型，选择适合产品的包装盒样，选择Friction tuck tops（摩擦扣插舌类）中的ST Top Tuck（直插式盒型）盒型，输入包装盒的LED数据，进行尺寸的相关控制后，即可产生一个基本标准盒样的包装盒结构示意图，如图5-1所示。

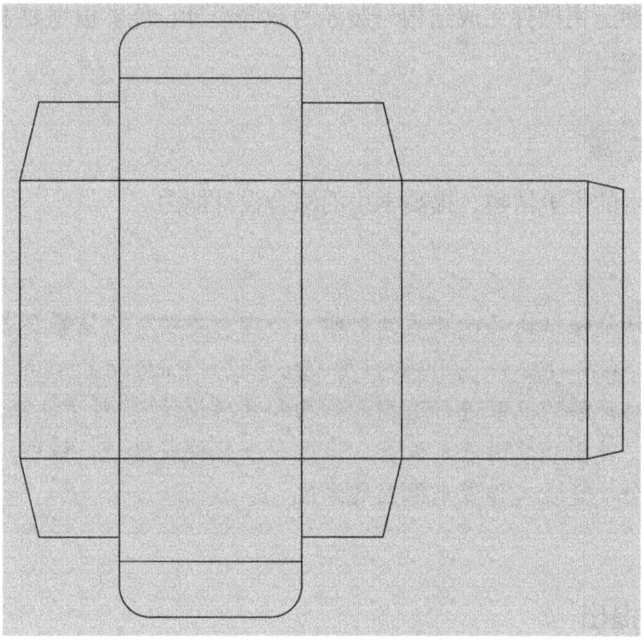

图5-1 包装盒结构示意图

盒型的局部尺寸和结构，需要手工进行调整，利用软件自带的编辑工具、修整工具、几何模型工具等进行制作。同时也可以通过软件的3D功能，获得需要的立体成型图，如图5-2所示。

2. 设计检查

完成结构图和尺寸标注等操作后，关闭其他图层，只保留设计层，查看线型的表示是否正确，同时利用软件自身的设计检查功能，对盒型结构图进行综合检查。

选择“Design”>“Design Checks”命令，弹出如图5-3所示的对话框。

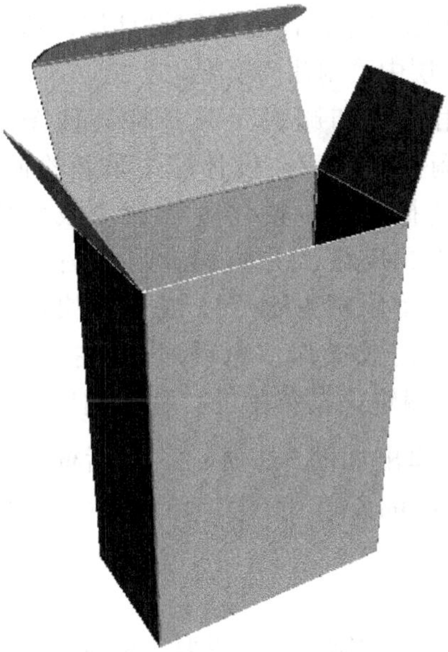

图5-2 包装盒立体成型图

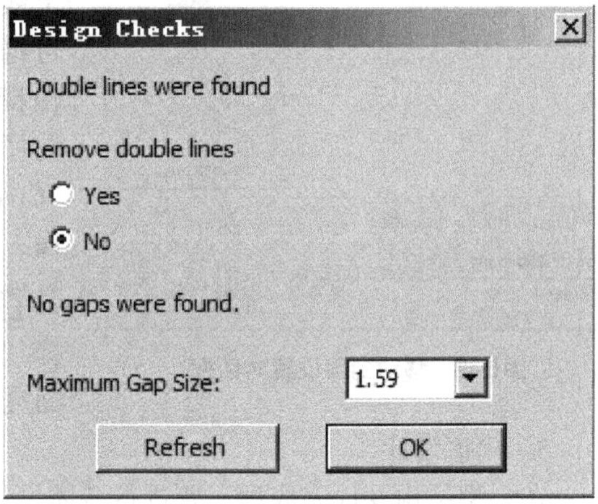

图5-3 设计检查对话框

此时提示盒型结构图有双线等错误存在，CAD也会在相应的位置，通过圆圈（通常用红色）标注出出错的地方，如图5-4所示。

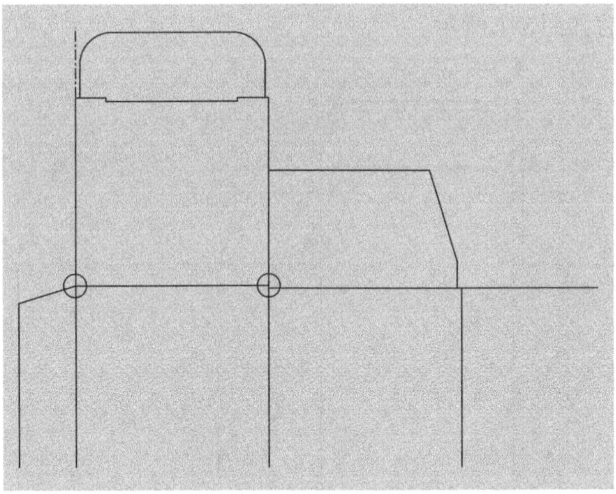

图5-4 显示结构错误

（1）双线

在绘制过程中由于使用了矩形，或者是重复操作，导致同一位置出现两条相同的线，从而造成错误出现。使用选择工具，将多余线条删去。

（2）图层

结构图绘制过程中，当进行尺寸标注等其他操作时，需新建图层。而在局部修

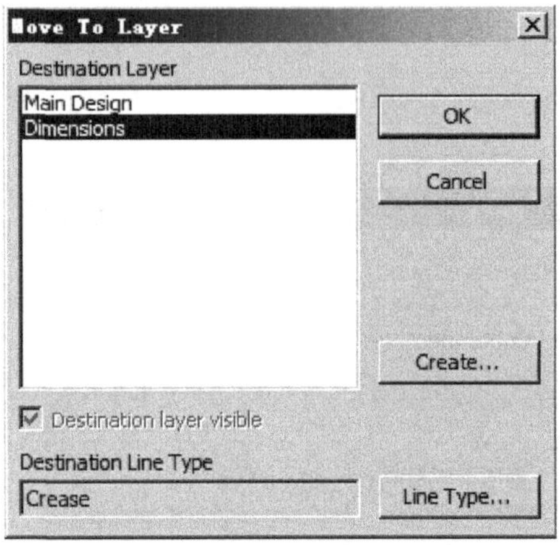

图5-5　移动到层设置对话框

改和添加过程中，没有回到设计层，造成在非设计层中绘制几何模型。

使用选择和删去工具，将其他图层上线段删去，然后在设计层中重新绘制；可通过选择线段，使用剪切命令或使用快捷键“Ctrl+X”，并将设计层设置为当前图层后使用粘贴命令，或使用快捷键“Ctrl+V”完成操作；也可通过选择本线段，单击编辑工具条中的“移动到层”工具，弹出如图5-5所示的对话框，选择“Main Design”图层，单击“OK”按钮完成操作。

3. 出血设计

在盒型结构设计完成后，要进行装潢设计和考虑印刷生产的需要，要对盒型进行出血位的设定，以方便装潢设计和完成印刷生产的需要。ArtiosCAD可自动生产包装盒的出血位，选择工具栏中调整工具条中的出血工具，直接选中盒型，根据提示，选择出血的位置（内部出血、外部出血）和输入出血位数值后，会在盒型外出现一条绿色的包装出血线。但需要注意的是盒型不需要全部出血，否则会增加油墨使用量，导致生产成本增加，所以需要用出血工具单击不用出血的位置，如防尘襟片和粘贴襟片，完成后如图5-6所示。

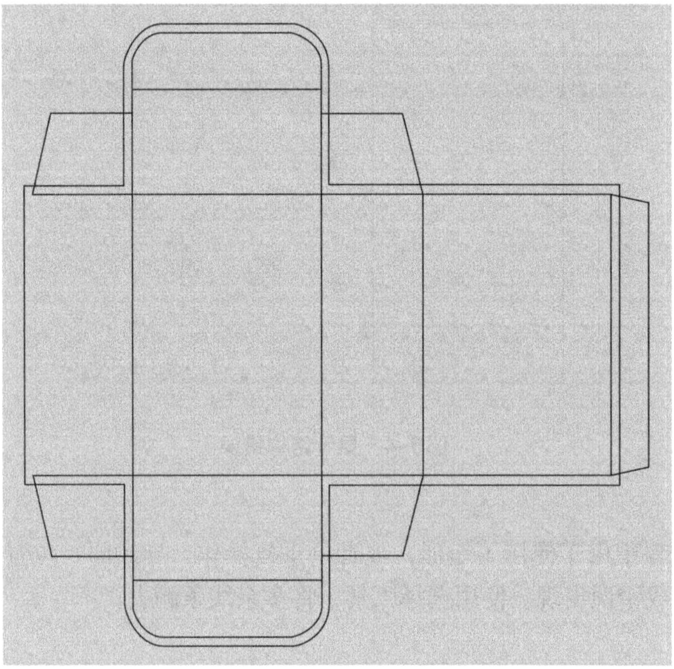

图5-6　设定出血位后的纸盒结构图

知识点1

出血位又称“出穴位”，其作用主要是保护成品裁切时，有色彩的地方在非故意的情况下，做到色彩完全覆盖到要表达的地方。现在实行的出血位的标准尺寸一般为3mm，就是沿实际尺寸加大3mm的边，这种“边”按尺寸内颜色的自然扩大就最为理想，需要注意的是对于包装盒型，其设置的大小要考虑到纸板和模切加工的要求，一般为5～7mm。

（二）盒型装潢设计

为达到结构设计软件和装潢设计软件的有机结合，需要安装相应的插件，ESKO（艾司科）为Adobe Illustrator设计的两个插件，能够在包装结构和装潢设计之间提高生产效率和互通功能。

第一个插件可以将ArtiosCAD的文件导入到Illustrator中，并保持盒型的图层和信息。

第二插件可以直接输出AI文件成为ArtiosCAD的文件格式，并可在3D模式中获得装潢后的立体成型效果图。

1. 输入控制插件安装及操作

通过ESKO公司或其网站（WWW.ESKO.COM）提供的免费插件ArtiosCAD plug-ins for Adobe Illustrator，下载完成后直接安装即可，此时必须安装好ArtiosCAD和Illustrator软件，并且要选择相对应的版本。

2. 在Illustrator中打开ArtiosCAD文件（输入控制）

安装好插件ArtiosCAD for Illustrator 输入输出后，打开AI（软件Illustrator的简称）软件，插件会在工具箱的选择工具中增加一个按钮——“直接选择包装结构”工具，如图5-7所示，应用此工具就可以在AI的页面中直接移动ArtiosCAD的包装结构示意图。

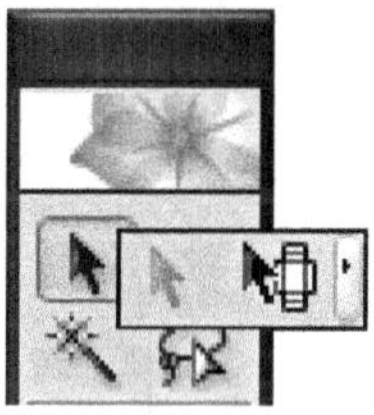

图5-7 直接选择包装结构工具

3. 盒型装潢设计

打开后在AI中自动生成了一个ArtiosCAD图层，并呈现锁定状态，在实际操作过程中，无须对其进行解锁，需要移动时直接使用“直接选择包装结构”工具即可。接下来只需按照设计要求，在盒型上面建立新的图层，完成装潢设计如图5-8所示。

ArtiosCAD for Illustrator输入输出插件在AI中增加了CAD控制面板，可以控制包装盒型4个方向的布局和对版面进行定位。

按照要求，在AI中按照需要的装潢范围进行控制，只需通过绘制一个和页面大小一样的方形和裁切区域功能（单击菜单“对象/裁切区域/建立”）即可完成页面裁切，并将盒型结构图隐藏，如图5-9所示。

4. 文件保存输出

利用导出功能，将文件保存为JPG等格式，以便在ArtiosCAD中进行贴图，导出图片的精度不需要太高，一般为100dpi即可。

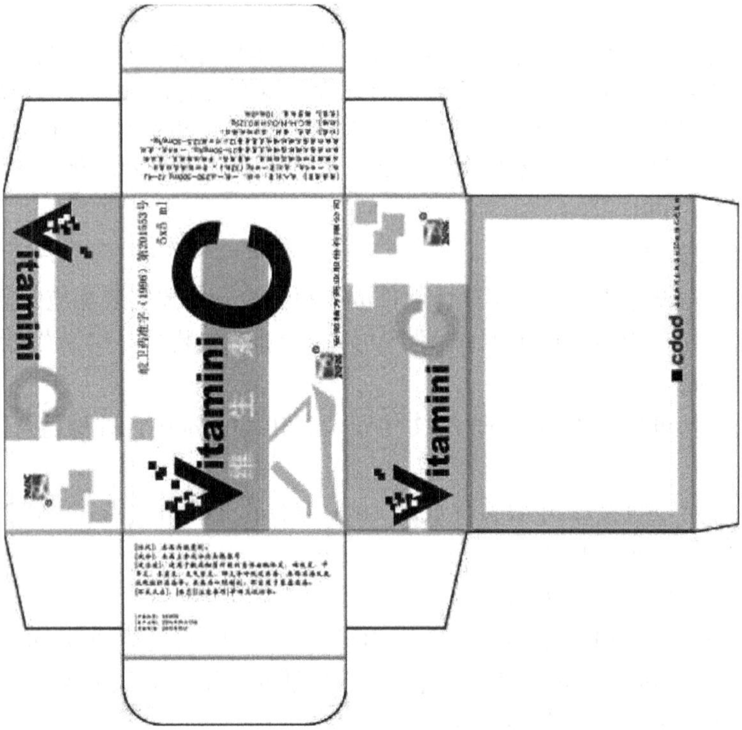

图5-8　装潢设计后的盒型结构示意图

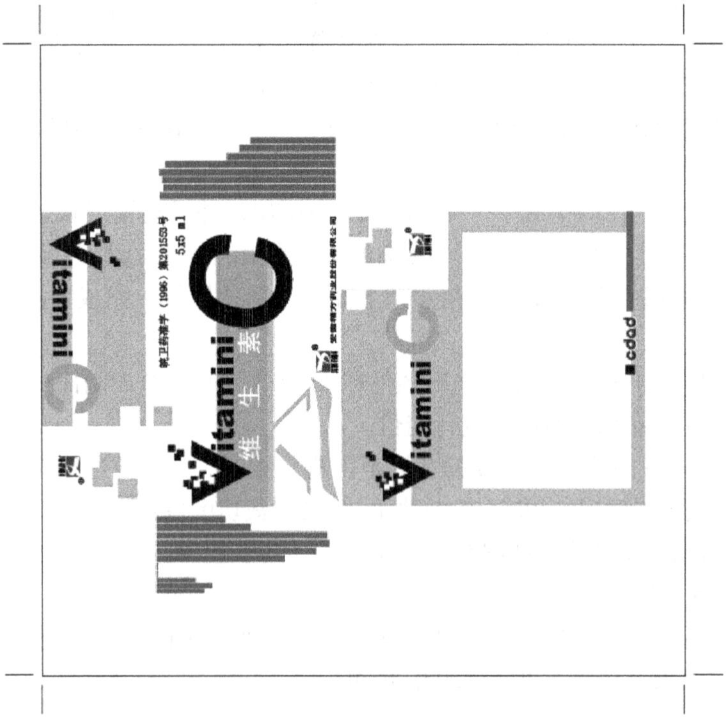

图5-9　裁切后的装潢图

（三）装潢图导入设计

1. 图像编辑

选择“Tools” > “Graphics” > “Add Graphics”命令，或单击图像编辑工具栏中添加图片按钮，如图5-10所示，完成图片的导入。

完成操作后，装潢好的图片便导入到了Artios CAD软件中，但此时结构图与装潢图并不是自动套合在一起，而是独立的两个部分，此时需要进行下述操作。

2. 套合设置

选择“Tools” > “Graphics” > “Register Bitmap”命令，或单击工具栏中套准按钮，如图5-11所示。

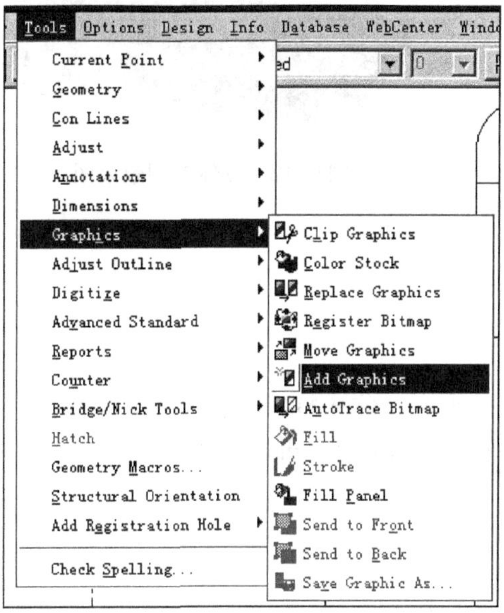

图5-10 添加装潢图操作

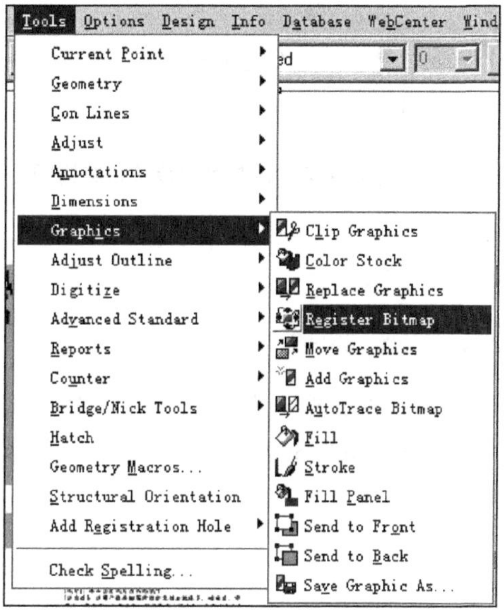

图5-11 套准结构图操作

选择相应的设置后，可自动将装潢好的图像套准到盒型结构图上，如图5-12所示。

3. 立体成型设计

完成上述操作后，直接利用ArtiosCAD软件本身的3D功能，将盒型进行立体转化，如图5-13所示，操作者可以旋转至合适的角度进行保存，交付给客户。

4. 保存输出

文件保存的格式有多种，可以根据具体要求进行选择。

若将三维的包装盒输出成为VRML格式，同时在IE浏览器中安装了VRML插件，导出完成后，就可以浏览该三维的包装盒，并以交互的方法，利用每一个角度对包装盒进行浏览和查看。

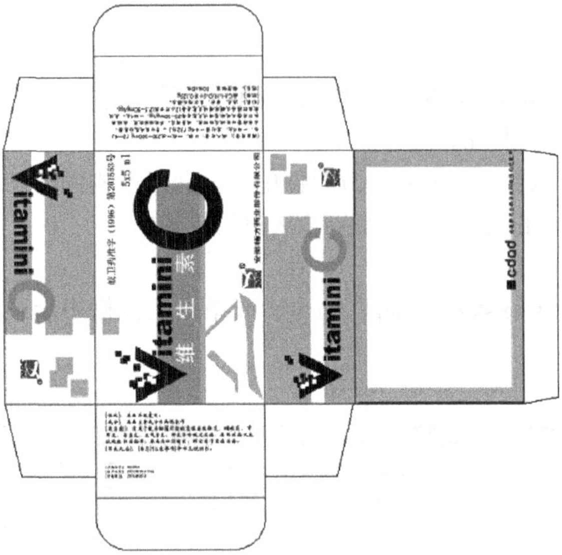

图5-12　套准后的装潢和结构图

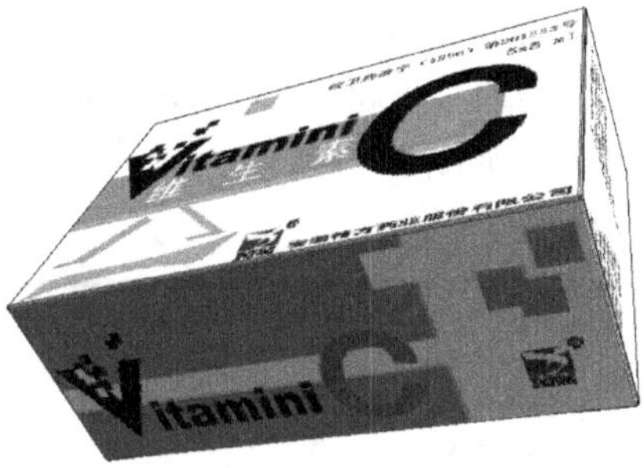

图5-13　立体成型效果图

技能训练

某企业设计一款折叠纸盒，盒盖结构为插卡式，盒底结构为锁底式，盒型设计尺寸为50mm×50mm×137mm，完成结构与装潢双向设计，并能实现在线输出。

情境六
盒型切样输出

知识目标

了解盒型切样机的操作；掌握XL–Guide软件的操作；掌握不同类型盒型打样输出的方法。

能力目标

具备独立操作盒型打样机的能力；具备操作XL–Guide软件工作设置的能力；能完成精确定位及数字盒型打样输出。

情感目标

体会包装盒数字切样的输出过程，掌握从虚拟到真实打样的过渡，以满足结构设计表现的需要。

项目一　操作盒型切割机

盒型结构设计完成以后，需要对盒型打样输出，以检查和改进盒型设计。因此，需要对设计的盒型进行切样输出，常用的设备是盒型切样机，如图6–1所示。下面以Kongsberg XL20盒型切样机为例，要求按规范操作该设备，进行包装盒的切样工作，如图6–2所示。

一、系统组成

盒型切样机系统主要由工作平台、工具头、抽真空系统、切割衬垫、控制电脑和XL–Guide软件以及Light Guard操作员安全防护系统组成。

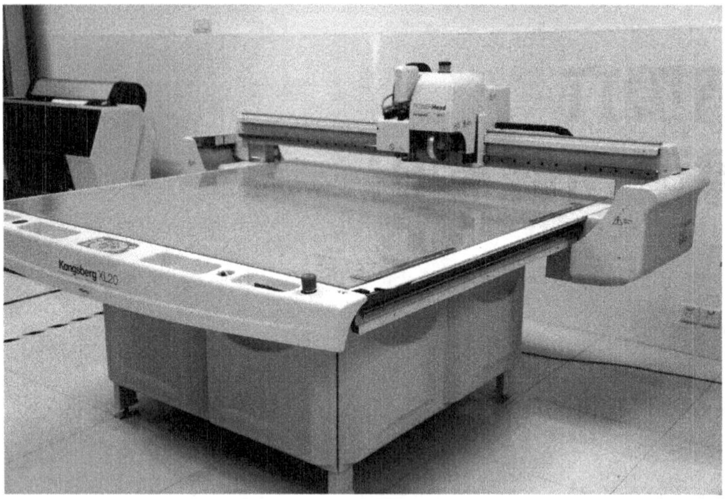

图6-1 盒型切样机

其中Power Head工具头构成部件如图6-3所示，分别安装压痕工具、切割工具和重型压轮工具。在日常操作过程中，需根据切割材料和结构线型的不同，来安装使用不同的工具和刀头。我们可以选用配置不同的刀具，以实现单层纸板，3层、5层、7层瓦楞纸板，Foam发泡材料和不干胶标签等多种包装材料的切割。

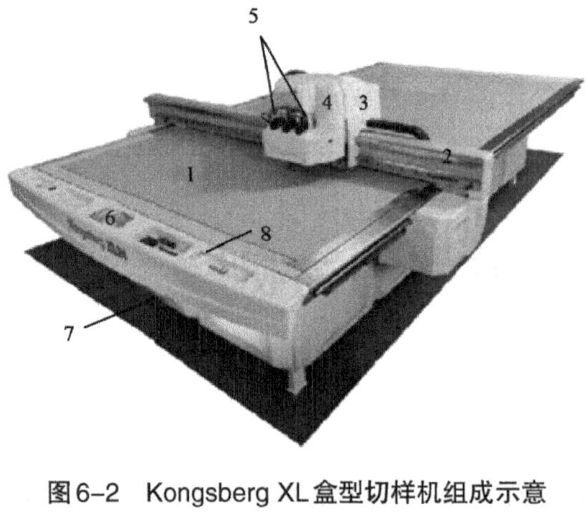

图6-2 Kongsberg XL盒型切样机组成示意

1—切割平台；2—横梁；3—Y轴座架；4—工具头；5—工具；6—操作面板；7—主动力部分（MPU）；8—电源主控开关

图6-3 PowerHead工具头

二、操作面板

在盒型切样机的工作平台上有一个控制面板，如图6-4所示，通过控制面板上的按键，可以直接对设备进行操作。为了熟悉切割机的操作，必须认识和了解每一个按键的功能及使用方法。

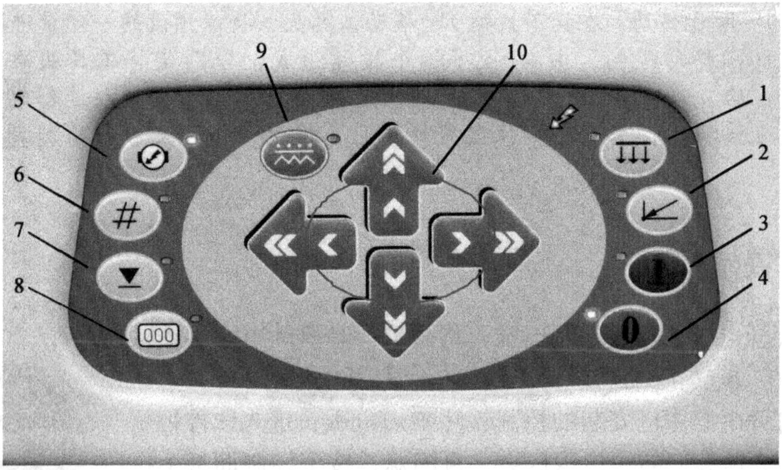

图6–4　操作面板布局示意图

1—真空抽气开/关；2—工作台“0”点；3—开始；4—停止；5—伺服电机开/关；6—释放真空/手动皮带扣操作；7—工具下降/上升；8—初始化及设置参考点；9、10—按键

知识点1

Kongsberg切样机的控制面板布局及功能说明。

按键1：启动抽气，将需切割的纸板或瓦楞纸板紧紧吸附在工作平台上。真空泵压缩抽气可以保证在切割运行过程中，纸板不会发生移动。尤其在需要精确定位的切割时，抽气显得尤为重要。抽气又分手动启动和自动启动。

按键2：回归原点，此按键可以将切割头回归原点位置。此项操作在每次首启机器时是必须进行的，否则将无法进行切割。当然这需要和控制软件XL–Guide结合使用。

按键3：启动工作，当各项设置准备好了，要执行切割流程时，就可以启动这个按键。按键3同时还起到一个作用，就是无论进行哪一项设置，按下按键3即可生效。例如手工设置起始切割位时，需要此功能键启动后才能生效。

按键4：复位和停止，主要功能有两项。一是在操作中，出现报错或有安全防护提示机器停止工作时，可以按下按键4复位，消除报警后重新按下按键3恢复工作；二是机器运行过程中，如果发现纸板幅面小于文件所需尺寸、刀口不锋利等情况，可通过此功能键暂停机器运行，退出工作，重新设置或更换设备后再执行。

按键5：启动电机，只有在伺服电机启动条件下，割样设备才能运行。

按键6：以前是一个留用的扩展按键，现在是释放真空的作用。长按2秒则可激活传送皮带扣的手动操作。

按键7：调节刀头高度时使用，在更换刀具时需要调节刀头的切割深度，使得刀刚好切穿纸板而不伤到下面的衬垫。首先粗调刀的高度，然后按下按键7，刀下到纸板上，按下移动按键来手工移动切割头，使切割头在纸板上进行切割测试。完成之后检查切割是否达到要求，并在控制软件中相应改变刀头的高度。

按键8：一个作用是初始化系统；另一个主要功能是设置参考点，即手动设置起始切割的位置。具体操作需要结合控制软件XL–Guide中设置的系统参考点来进行。

按键9：增量移动，在按下按键9时移动工具头，将以预设的一定量进行移动。

按键10：移动控制，由4个方向8个按键组成，分别是将工具头在桌面平台上进行前、后、左、右的水平移动。其中按键的前端表示的是快速移动，后端表示的是慢速移动，在需手动定位盒型切割时，慢速步进控制按键将起到非常重要的作用。

三、操作步骤

① 打开电源，启动控制电脑；将盒型切割机的电源主控开关由“0”旋转至“1”位置（图6-5），打开电源。

图6-5　电源主控开关

② 打开电脑中已安装的控制软件XL-Guide，进入软件视窗。此时工具头上部的指示灯会一直闪烁，按下控制面板上红色复位键（按键4），进行消除。

③ 按下控制面板上开启电机键（按键5），此时机器已处于预备运行状态。

④ 此时需进行回归原点的操作。按下工作台“0”点键（按键2），并执行控制面板上绿色“开始”键（按键3），此时切割头激光点将移动至工作台左下角的坐标原点。我们通过软件可以知道，此时坐标原点是默认的“0”点位置，其在控制软件中的显示如图6-6所示。

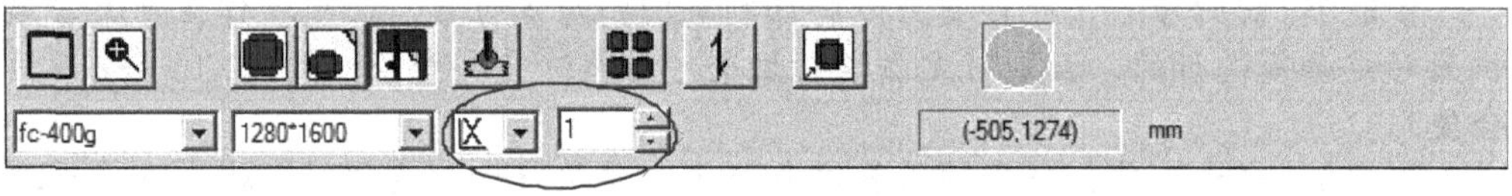

图6-6　回归坐标原点

⑤ 单击移动控制键（按键10），使切割头回到工作台的适当位置，以方便放置好待切割的材料。

⑥ 在XL-guide软件中调入要切割的盒型打样文件。

⑦ 在软件中制定工作设置的各项参数。如图6-7所示的设置，红色表示的是压痕工具，黑色表示的是裁切工具。可以根据不同的颜色进行对应工具的设置，主要是要和盒型打样文件中采用的线条属性相匹配。

⑧ 按下真空抽气键（按键1），打开真空泵压缩抽气，让纸板紧贴于平台。

⑨ 按下控制面板上绿色“开始”键（按键3），开始盒型的打样切割，此时工具头各部件开始执行相应的任务，直到文件全部执行完毕。

⑩ 移出打样盒，输出工作完成，需要按正确的顺序关机。首先关闭控制软件，然后关闭控制面板上电机键（按键5）停止电机运转，然后将电源主控开关从“1”旋转至“0”位，切断电源。最后可关闭控制PC，关机离开。

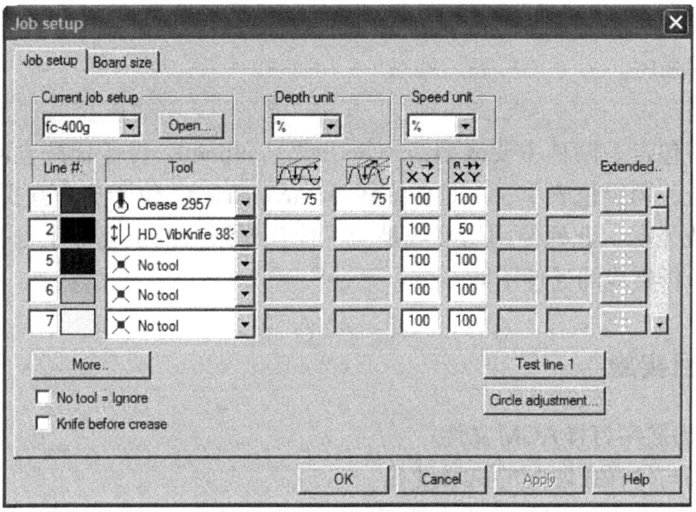

图6–7 工作设置窗口

项目二 数字切样输出

一、项目提出

了解盒型切样机的正确操作方法后，现在我们利用情境三/工作任务布置中要求绘制的9寸外卖比萨盒的结构设计实例，来完成数字打样的输出。

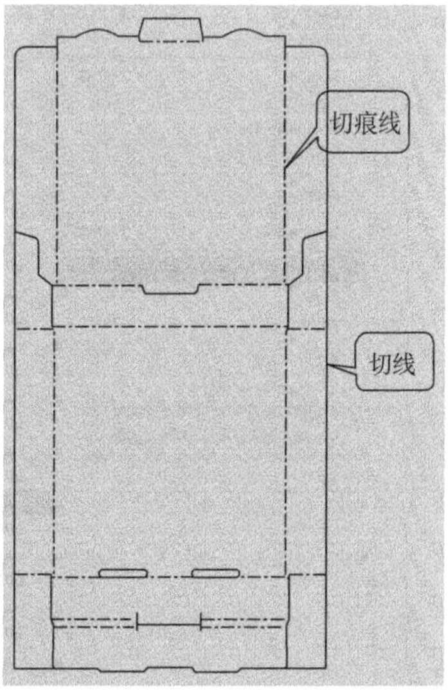

图6–8 比萨盒结构设计图

二、项目分析

切样任务文件中纸板类型与瓦楞楞向信息以及指定使用的线型特征必须准确把握，这是数字切样正确输出的前提和基础。

（1）纸板类型与瓦楞楞向

打开比萨盒结构设计图（图6–8），此比萨盒使用B型瓦楞纸板，设定的瓦楞楞向为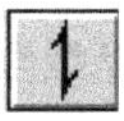，即垂直

于水平方向。因此瓦楞纸板置于工作台面时的楞向必须与此方向一致，否则会影响到打样盒型的强度。

（2）线型

结构图中包含有两种主要线型：一是切线（cutline），位于比萨盒的轮廓裁切线和局部开口处，用黑色表示；二是切痕线（cut&crease），位于比萨盒折痕处，用红、黑间歇交替线表示。此处使用切痕线是为了使瓦楞纸盒的折叠加工更挺括。切痕线输出时与单一折痕线的处理不同。

三、项目实施

（一）输出数字打样ACM文件

（1）选择与打样相匹配的机器设备

如图6-9所示，在文件/输出中选择“Kongsberg XL22-FC”型号，并选择输出类别为“sample cutting and matrix”文件。

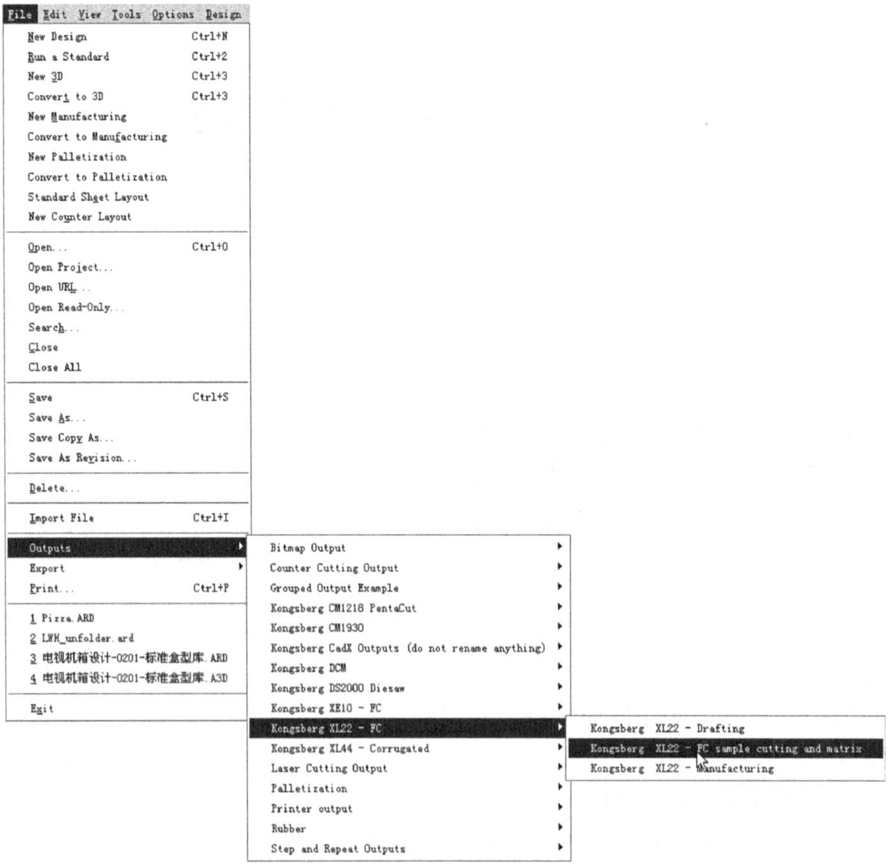

图6-9　选择输出设备型号与输出文件类别

（2）预览打样文件

如图6–10所示，在预览窗口右侧勾选Make Sample选项，并单击下方“Make Sample”按键确定，设置如图6–11所示。

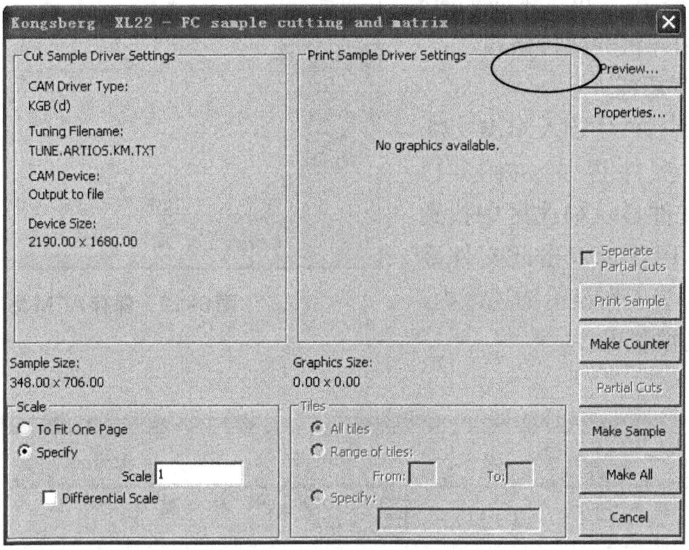

图6–10 输出预览窗设置1

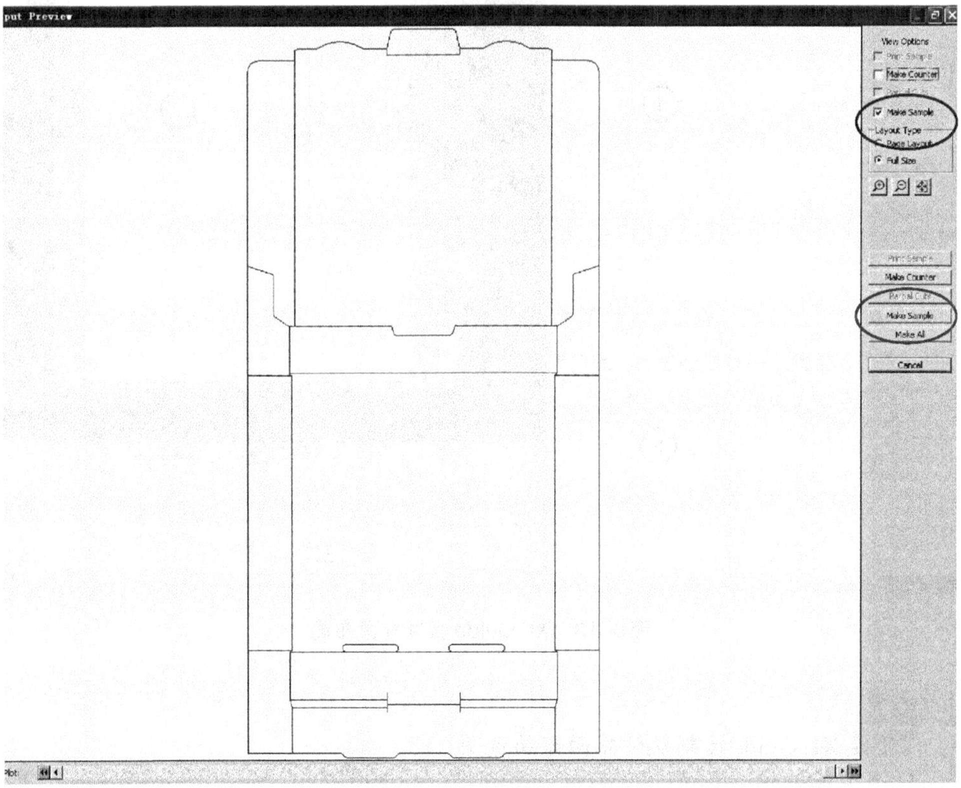

图6–11 输出预览窗设置2

（3）保存得到Pizza.ACM的数字打样文件

如图6-12所示，ACM是Artios CAM的标准格式，也是Kongsberg XL系列数字切样机的通行格式。

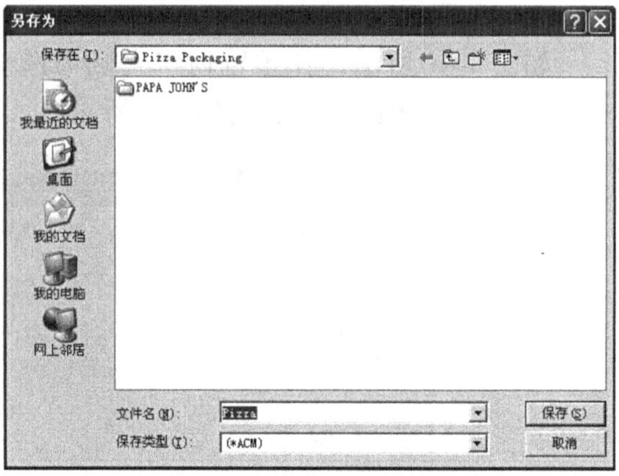

图6-12 保存ACM文件

（二）数字切样

1. 在控制软件中置入ACM文件

XL Guide软件界面如图6-13所示。在④文件显示描述区中找到PIZZA.ACM，用鼠标双击此文件确认；在当前的⑦工作显示描述区内，看到比萨盒已被置入。

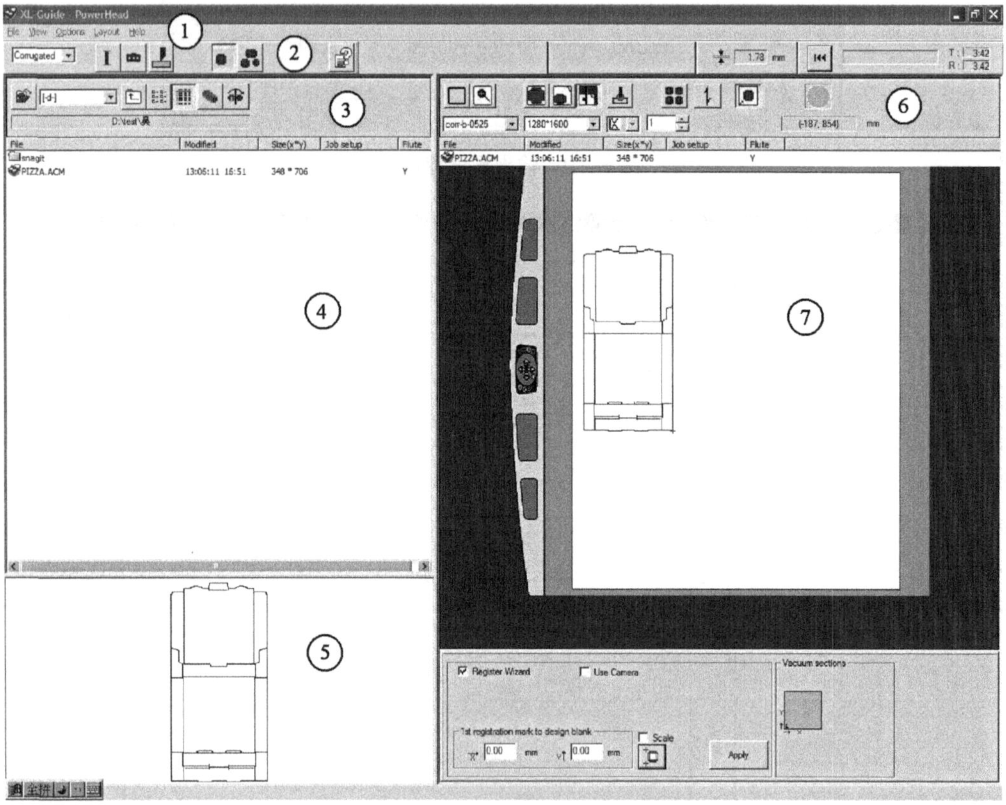

图6-13 XL Guide软件界面布局

知识点2

以下是XL Guide控制软件界面布局说明。

① 为主菜单栏。

② 为主工具栏。

主工具栏上工具主要包括工具配置、工具高度调整、设置单模文件、设置多模文件、帮助等，右侧 0.00 mm 显示工作台面上测量材料的厚度，退回重置工作，以及显示当前工作进度。

③ 为文件查看工具条。

文件查看工具条上图标主要有查找文件的路径、文件的显示方式和打开文件的设置等。

④ 为文件显示描述区。

⑤ 为文件预览区。

⑥ 为工作查看工具条。

工作查看工具条上或表示在全屏与普通查看工作模式之间切换，分别表示3种不同的查看方式：仅查看设计，查看设计和纸板尺寸，查看设计、纸板尺寸及工作平台尺寸。为工作设置图标，是最重要的设置项之一。或表示旋转瓦楞楞向或纸板纹向至垂直或水平方向，此方向依据结构设计要求和打样纸板实际情况来决定。按下适配到页面边界图标，可实现对打印彩稿的适配功能。或显示所有设计在工作范围之内或有部分设计已超出工作范围。

⑦ 为工作视图描述区。

2. 刀头参数设置

打开主菜单栏“选项/工具配置”命令（图6-14），或单击主工具栏工具配置，进入刀头工具的系列参数设置。

（1）识别刀头工具信息

在安装或更换刀头之后，需要先来识别刀头工具信息。如图6-15所示，选择当前刀位，单击右侧“识别工具”按钮，设备获取当前刀位安装的刀头类别分别为1：Crease 2957、2：HD_VibKnife383、3：HD_Crease 0。

（2）调整各刀头参数设置

先选择刀位1，如图6-15所示，单击面板右侧“调整当前工具”按钮，在弹出的面板中，勾选需调整的项目为“工具高度校准”，单击“下一步”确认；设置工具1：Crease 2957的刀头高度为-4.60mm，单击“激活”按钮确认。操作分别如图6-16、图6-17所示。再选择刀位2，设置工具2：HD_VibKnife383的刀头高度为-4.90mm。高度值的校准应依据待切材料测量的厚度和加工要求来调整。

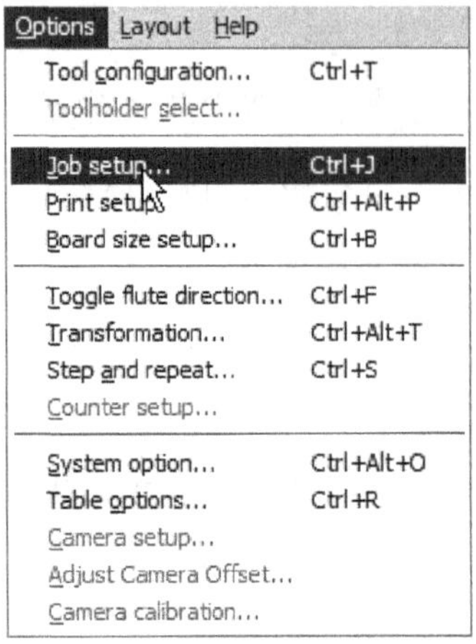

图6–14 选项/工具配置

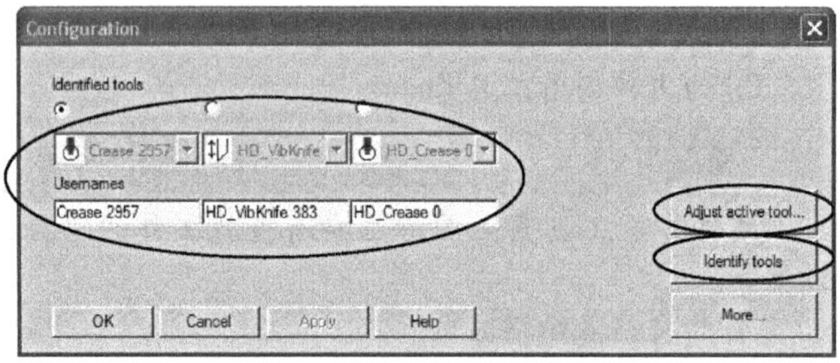

图6–15 刀头工具识别面板

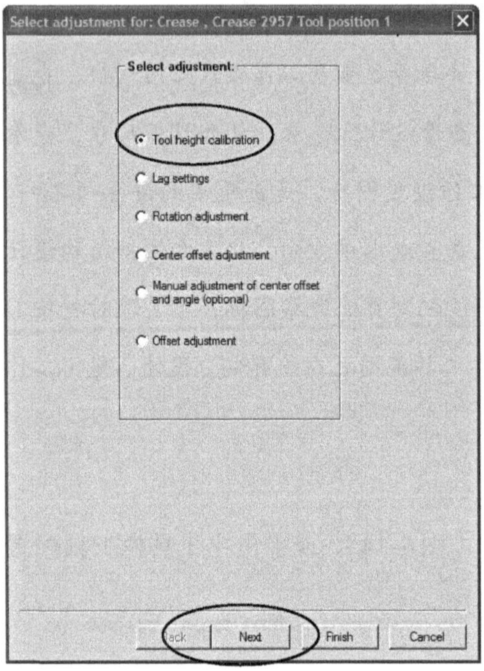

图6–16 工具高度校准1

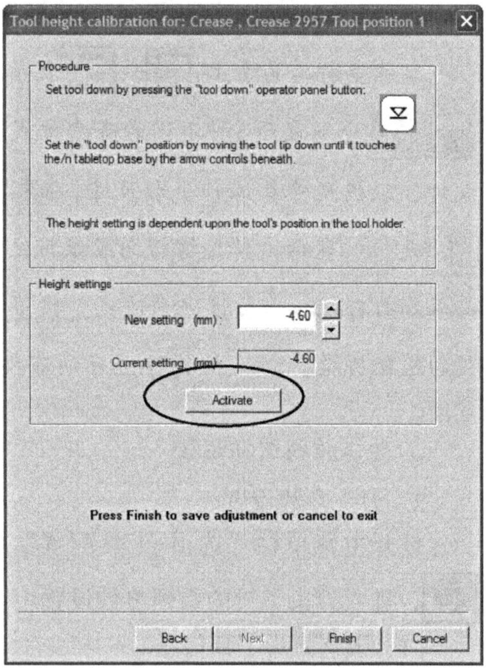

图6–17 工具高度校准2

3. 工作任务参数设置

打开主菜单栏“选项/工具配置/工作设置”命令，或查看软件界面右侧“工作查看工具条”中的，弹出如图6–18所示的“工作设置”面板。

① 依据PIZZA.ACM结构设计图线型特点，在线型标号“1”的工具下拉列表中选择“Crease 2957”，表示与红色线条匹配的工具为压痕刀“Crease 2957”。并设置压痕刀垂直方向和水平方向的压力值分别为90和50，速度和加速率分别为100和80。

在线型标号“2”的工具中选择“HD_VibKnife 383”，表示与黑色线条匹配的工具为高频切割刀“HD_VibKnife 383”。并设置高频切割刀垂直方向和水平方向的压力值分别为100和80，速度和加速率分别为100和40。

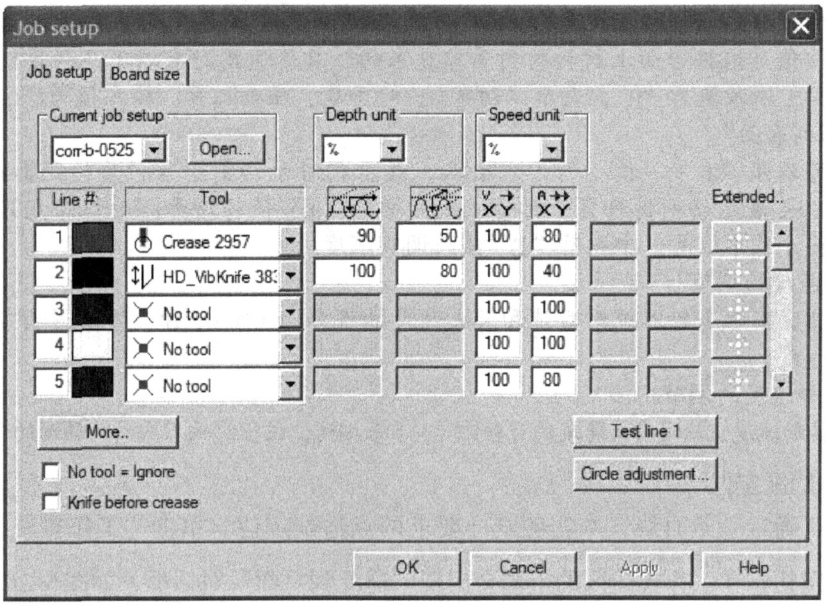

图6-18　工作设置面板

② 依据待切材料的特性，可以将当前的工作设置保存，以方便后面再次使用。如图6-19所示，将工作设置信息保存为.mat格式存在setup文件夹内。

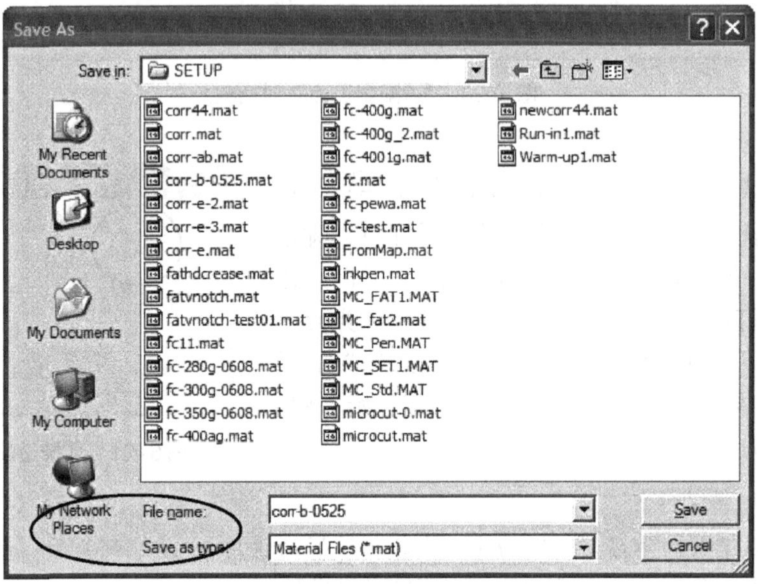

图6-19　保存工作设置

知识点3

工作设置面板相关参数的运用。

① 深度的调节。

刀具深度值的单位有毫米（mm）、英寸（in）或参照材质厚度百分比（%）3种。

对于瓦楞纸板的横向厚度和纵向厚度，这两个值是有区别的。当输入具体深度值时，该值是依据台面上材料的测量厚度来的，具体运用时有以下几种区别：对于切刀工具，输入值为“0”，表示“切穿”；对于笔、压痕工具，输入值为“0”，表示“刚碰触到表面”。

还可以用“T +/−值”的方式输入，表示相对于切割平台衬垫的距离是多少。输入“T0”表示切割材料直至衬垫，正向增加“T”值将增加深度。注意只有在用毫米或英寸作单位时，才能用“T”值来调节深度。

② 速度的调节。

刀具速度也有输入绝对数值和最大速度的百分比（%）2种，该值影响刀头向下移动的速度。

③ 加速度的调节。

刀具加速度值使用最大速度的百分比（%）来描述，该值影响刀头向下移动的加速度。

4. 适配定位

两点确定一条直线，本实例割样要求两点适配定位。单击“工作查看工具条”的按钮，在工作视图区的下部会出现“适配到页面”对话框，如图6-20所示。

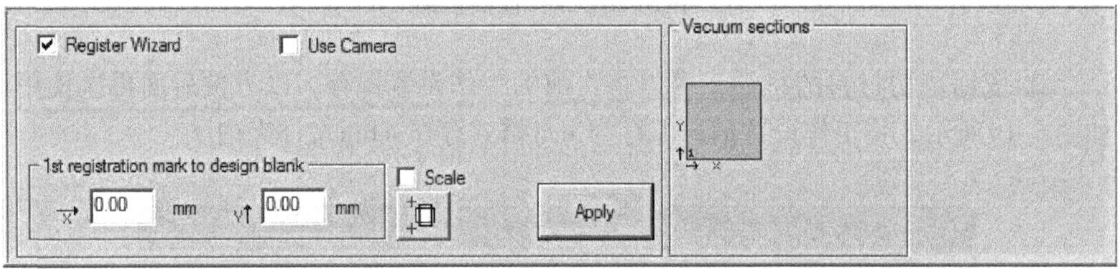

图6-20 “适配到页面”对话框

只勾选“适配向导”项，单击下方适配点布局按钮，如图6-21所示，选择适配点，即沿着平台的y轴方向左下、左上两个点。可以在纸板上预先打印或标记好这两个点，再用激光点来适配。按下控制面板上“开始”键，按照“向导”的提示完成这两点的定位，再按下“开始”键，执行打样命令。

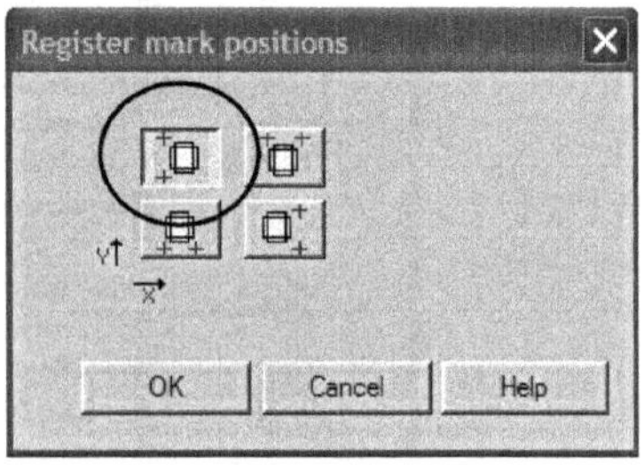

图6-21 选择适配标记点

知识点4

我们来了解和学习“适配向导”中各项设置的运用。“适配到页面”面板上部有两个复选框，分别是“适配向导”和“使用摄像机”。

①“适配向导”和“使用摄像机”均未选，对话框如图6-22所示。

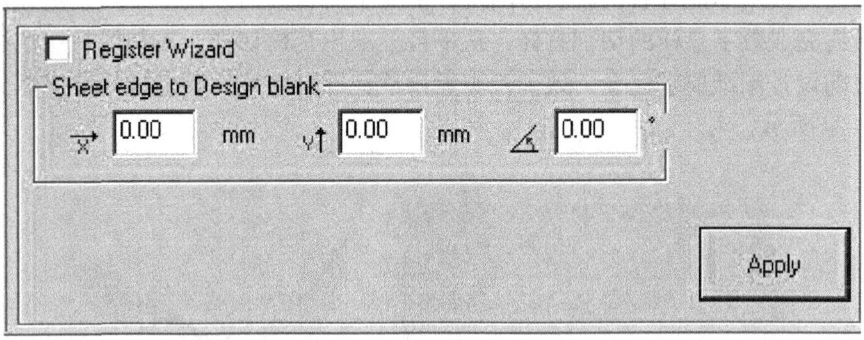

图6-22 “适配向导”对话框

当前工作指定的适配是在页面的左下角，此时使用参考点无效。工作的位置是由页面边界的空白值来决定的，这些值包括x、y方向的偏移量以及旋转的角度。

② 只勾选“适配向导”。

当前工作的位置是由“向导”来决定的。“向导”假设页面上印有两个“十”字线标记。这时，激光点被视为定点装置。

首次按下控制面板上绿色“开始”键，移动机头至第一个十字线附近，弹出如图6-23所示的“向导提示框”。

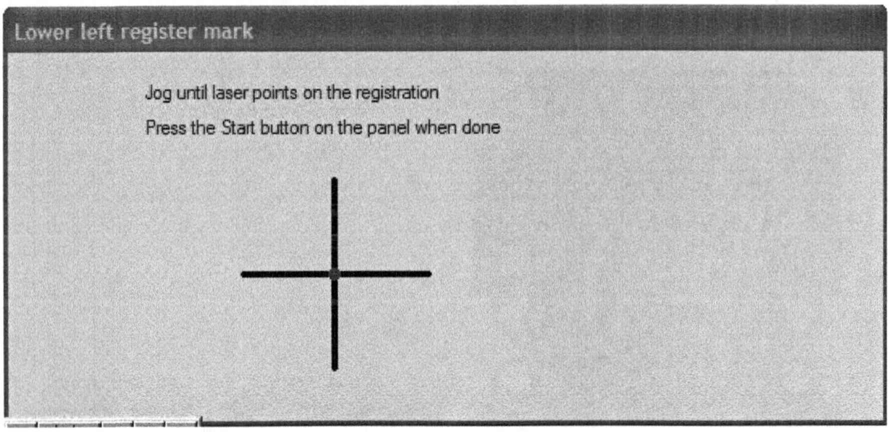

图6-23 “向导提示框”对话框

将激光点缓慢移动，直到对准第一个十字线为止，记录标记所在的准确位置。再次按下“开始”键，移动机器至第二个十字线附近，再次弹出向导对话框，将激光点缓慢移动，直到对准第二个十字线为止，记录标记所在的准确位置。第三次按下“开始”键，启动作业。

③ 同时点选“适配向导”和“使用摄像头”。

这一选项要求割样机带摄像头配置。适配向导将使用一个摄像头来精确查看十字线标记。与②中的操作相同，也需要按照“向导框”的提示来移动机头，进行激光点适配。

5. 切割样与手工成型

如上完成全部设置后，启动切割机，机头工具将按照预设的工具设定和适配位置，最终完成数字盒样的切割打样。从平台上取出瓦楞切样，看切线与切痕线等是否与之前设计图纸要求完全一致。检查无误后，即可将该比萨盒样折叠成型，效果如图6–24所示。

图6–24　比萨盒打样平板及成型样盒

技能训练

某快餐企业要求设计生产加工的汉堡盒，盒型样品如图6–25所示。请用ArtioCAD完成纸盒结构绘制，置入装潢平面图，并完成汉堡盒的彩盒实样输出。

图6–25　汉堡彩盒平面结构及立体实样

情境七 模切版设计

知识目标

了解模切版的功能与作用，了解纸盒与纸箱拼版设计异同点。

能力目标

能够运用软件进行模切版布局设置；能够运用软件进行版面效果安排；能够运用软件进行搭桥设计、补偿压力等。

情感目标

提高学生排版设计综合能力，提高学生的沟通能力。

模切版是模切生产加工中一个重要的部件，模切版的制作效果也会直接影响到产品的模切质量，不同的产品在模切版拼版设计中，由于受到排版方式、桥位设计、模切工艺等原因影响，要进行相应的设计设置。

项目一　单盒型模切版设计——牙膏盒拼版设计

本项目主要以情境二中项目一牙膏盒为典型案例，分析单个纸盒的拼版设计，从而完成单盒的模切版设计。在项目实施过程中，要求学生掌握模切版生产加工工艺流程和参数设置，重点掌握改变布局大小工具、组合排样工具、桥设置工具、平衡钢刀工具、废料分割工具的操作与使用。通过本项目的学习，学生可以独立完成单盒拼版设计和模切版设计工作。

一、项目提出

某包装印刷企业生产加工一批某品牌牙膏产品的纸盒，具体盒型结构参照情境一中项目一中设计要求，尺寸为45mm×35mm×215mm，在完成盒型图、立体成型图等设计后，采用KBA105印刷机和海德堡Dymatrix 105 cs进行生产加工，请绘制用于实际生产的模切版拼版图。

二、项目分析

本任务涉及模切版的设计、制作与生产，在模切版制作过程中，确定其布局大小的因素有很多方面，主要是考虑企业的实际生产条件，也就是分析实际的生产工艺流程和生产条件。从工艺流程中可以了解到，印刷设备和模切设备的尺寸会直接影响印前设计中版面布局的安排。表7–1是某印刷厂相关设备参数的一览表。

表7–1　某印刷厂相关设备参数一览表　　mm×mm

项　目	设备参数	
	最大尺寸	最小尺寸
印刷机KBA105	1050×740	540×360
模切机海德堡Dymatrix 105 cs	1050×740	540×450

根据表7–1中数据，可以选择出此次工作任务中，拼版最大尺寸为1050mm×740mm，最小幅面尺寸为540mm×450mm。

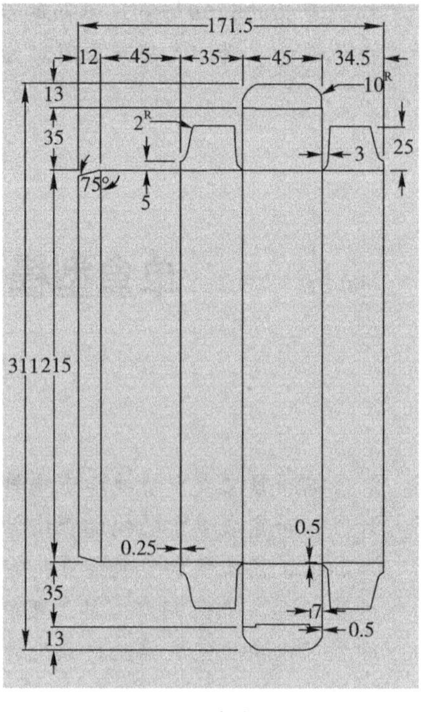

图7–1　牙膏盒结构图

三、项目实施

（一）绘制牙膏盒结构图

根据已知牙膏纸盒尺寸，可直接调用情境二中项目一中保存的结构图；也可以重新利用辅助线工具和几何模型工具绘制出结构示意图；也可以利用盒型库导出插卡式盒型，并进行局部结构调整。然后进行尺寸标注、设计检查等操作，如图7–1所示。

（二）版面布局设计

选择“File”＞“Convert to Manufacturing”命令，弹出如图7–2所示的模切版设定对话框，可以选择参数设定、印刷机、模切机等数据。

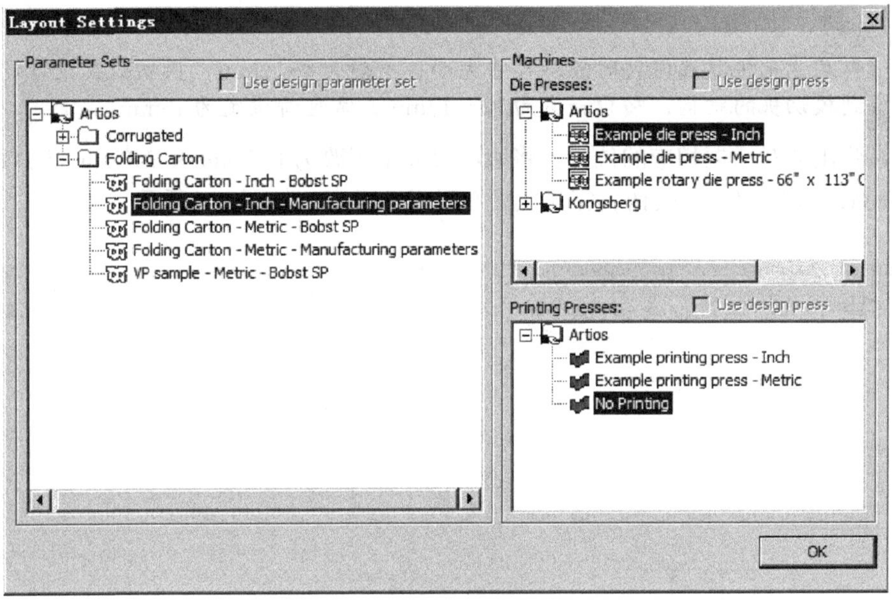

图7-2　模切版设定

按确定后完成设定，模切版基本轮廓图出现，但并不是实际的生产尺寸大小，所以要对其版面尺寸进行调整，选择“Manufacturing” > “Manual Layout” > “Change Sheet Size”命令，或直接单击改变布局大小工具，弹出如图7-3所示的对话框。

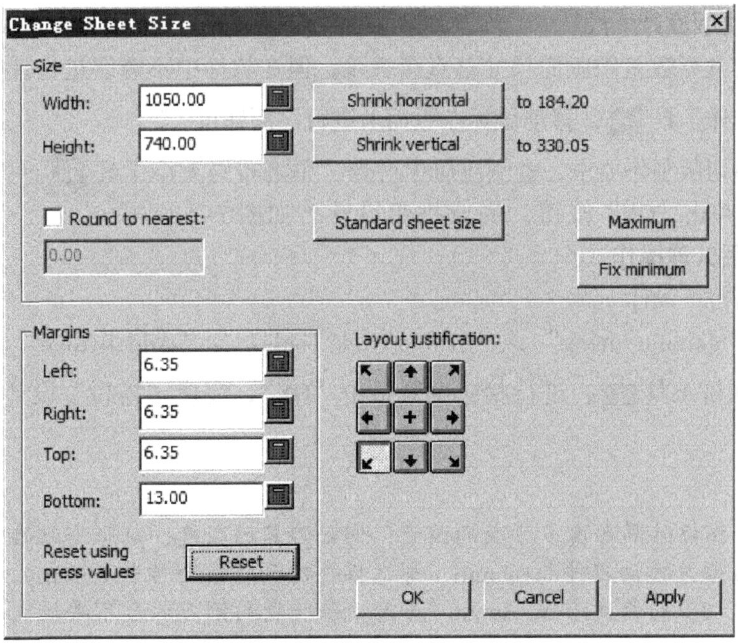

图7-3　版面尺寸和叼口尺寸设定

知识点1

叼口尺寸是机器在运转时咬纸尺寸大小，一般为8~12mm，模切版在设计过程中应考虑到模切机的结构，叼口一般为12～17mm，常见都设定为13mm。

在弹出的对话框相应的位置，将版面尺寸手工改为1050mm×740mm，叼口尺寸为13mm，单击“OK”按钮，完成版面布局尺寸设定，如图7-4所示。

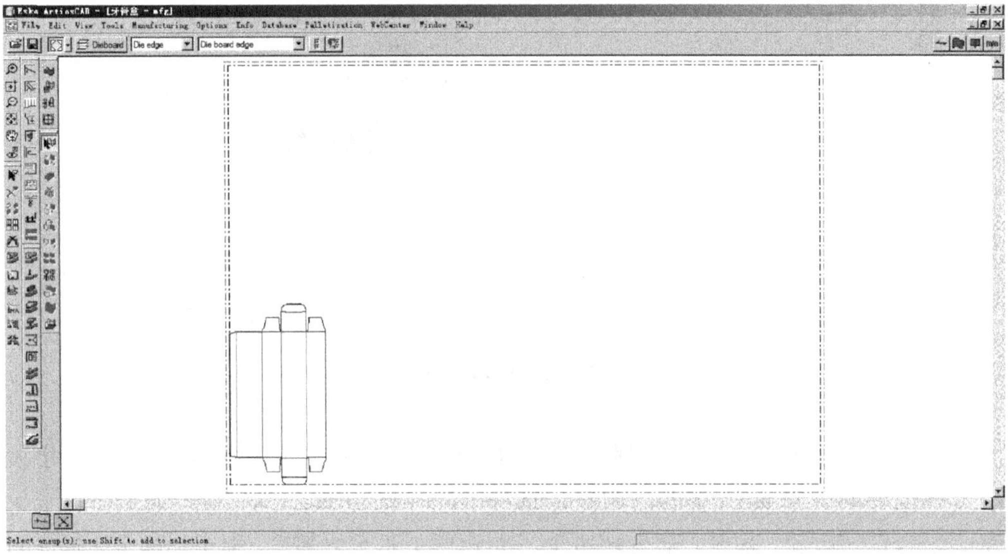

图7-4 完成版面布局设计

（三）拼版设计

拼版的盒型数量跟版面尺寸有直接关系，但在软件中不需要进行计算，只需要单击组合排样工具，移动鼠标在版面上进行绘制即可。

根据模切版制作要求，盒型应居中对齐，单击布局大小工具，选择“前中”对齐方式，单击“OK”按钮，完成拼版设计，如图7-5所示。

（四）后处理操作

1. “搭桥”设计

选择“Manufacturing”>“Bridge/Nick Tools”>“Add Bridge”命令，或直接单击添加桥工具，进行相应设置单击“OK”，完成“搭桥”设计，如图7-6所示。

知识点2

在设计搭桥时要考虑多方面的因素，例如刀具的强度、热胀冷缩性能等，假设由于受热后每片模切刀伸长0.5mm，那么搭桥的两端就会伸长1.0mm，所以制作时就应当将模切刀的长度缩短1.0mm。另外，每一段的钢刀长度不要过大，否则易造成变形等。

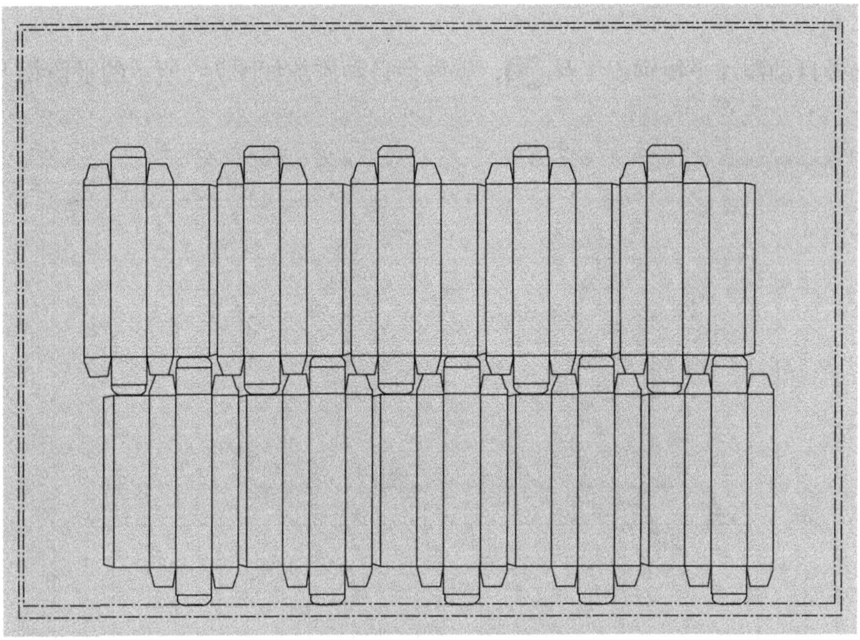

图7–5 拼版设计效果图

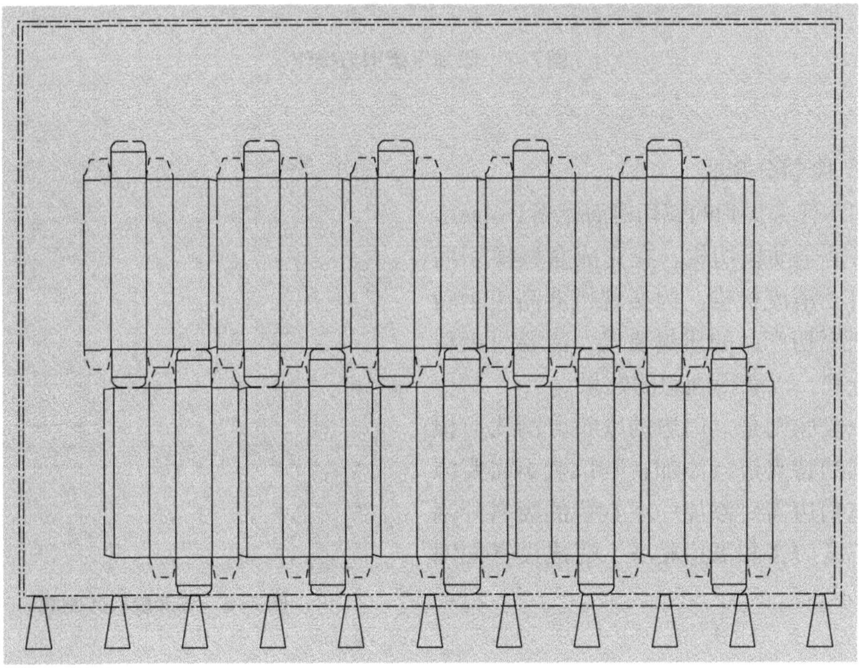

图7–6 搭桥后的效果图

2. 压力补偿

在模切过程中，为保证模切版面所承受压力的均衡性，从而保证模切质量，有时需在模切版的空白处添加一定数量的钢刀，以对版面的模切压力进行补偿。

选择自动添加平衡钢刀工具，软件会自动添加如图7–7所示的平衡钢刀。

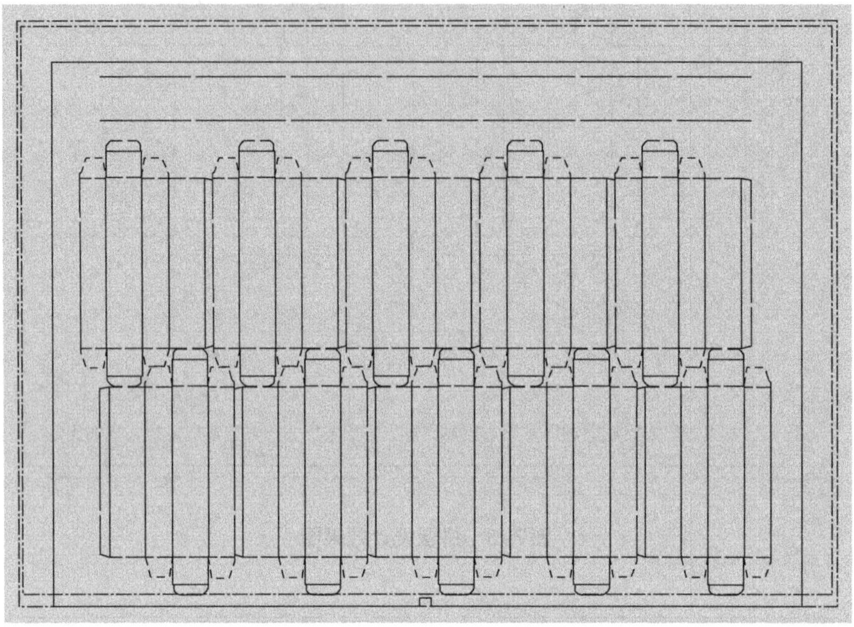

图7–7　添加平衡钢刀操作

3. 废料分割线

在本任务提到的模切机海德堡Dymatrix 105 CS是全动模切机，在完成盒型模切后进入自动清废机构。为实现机器高速运转并达到模切产品的质量要求，需要对废料进行分割，以获得理想的效果。

一般原则是：周边的废料分割线应根据盒型的特点进行添加；叼口边不需要添加；拖梢边需要添加一定数量的废料分割线。长度应当和纸边相齐，完成设置如图7–8所示。

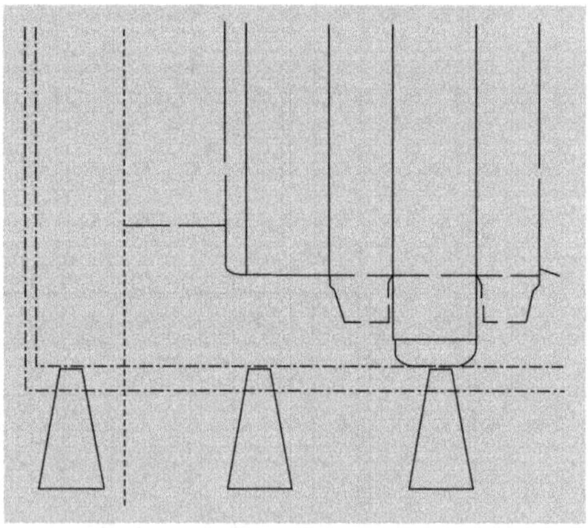

图7–8　添加废料分割线

技能训练

某包装印刷企业生产加工一批药品纸盒，盒型结构可参照情境二项目二的工作任务，采用相关设备生产加工，其中印刷机最大尺寸为1050mm×720mm，最小幅面尺寸为520mm×360mm，模切机最大尺寸为1050mm×720mm，最小幅面尺寸为540mm×450mm，请绘制盒型拼版图及相关操作设计。

项目二 多盒型模切版设计——药品盒组合拼版设计

本项目主要以两种不同规格的药品盒为典型案例，分析多个纸盒的拼版设计，从而完成组合拼版的模切版设计。在项目实施过程中，要求学生掌握模切版生产加工工艺流程和参数设置，重点掌握添加设计工具，智能拼版工具，智能布局参数设置、数量和成本工具，桥设置工具，平衡钢刀工具，废料分割工具的操作与使用。通过本项目的学习，学生可以独立完成多盒样拼版设计和模切版设计工作。

一、项目提出

某包装印刷企业生产加工一批药品盒，共两种类型。一种类型为某公司生产加工，尺寸为54mm×32mm×94mm的药品盒，命名为药盒1；另一种类型为某制药有限公司生产加工，尺寸为74mm×25mm×115mm的药品盒，命名为药盒2。盒型结构均为插入式管式折叠纸盒，生产任务均为10万只。在完成盒型图、立体成型图等设计后，采用KBA105印刷机和海德堡Dymatrix 105 cs进行生产加工，请绘制用于实际生产的模切版拼版图。

二、项目分析

根据项目和工艺流程的要求，对包装印刷企业现有的设备进行分析，确定使用何种设备进行操作，设计好生产流程并达到最佳的控制。设备信息如表7-2所示。

根据表7-2中数据，可以选择出此次工作任务中，拼版最大尺寸为1050mm×740mm，最小幅面尺寸为540mm×450mm。

根据项目内容，可以将两种盒型进行组合拼版，利用软件的智能拼版模块，实现优化方案的选取，进行组合拼版设计。

表7-2 包装印刷企业现有设备情况统计表 mm×mm

项 目	设备参数		确定实际生产尺寸	
	最大尺寸	最小尺寸	最大尺寸	最小尺寸
Trendsetter800 Ⅱ（计算机直接制版设备，简称CTP）	1143×840	304×227		
原材料尺寸	889×1194		1050×740	540×450
印刷机器	1050×740	540×360		
模切机Dymatrix 105 cs	1050×740	540×450		

注：1. 原材料最小尺寸没有具体限制，可以根据要求进行裁切。

2. 选用实际生产尺寸要按照满足所有生产加工设备的基本原则来确定。

三、项目实施

（一）绘制盒结构图

根据已知盒型结构和尺寸，按照情境二项目一中的手工绘制，或参照情境二项目三中的盒型库完成结构的设计，并进行尺寸标注、3D成型等操作，制作结果如图7-9、图7-10所示。

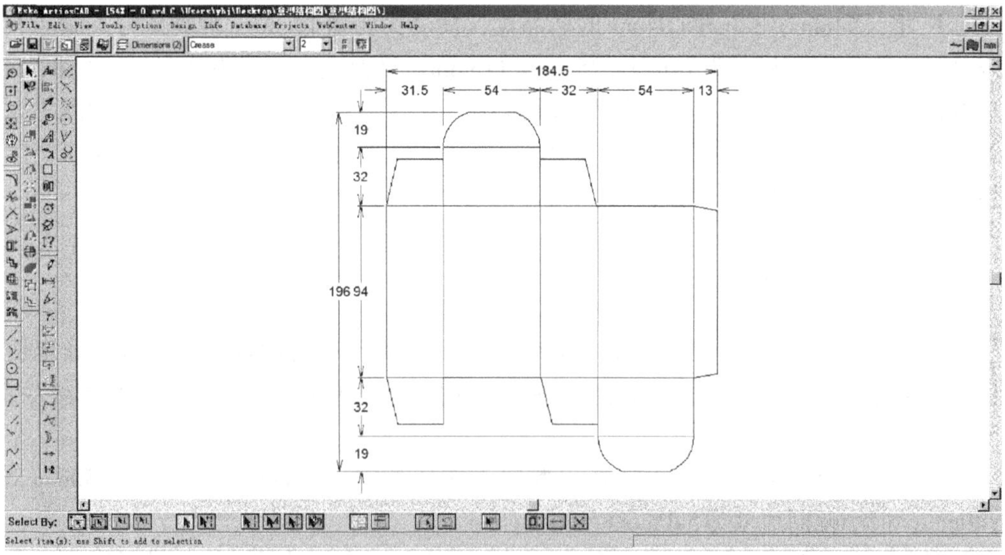

图7-9 药盒1结构效果图

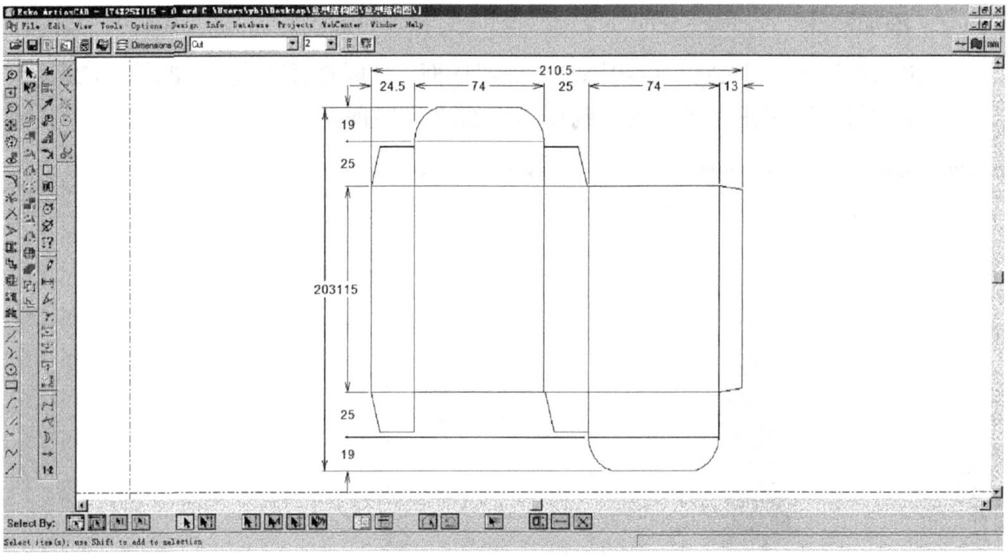

图7-10　药盒2结构效果图

（二）版面布局设计

1. 版面布局设置

选择“File” > “News Manufacturing”命令，选择参数设定、印刷机、模切机等数据。按确定后完成设定，对其版面尺寸进行调整，选择“Manufacturing” > “Manual Layout” > “Change Sheet Size”命令，或直接单击改变布局大小工具，调整布局的大小，按照上述的要求设定布局尺寸为1050mm × 740mm和叼牙位为13mm，单击“OK”按钮，完成布局的设定，绘制结构如图7-11所示。

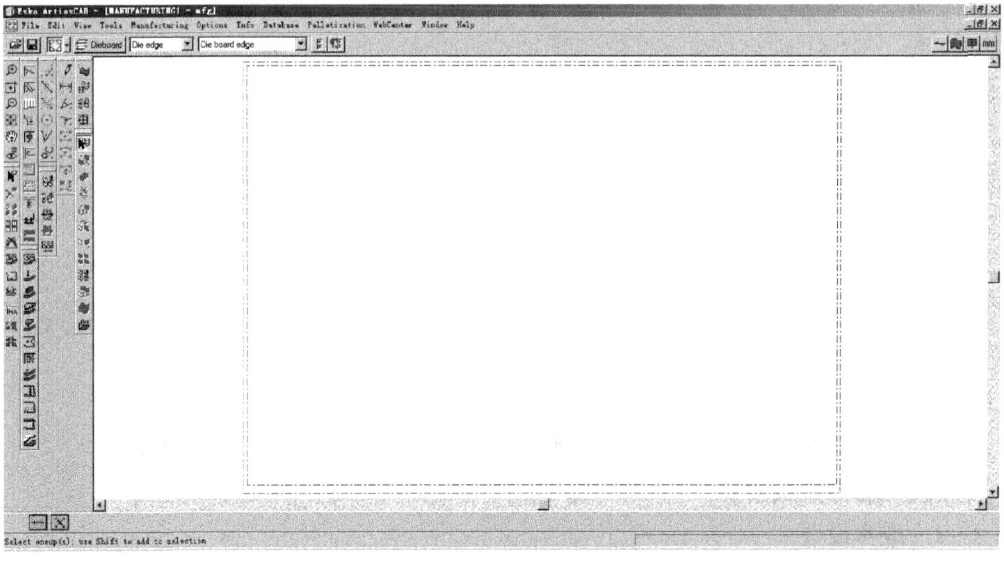

图7-11　完成版面布局设计

2. 添加设计

单击添加设计工具，弹出添加对象对话框，此时选择药盒1，如图7–12所示。单击“打开”按钮完成导入，制作结果如图7–13所示。

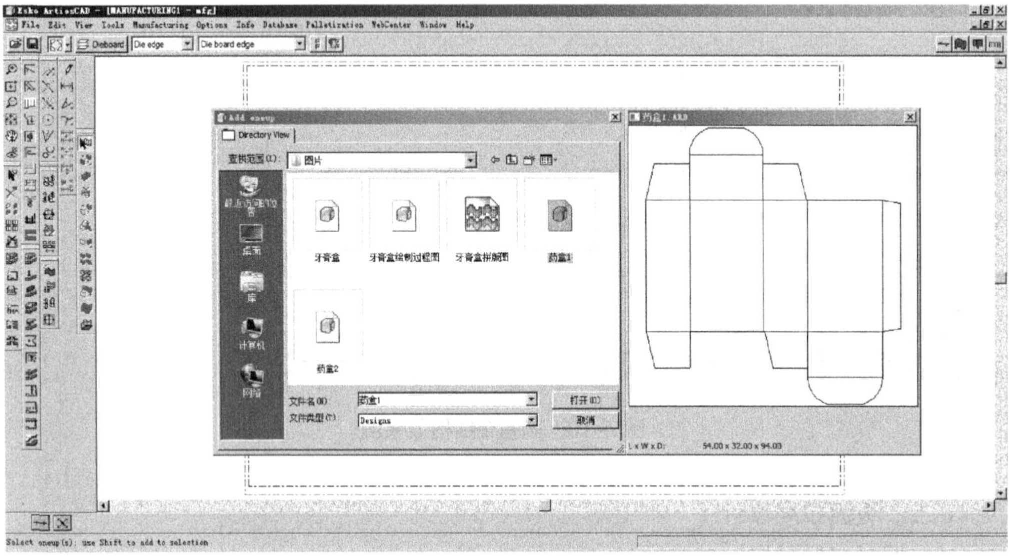

图7–12 添加新设计

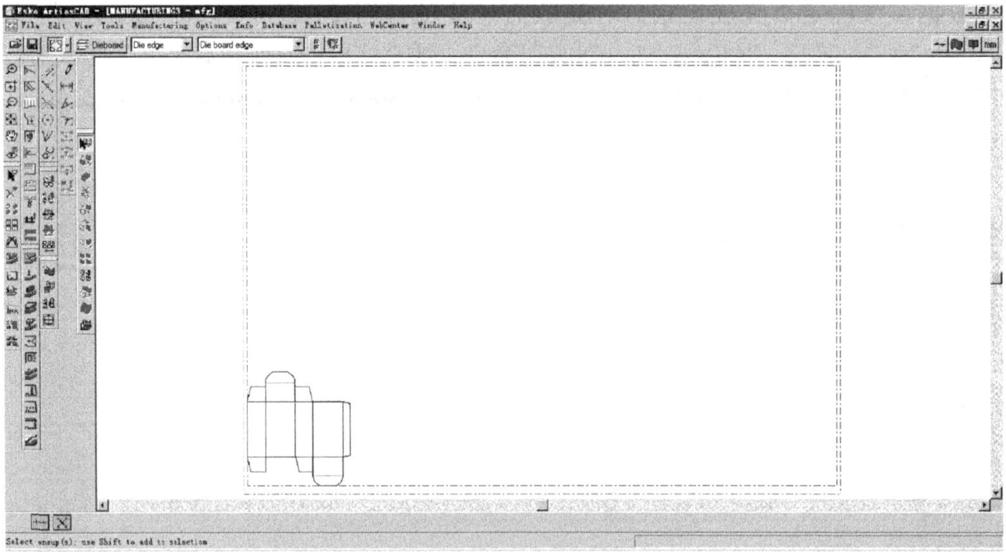

图7–13 完成新设计添加操作

重复上述操作，可以将另一个盒型药盒2添加，绘制结果如图7–14所示。

（三）智能拼版设置

1. 成本设置

选择智能拼版工具，单击智能布局参数，选择纸板/模具成本的标签，如图7–15所示，对纸板的基本信息、价格和模切版的价格进行设置。

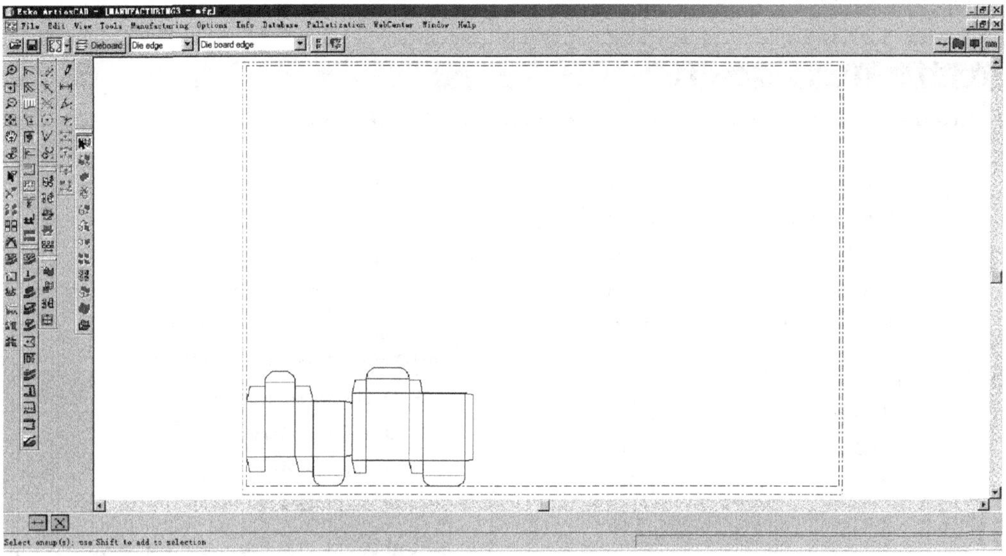

图7–14　两种盒型导入设计图

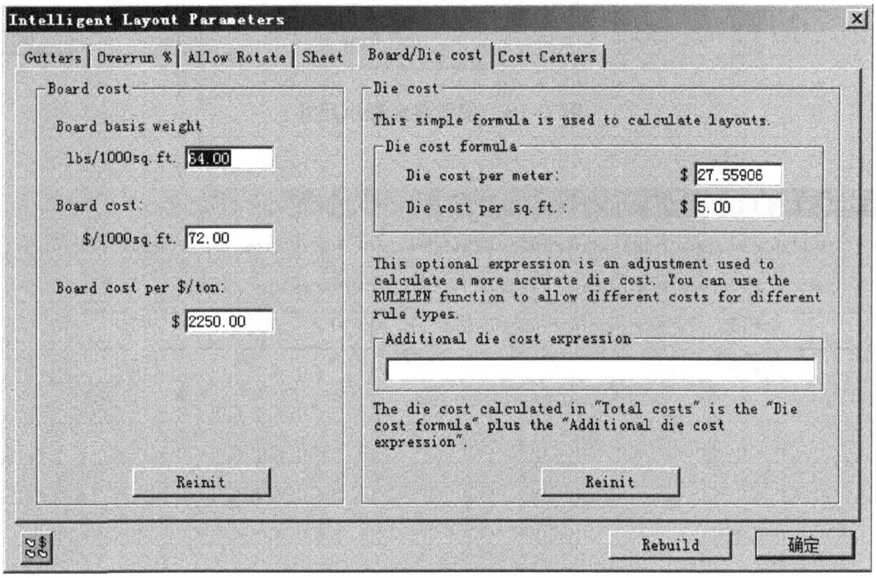

图7–15　纸板/模具成本对话框

2. 幅面设置

单击“纸张”标签，对版面的最大尺寸和最小尺寸进行设置，如图7–16所示，此时最大尺寸设定为1050mm × 740mm，最小尺寸设定为540mm × 450mm。

3. 生产任务量设置

单击智能布局参数对话框左下角的数量和成本工具，弹出如图7–17所示的

对话框，选择“数量”标签，根据以下对话框里所显示，输入生产任务的数量，此时输入数量均为10万。

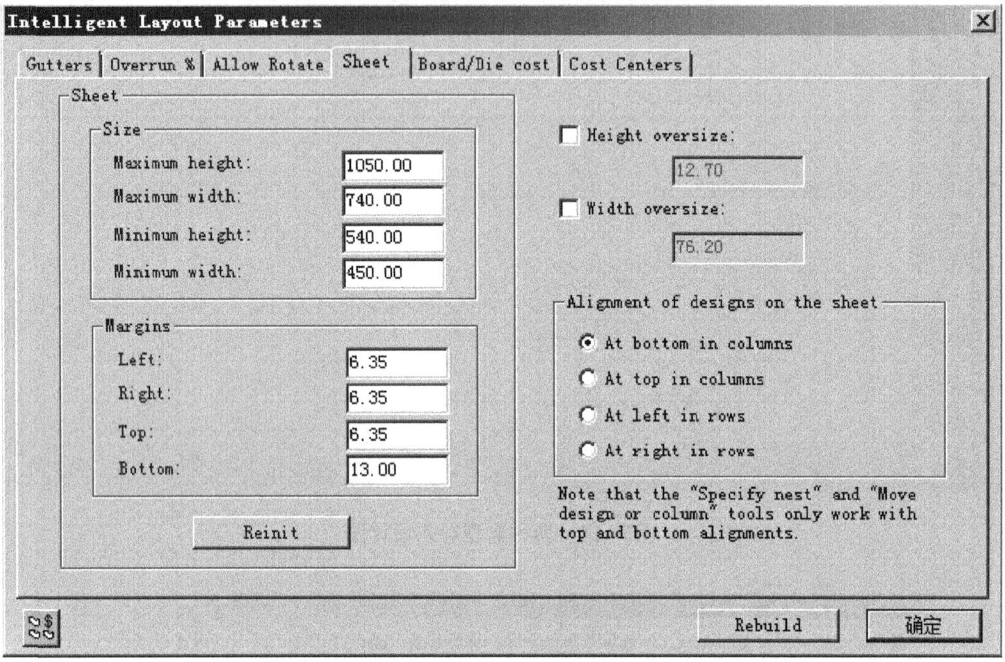

图7–16　设置最大最小尺寸

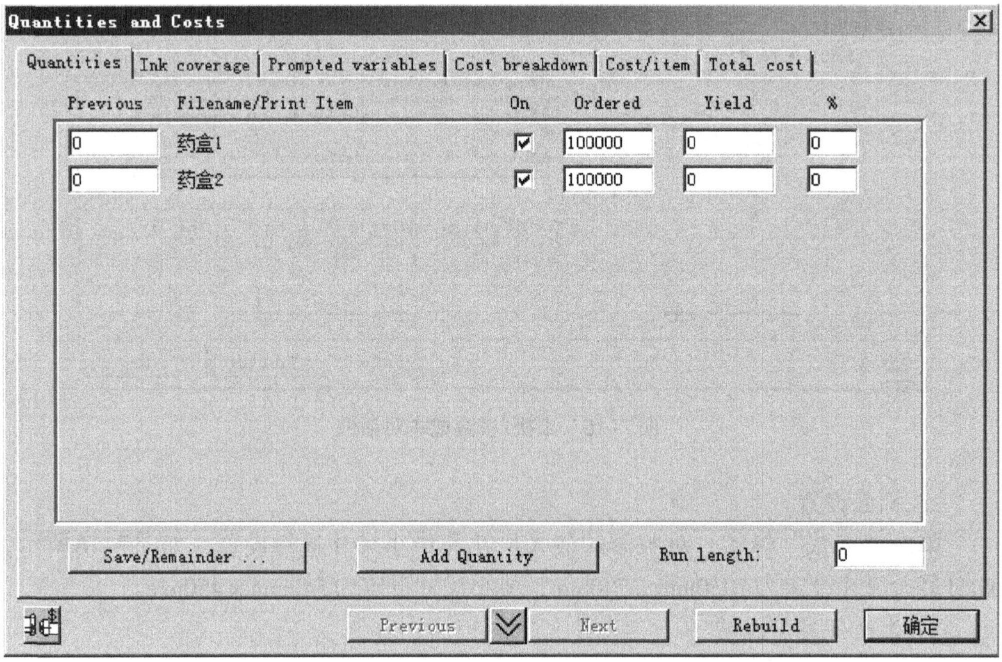

图7–17　输入生产任务量

4. 智能拼版

完成上述及相关参数设置后，单击图7–17对话框上的“Rebuild”重建按钮，系统会自动计算出不同的拼版组合效果图，在图7–18对话框的左下部分，显示出可以组合拼版出10种效果图。

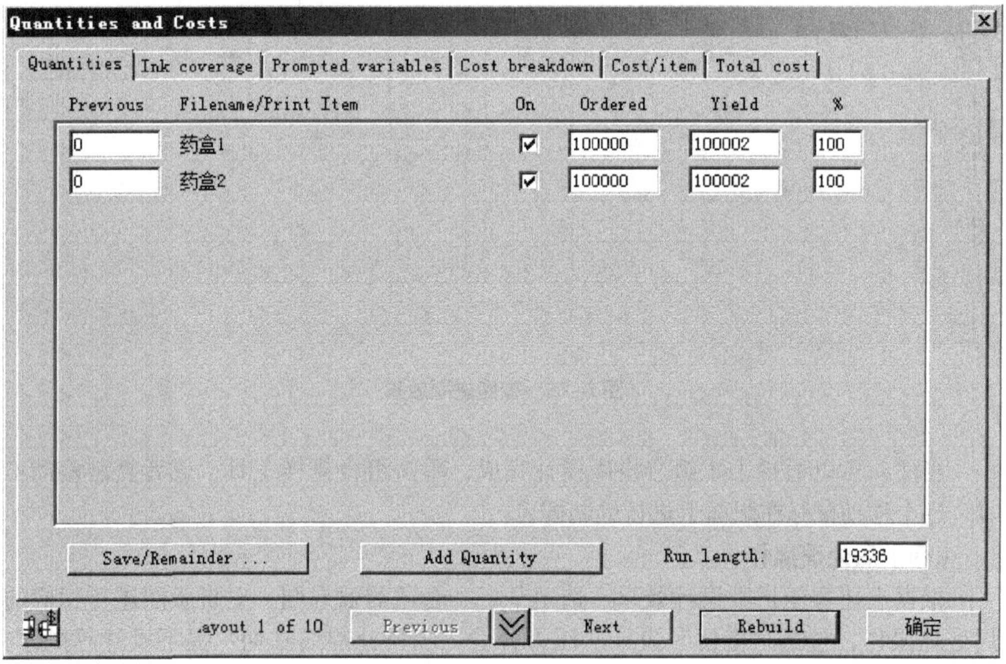

图7–18 组合拼版数量提示框

通过单击“Next”和“Previous”可以阅览这些布局，这些布局是按照承印物成本上升排列的。根据实际需要可以直接选用一种拼版效果图，作为模切版制作的最终拼版图。例如图7–19是其中的一种组合拼版图，相关数据设置后，系统计算出此种排列方式总成本为14945.51元，单个盒子为0.08元。

知识点3

按数量和成本对话框里的总计成本标签，可以查阅生产此次项目成本的构成。总计成本（Total Cost）主要是由总计承印物成本（Total Sheet Costs）和项目成本（Item Costs），其中总计承印物成本是由纸板成本（Board Cost）、油墨成本（Ink Cost）、印刷成本（Printing Cost）、模具成本（Die Cost）和模切成本（Diecutting Cost）构成。本项目数据设置采用默认值，由于其他原因为设置油墨成本，从而总成本价格和实际值有所偏差，但不影响项目实施和设计。

如何确定最佳生产方案，即选择何种方式进行生产加工，涉及因素很多，尤其要结合企业本身的生产实际条件，考虑到包装企业生产加工的连续性特点、客户对产品的要求、企业对生产管理方式等。所以在选择智能拼版效果图时，需要综合考虑。

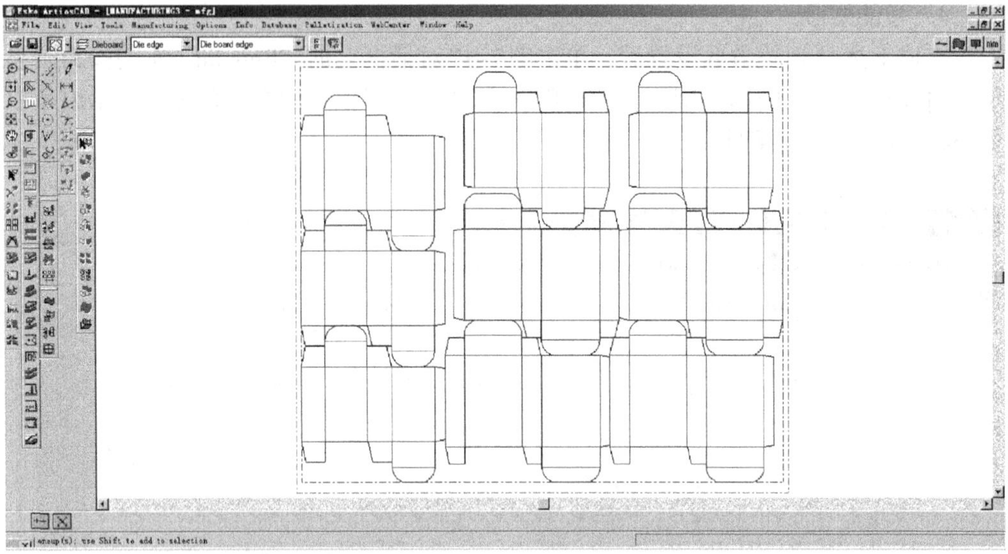

图7–19　智能拼版效果

当然，可以通过手工组合拼版设计完成，单击组合排样工具，或者复制移动工具，逐个移动鼠标在版面上进行绘制即可。

（四）后处理操作

根据上述智能拼版设计效果，选定某一个合适的效果图，对拼版图进行相应的后处理操作，包括“搭桥”设计、压力补偿、废料分割线添加、提手设计等操作，具体操作方法可参考情境七项目一中的操作。

技能训练

某包装印刷企业生产加工一批药品纸盒，盒型结构可参考情境二项目二实例分析和布置的工作任务，完成智能组合拼版设计。相关生产设备可以参考本项目的生产条件，请绘制盒型拼版效果图。

附 录

表1 常见折叠纸盒名称、盒型展开图及立体成型图

序号	名称	盒型展开图	立体成型图
1	插入式管式折叠纸盒	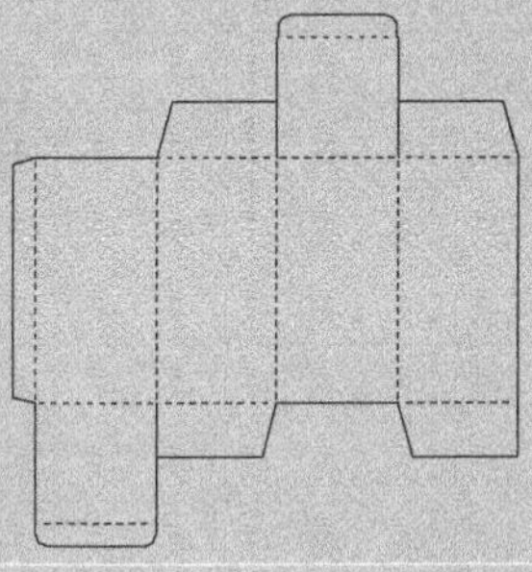	
2	插入锁口式管式折叠纸盒	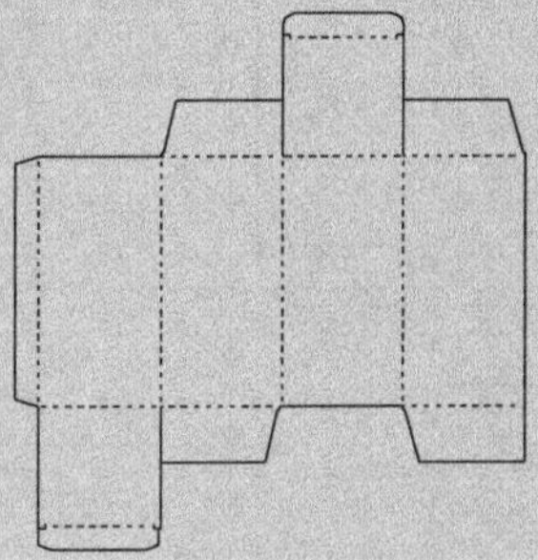	
3	锁底式管式折叠纸盒	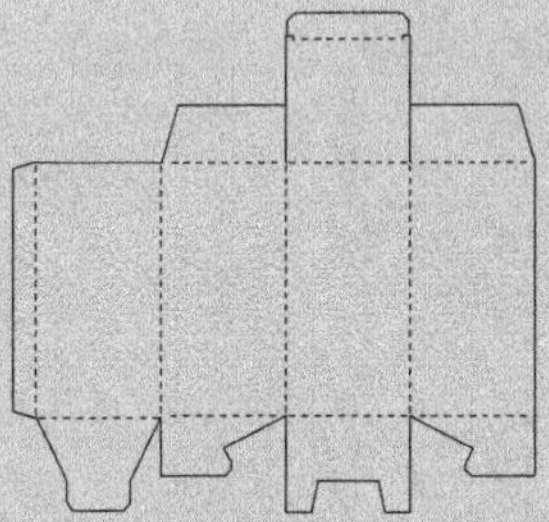	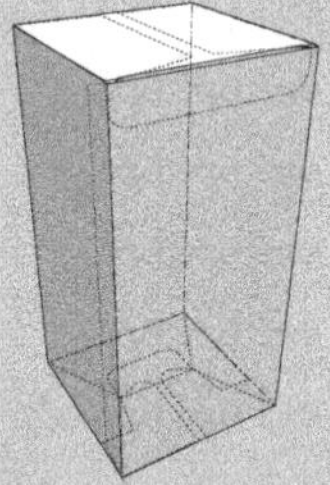
4	自锁底式管式折叠纸盒	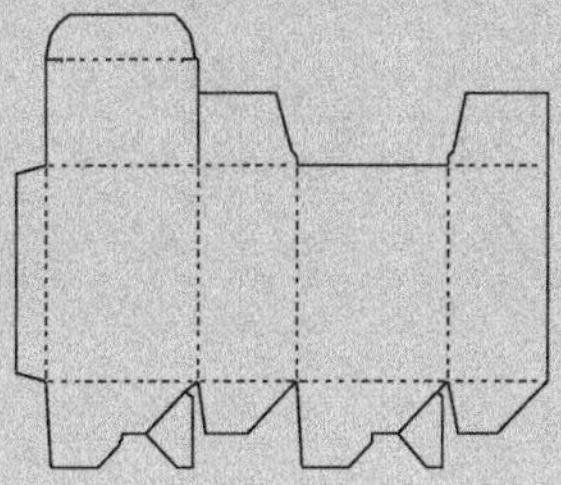	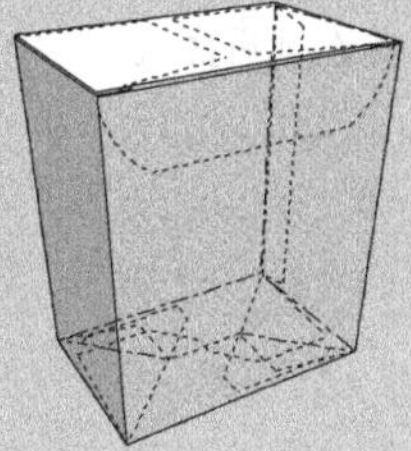

续表

序号	名称	盒型展开图	立体成型图
5	黏合锁底式管式折叠纸盒	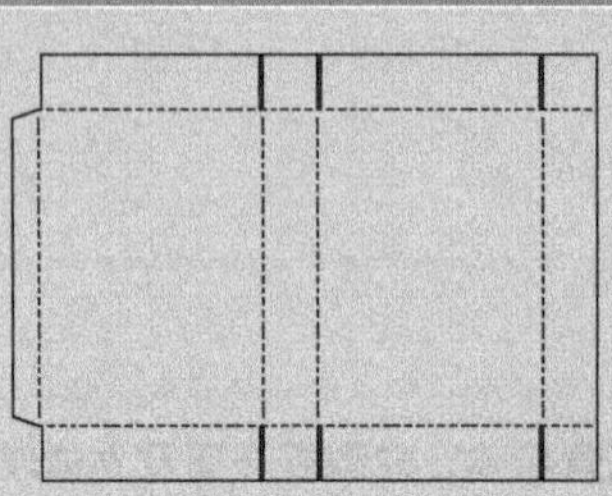	
6	盘式折叠纸盒盒盖	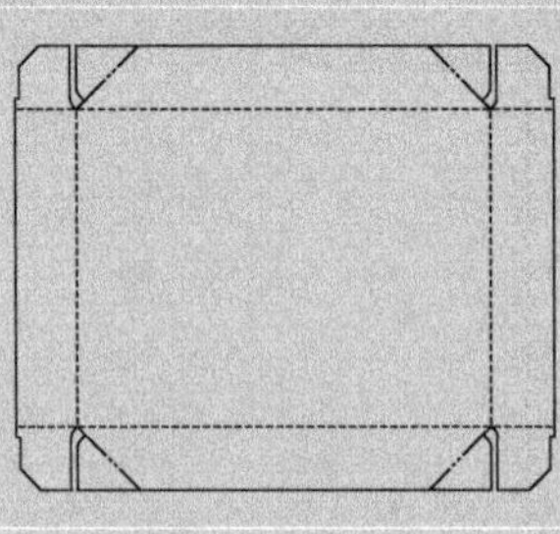	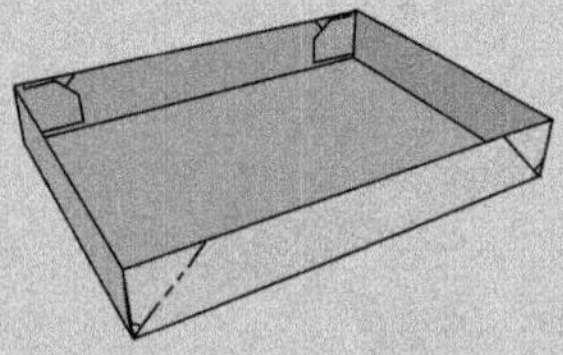
7	盘式折叠纸盒盒底	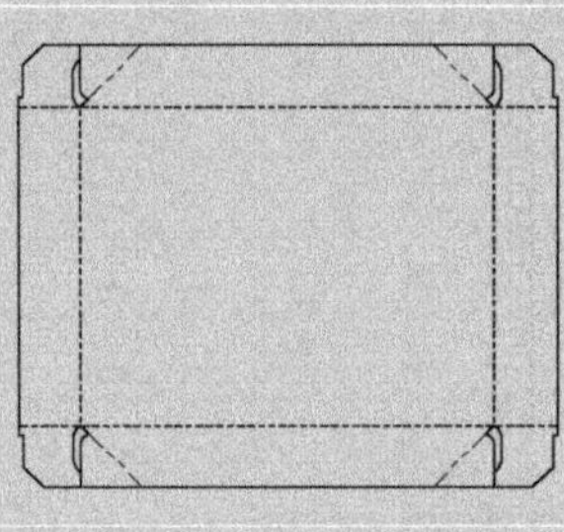	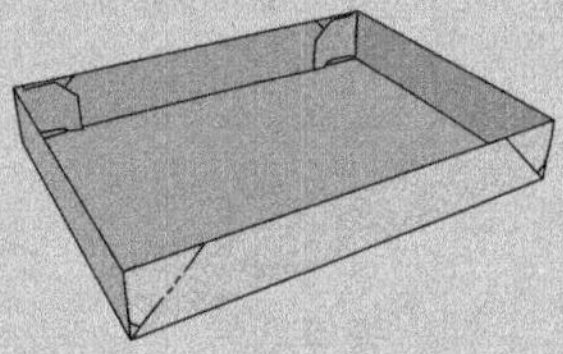
8	盘式折叠纸盒	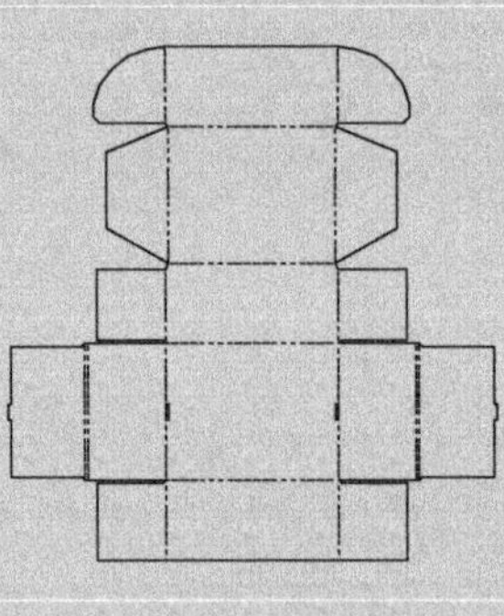	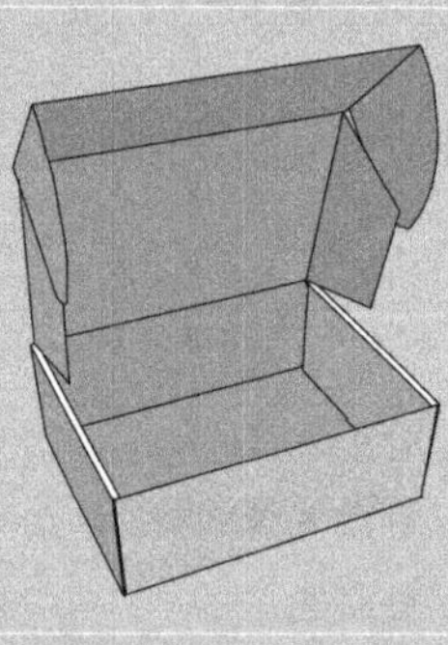
9	正n方棱柱摇翼连续折插式	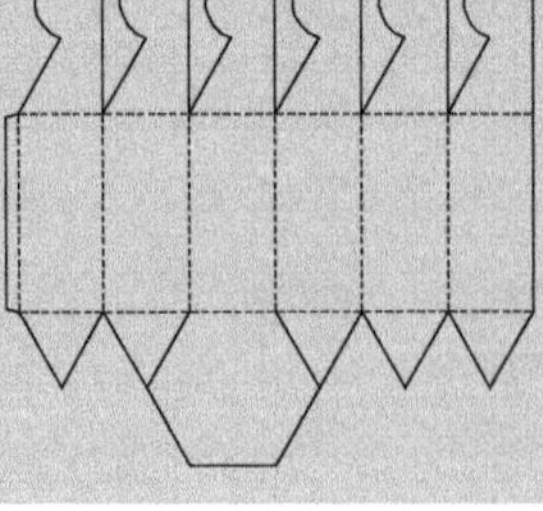	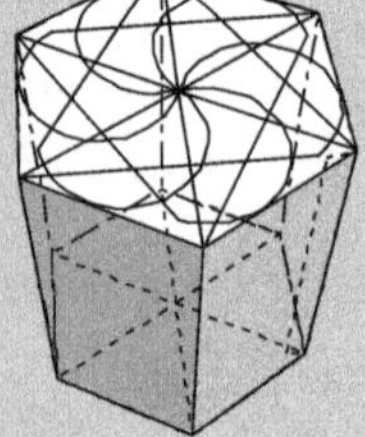

表2 国际箱型标准及省料理想尺寸比例

比例常数	R_L	R_H	L	B	H	S_{min}	A_{min}
箱型编号 0100 组装代码	展开图与立体图	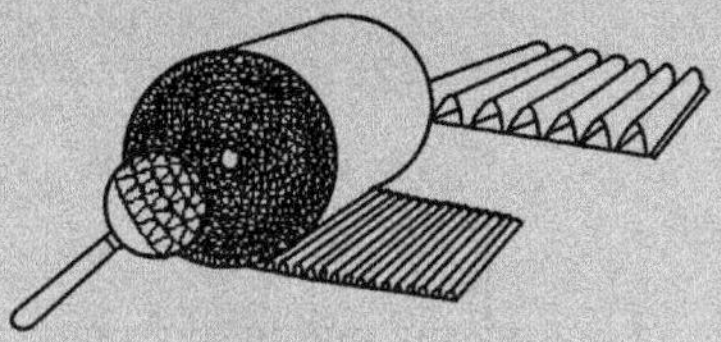					
箱型编号 0110 组装代码	展开图与立体图	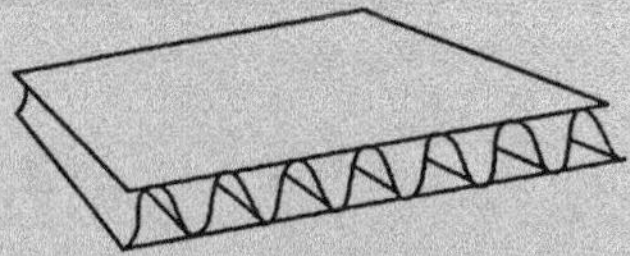					
箱型编号	2	1	$(4V)^{\frac{1}{3}}$	$\frac{1}{2}(4V)^{\frac{1}{3}}$	$\frac{1}{2}(4V)^{\frac{1}{3}}$	$\frac{9}{4}(4V)^{\frac{2}{3}}$	0.79
0200 组装代码 M/A	展开图与立体图	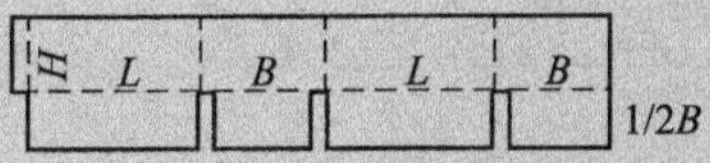			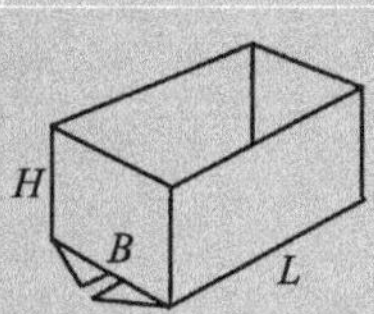		
箱型编号	2	4	$V^{\frac{1}{3}}$	$\frac{1}{2}V^{\frac{1}{3}}$	$2V^{\frac{1}{3}}$	$9V^{\frac{2}{3}}$	1.26
0203 组装代码 M/A	展开图与立体图	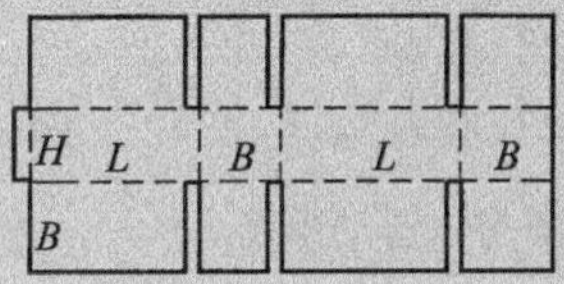			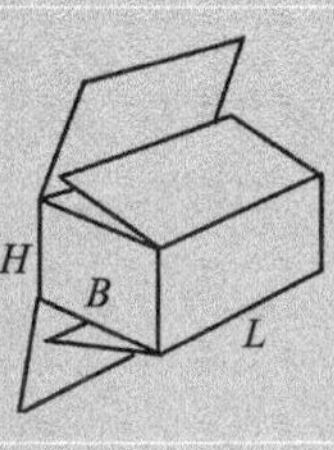		
箱型编号	$\frac{3}{2}$	1	$\left(\frac{9}{4}V\right)^{\frac{1}{3}}$	$\frac{2}{3}\left(\frac{9}{4}V\right)^{\frac{1}{3}}$	$\frac{2}{3}\left(\frac{9}{4}V\right)^{\frac{1}{3}}$	$\frac{20}{3}\left(\frac{9}{4}V\right)^{\frac{2}{3}}$	1.60
0207 组装代码 M	展开图与立体图	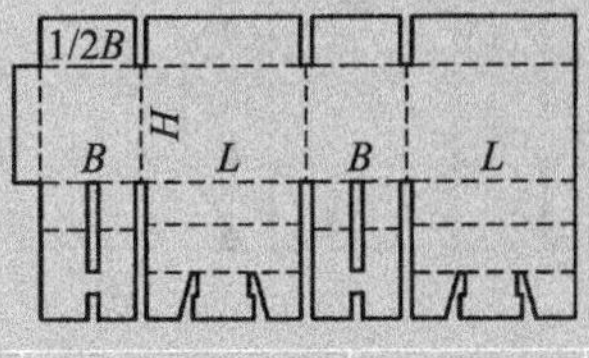			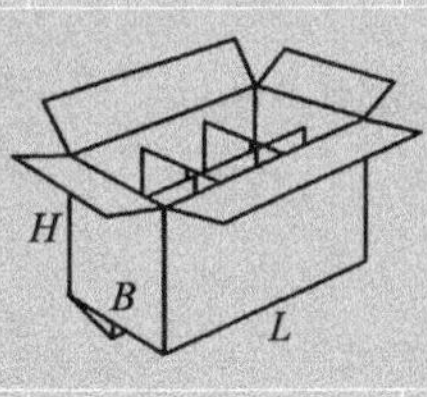		
箱型编号	1	$\frac{5}{6}$	$\left(\frac{5}{6}V\right)^{\frac{1}{3}}$	$\left(\frac{5}{6}V\right)^{\frac{1}{3}}$	$\frac{5}{6}\left(\frac{5}{6}V\right)^{\frac{1}{3}}$	$10\left(\frac{5}{6}V\right)^{\frac{2}{3}}$	1.58
0208 组装代码 M	展开图与立体图	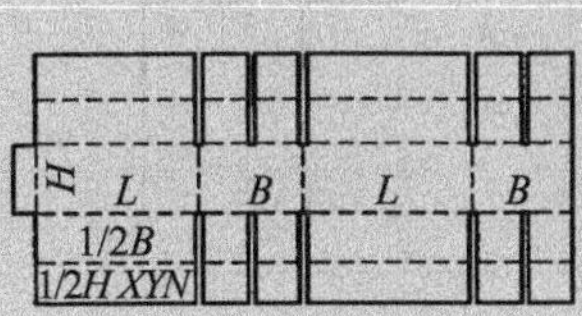			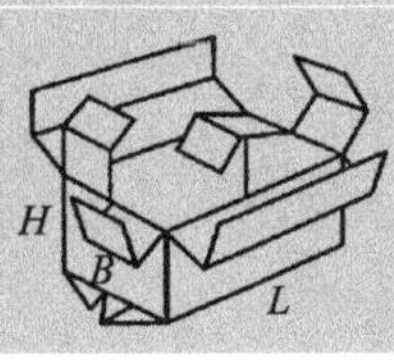		

续表

比例常数	R_L	R_H	L	B	H	S_{min}	A_{min}
箱型编号	2	2	$(2V)^{\frac{1}{3}}$	$\frac{1}{2}(2V)^{\frac{1}{3}}$	$(2V)^{\frac{1}{3}}$	$\frac{9}{2}(2V)^{\frac{2}{3}}$	1.00
0212 组装代码 M/A	展开图与立体图	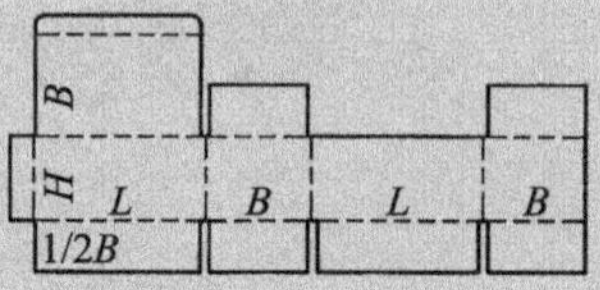 				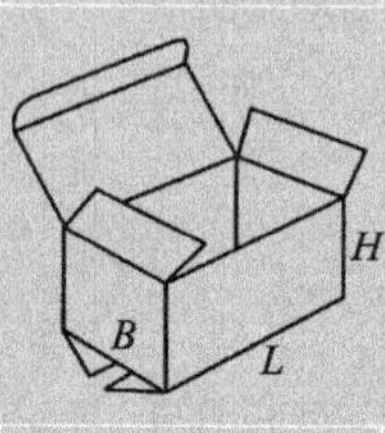 	
箱型编号	2	$\frac{5}{2}$	$\left(\frac{8}{5}V\right)^{\frac{1}{3}}$	$\frac{1}{2}\left(\frac{8}{5}V\right)^{\frac{1}{3}}$	$\frac{5}{4}\left(\frac{8}{5}V\right)^{\frac{1}{3}}$	$\frac{45}{8}\left(\frac{8}{5}V\right)^{\frac{2}{3}}$	1.08
0215 组装代码 M	展开图与立体图	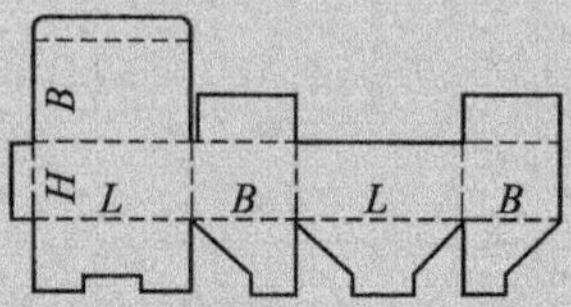 				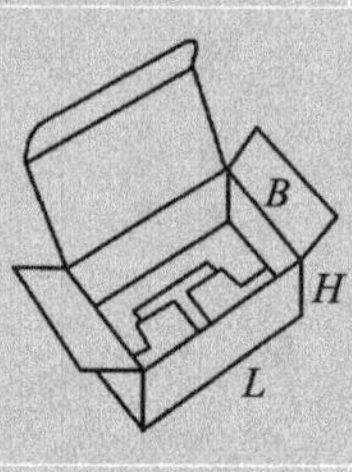 	
箱型编号	2	$\frac{5}{2}$	$\left(\frac{8}{5}V\right)^{\frac{1}{3}}$	$\frac{1}{2}\left(\frac{8}{5}V\right)^{\frac{1}{3}}$	$\frac{5}{4}\left(\frac{8}{5}V\right)^{\frac{1}{3}}$	$\frac{45}{8}\left(\frac{8}{5}V\right)^{\frac{2}{3}}$	1.08
0216 组装代码 M	展开图与立体图	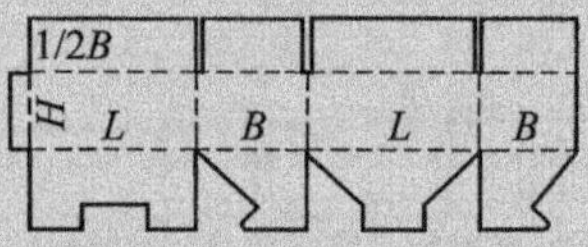 注：上盖可以自动组装				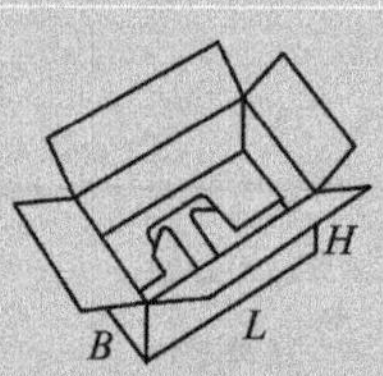 	
箱型编号	2	$\frac{7}{2}$	$\left(\frac{8}{7}V\right)^{\frac{1}{3}}$	$\frac{1}{2}\left(\frac{8}{7}V\right)^{\frac{1}{3}}$	$\frac{7}{4}\left(\frac{8}{7}V\right)^{\frac{1}{3}}$	$\frac{63}{8}\left(\frac{8}{7}V\right)^{\frac{2}{3}}$	1.21
0217 组装代码 M	展开图与立体图	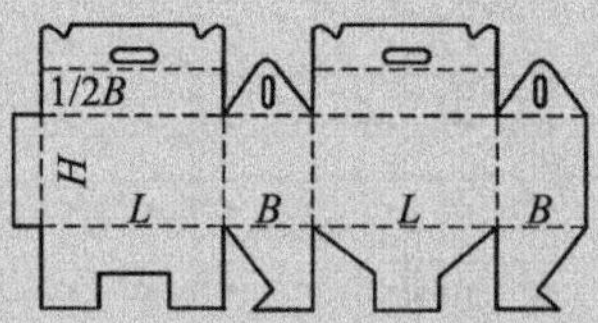 				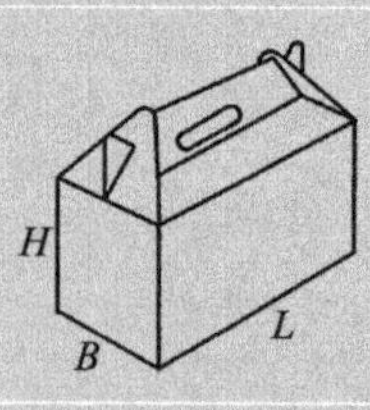 	
箱型编号	2	4	$V^{\frac{1}{3}}$	$\frac{1}{2}V^{\frac{1}{3}}$	$2V^{\frac{1}{3}}$	$9V^{\frac{1}{3}}$	1.26
0218 组装代码 M	展开图与立体图	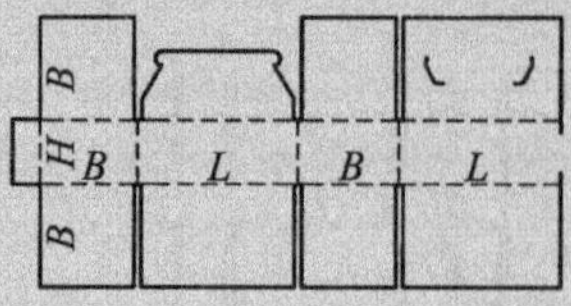 				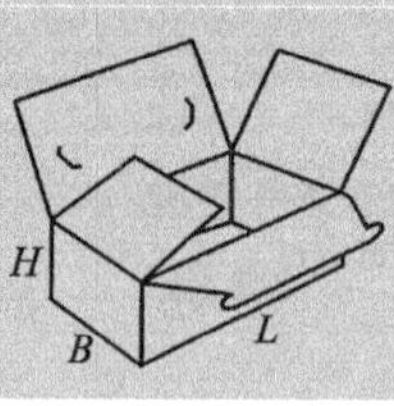 	

续表

比例常数	R_L	R_H	L	B	H	S_{min}	A_{min}
箱型编号	2	3	$\left(\frac{4}{3}V\right)^{\frac{1}{3}}$	$\frac{1}{2}\left(\frac{4}{3}V\right)^{\frac{1}{3}}$	$\frac{3}{2}\left(\frac{4}{3}V\right)^{\frac{1}{3}}$	$\frac{27}{4}\left(\frac{4}{3}V\right)^{\frac{2}{3}}$	1.14
0225 组装代码 M	展开图与立体图	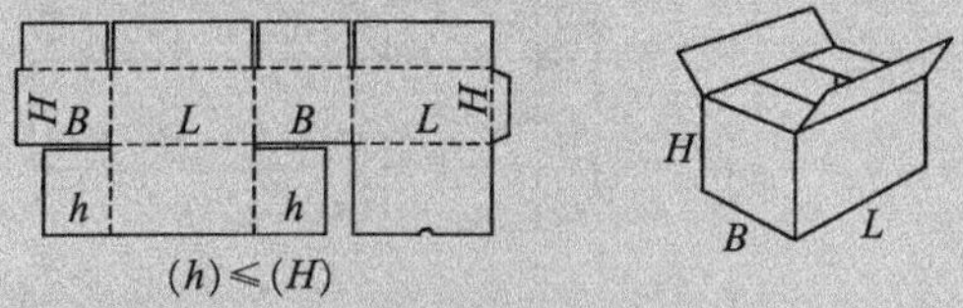					
箱型编号	2	2	$(2V)^{\frac{1}{3}}$	$\frac{1}{2}(2V)^{\frac{1}{3}}$	$(2V)^{\frac{1}{3}}$	$\frac{9}{2}(2V)^{\frac{2}{3}}$	1.00
0226 组装代码 M	展开图与立体图	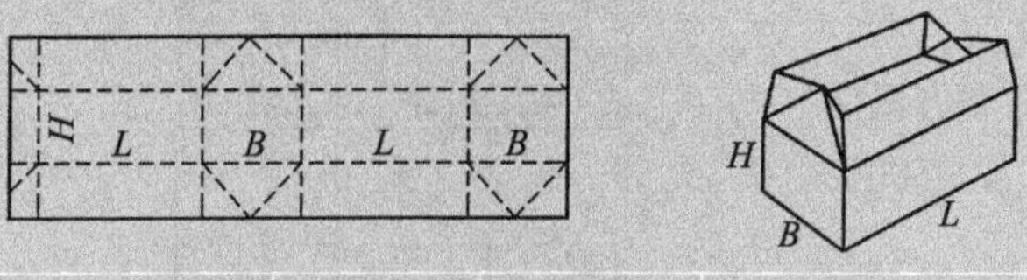					
箱型编号	2	4	$V^{\frac{1}{3}}$	$\frac{1}{2}V^{\frac{1}{3}}$	$2V^{\frac{1}{3}}$	$9V^{\frac{2}{3}}$	1.26
0227 组装代码 M	展开图与立体图	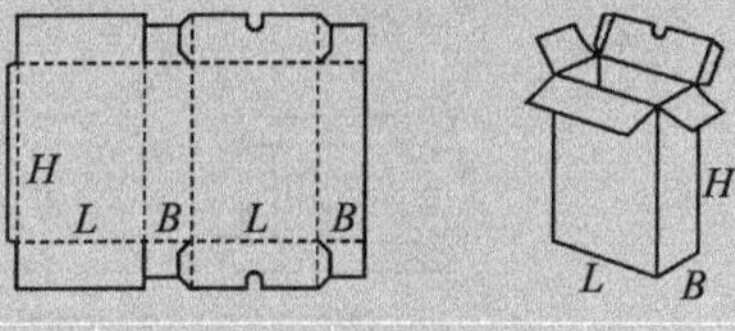					
箱型编号	$\frac{2a}{3}$	$\frac{4a}{9}$	$(aV)^{\frac{1}{3}}$	$\frac{3}{2a}(aV)^{\frac{1}{3}}$	$\frac{2}{3}(aV)^{\frac{1}{3}}$	$\frac{1}{6a^2}(8a^2+36a+27)(aV)^{\frac{2}{3}}$	1.10
0228 组装代码 M/A	展开图与立体图	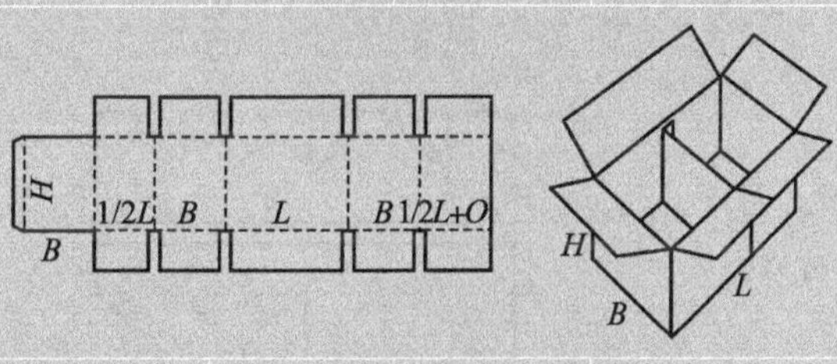					
箱型编号	1	$\frac{1}{4}$	$(4V)^{\frac{1}{3}}$	$(4V)^{\frac{1}{3}}$	$\frac{1}{4}(4V)^{\frac{1}{3}}$	$\frac{9}{2}(4V)^{\frac{2}{3}}$	1.59
0300 组装代码 M/A	展开图与立体图	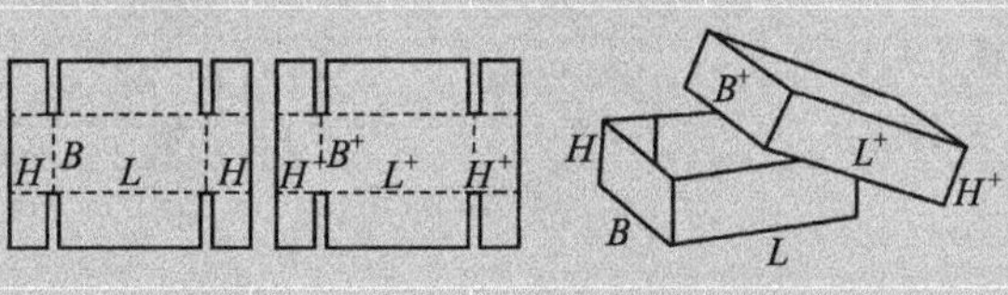					
箱型编号	1	$\frac{1}{4}$	$(4V)^{\frac{1}{3}}$	$(4V)^{\frac{1}{3}}$	$\frac{1}{4}(4V)^{\frac{1}{3}}$	$\frac{9}{2}(4V)^{\frac{2}{3}}$	1.59
0304 组装代码 M	展开图与立体图	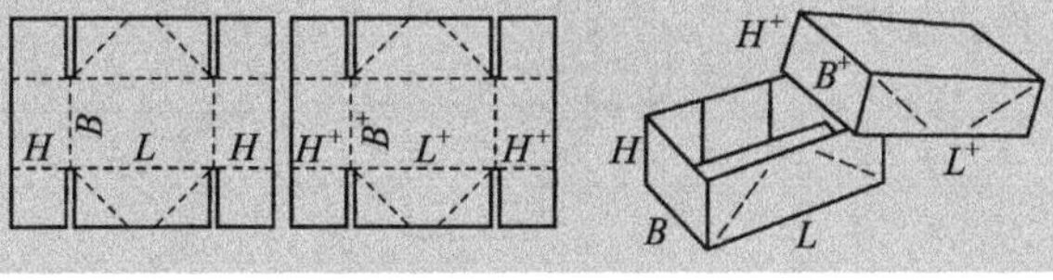					

续表

比例常数	R_L	R_H	L	B	H	S_{min}	A_{min}
箱型编号	1	$\frac{1}{4}$	$(4V)^{\frac{1}{3}}$	$(4V)^{\frac{1}{3}}$	$\frac{1}{4}(4V)^{\frac{1}{3}}$	$\frac{9}{2}(4V)^{\frac{2}{3}}$	1.59
0307 组装代码 M	展开图与立体图	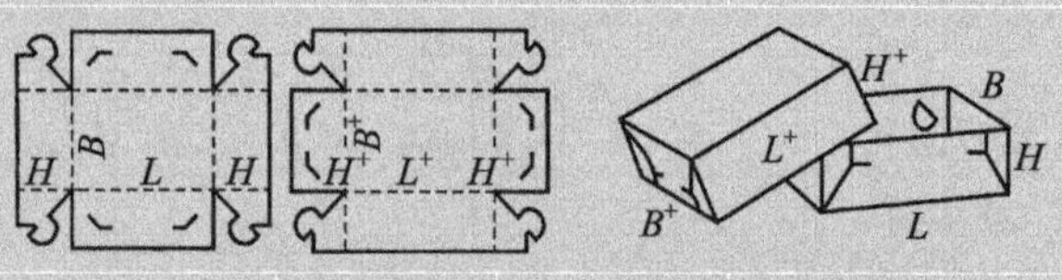					
箱型编号	2	1	$(4V)^{\frac{1}{3}}$	$\frac{1}{2}(4V)^{\frac{1}{3}}$	$\frac{1}{2}(4V)^{\frac{1}{3}}$	$6(4V)^{\frac{2}{3}}$	2.12
0313 组装代码 M/A	展开图与立体图	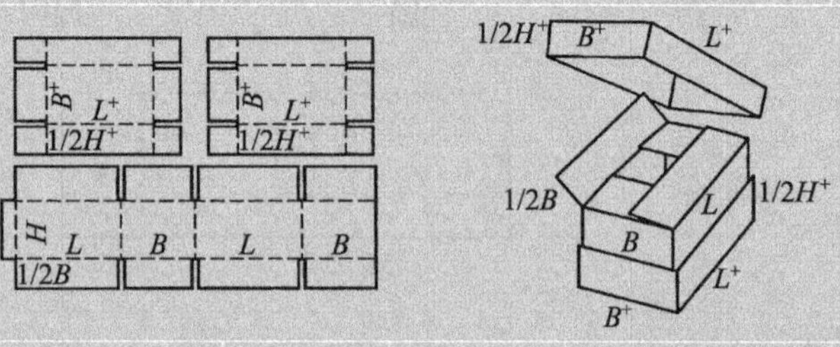					
箱型编号	1	$\frac{1}{2}$	$(2V)^{\frac{1}{3}}$	$(2V)^{\frac{1}{3}}$	$\frac{1}{2}(2V)^{\frac{1}{3}}$	$6(2V)^{\frac{2}{3}}$	1.33
0314 组装代码 M	展开图与立体图	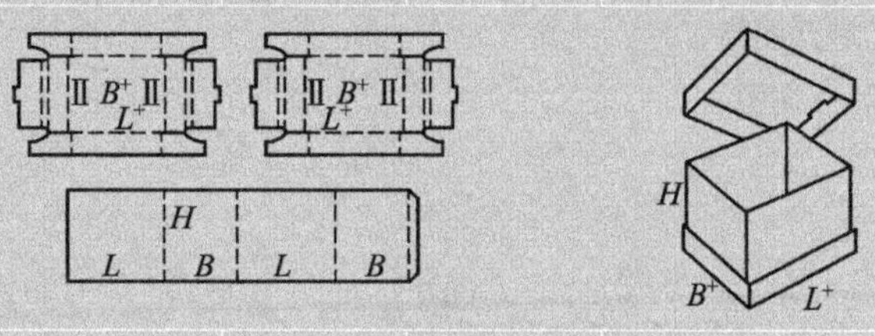					
箱型编号	2	$\frac{3}{2}$	$2\left(\frac{V}{3}\right)^{\frac{1}{3}}$	$\left(\frac{V}{3}\right)^{\frac{1}{3}}$	$\frac{3}{2}\left(\frac{V}{3}\right)^{\frac{1}{3}}$	$27\left(\frac{V}{3}\right)^{\frac{2}{3}}$	1.82
0321 组装代码 M	展开图与立体图	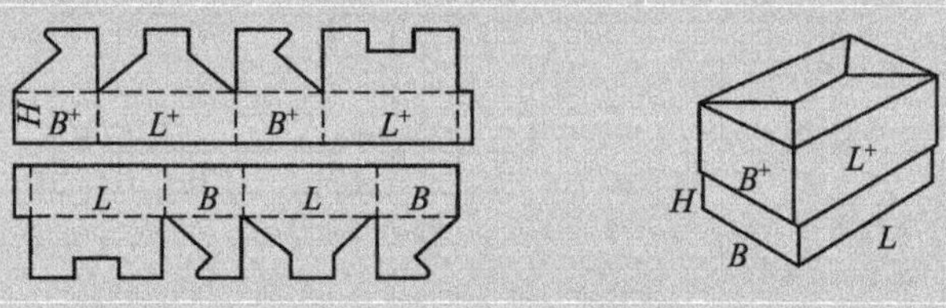					
箱型编号 0322 组装代码 M	展开图与立体图	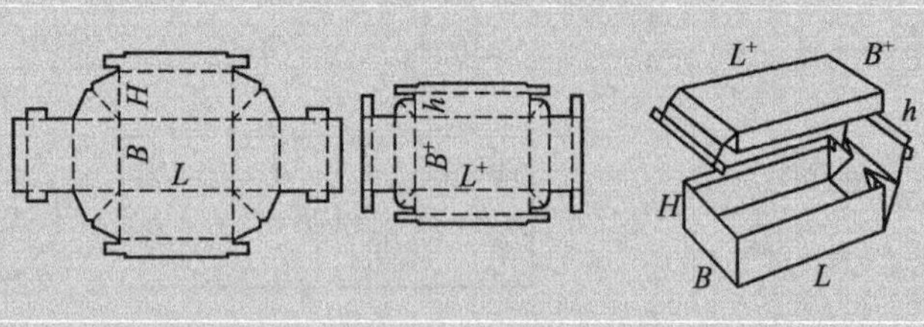					
箱型编号 0323 组装代码 M	展开图与立体图	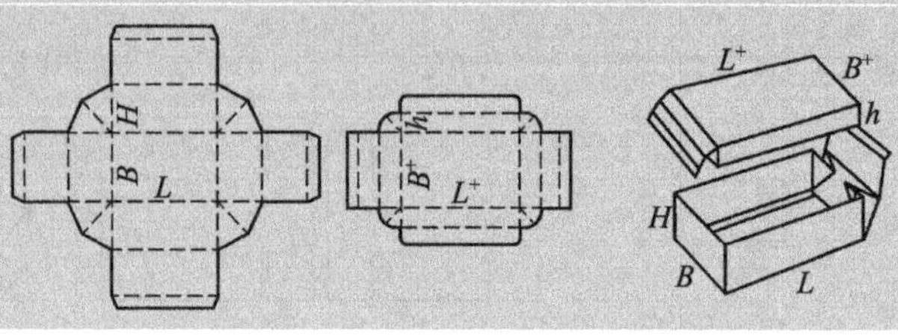					

续表

比例常数	R_L	R_H	L	B	H	S_{min}	A_{min}
箱型编号 0325 组装代码 A	展开图与立体图		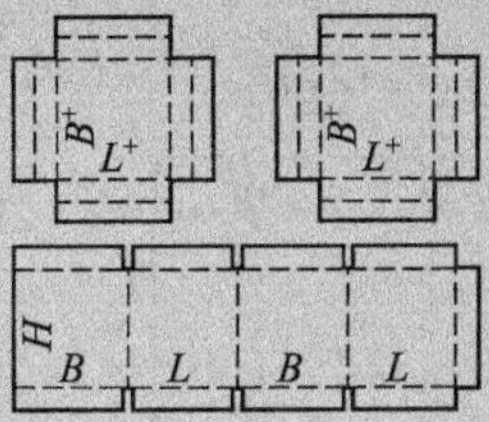			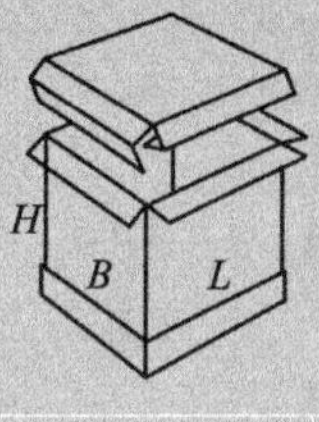	
箱型编号			$(\sqrt{2}+1)\left(\frac{5}{72}V\right)^{\frac{1}{3}}$		$\frac{12}{5}\left(\frac{5}{72}V\right)^{\frac{1}{3}}$	$36\left(\frac{5}{72}V\right)^{\frac{2}{3}}$	0.85
0350 组装代码 M	展开图与立体图		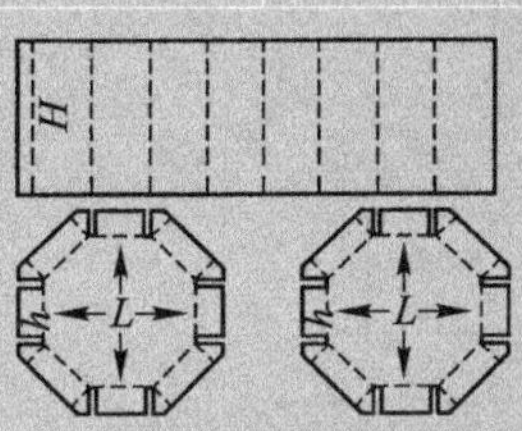			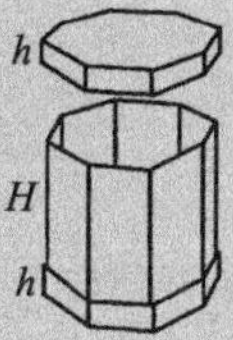	
箱型编号 0400 组装代码 M	展开图与立体图		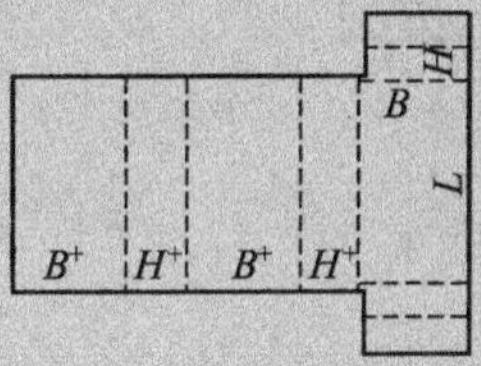			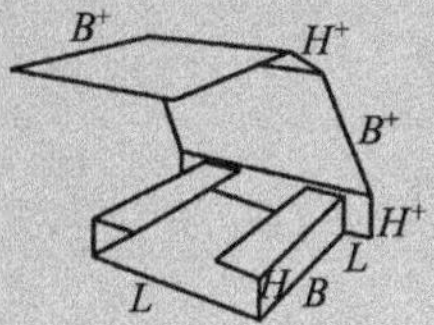	
箱型编号	1	1	$V^{\frac{1}{3}}$	$V^{\frac{1}{3}}$	$V^{\frac{1}{3}}$	$6V^{\frac{2}{3}}$	0.84
0401 组装代码 M	展开图与立体图		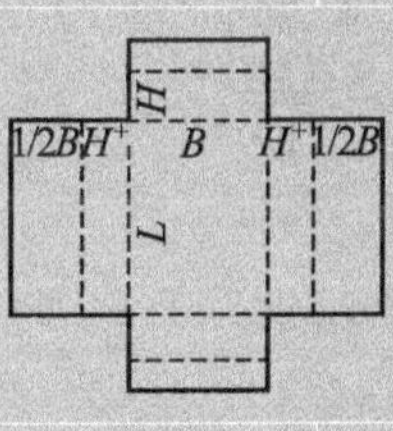			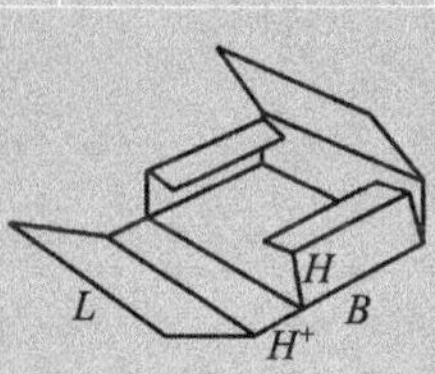	
箱型编号	1	2	$\left(\frac{V}{2}\right)^{\frac{1}{3}}$	$\left(\frac{V}{2}\right)^{\frac{1}{3}}$	$2\left(\frac{V}{2}\right)^{\frac{1}{3}}$	$12\left(\frac{V}{2}\right)^{\frac{2}{3}}$	1.06
0404 组装代码 M	展开图与立体图		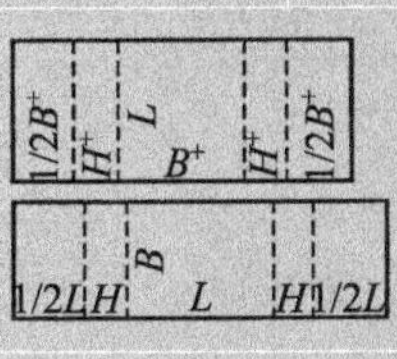				
箱型编号 0405 组装代码 M	展开图与立体图		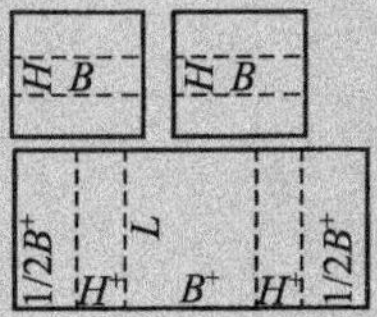			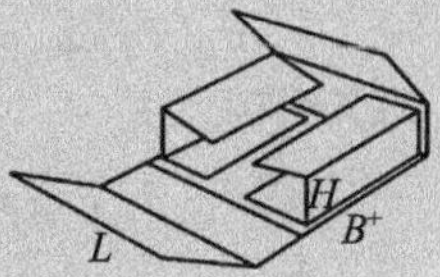	

续表

比例常数	R_L	R_H	L	B	H	S_{min}	A_{min}
箱型编号	1	$\frac{1}{2}$	$(2V)^{\frac{1}{3}}$	$(2V)^{\frac{1}{3}}$	$\frac{1}{2}(2V)^{\frac{1}{3}}$	$\frac{9}{2}(2V)^{\frac{2}{3}}$	1.00
0406 组装代码 A	展开图与立体图		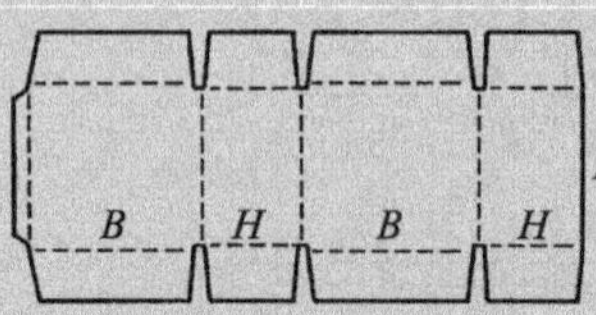			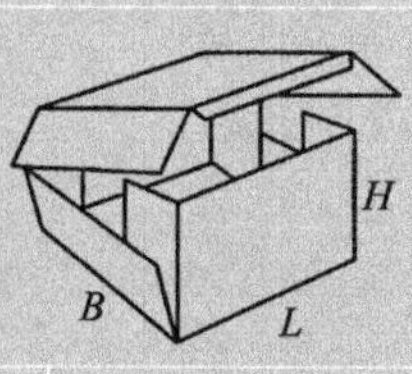	
箱型编号	2	$\frac{2}{h}$	$\left(\frac{h}{2}V\right)^{\frac{1}{3}}$	$\left(\frac{h}{2}V\right)^{\frac{1}{3}}$	$\left(\frac{2}{h}\right)^{\frac{2}{3}}V^{\frac{1}{3}}$	$\frac{2}{h^2}(h^2+3h+8)\left(\frac{h}{2}V\right)^{\frac{2}{3}}$	1.09
0420 组装代码 M/A	展开图与立体图		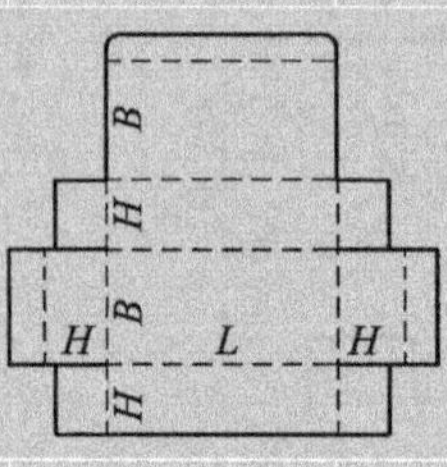			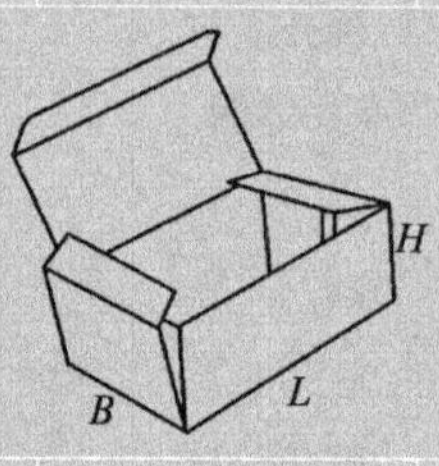	
箱型编号	2	$\frac{1}{2}$	$2V^{\frac{1}{3}}$	$V^{\frac{1}{3}}$	$\frac{1}{2}V^{\frac{1}{3}}$	$9V^{\frac{1}{3}}$	1.26
0421 组装代码 M/A	展开图与立体图		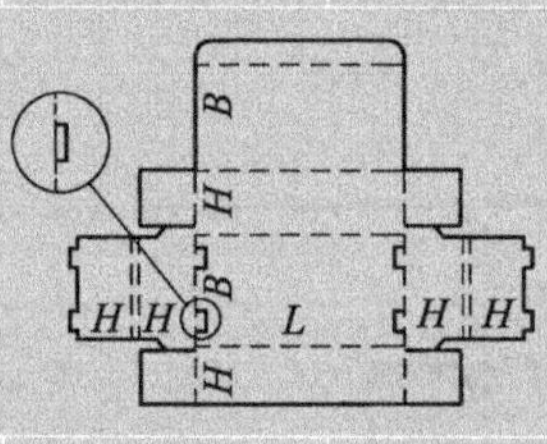			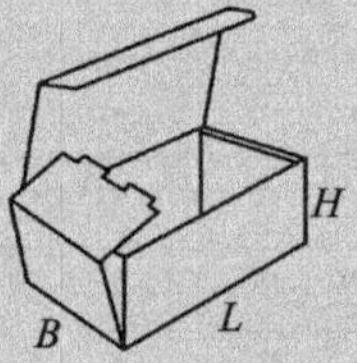	
箱型编号	2	$\frac{1}{2i}$	$2(iV)^{\frac{1}{3}}$	$(iV)^{\frac{1}{3}}$	$\frac{1}{2i}(iV)^{\frac{1}{3}}$	$\frac{1}{i^2}(2i^2+4i+1)(iV)^{\frac{2}{3}}$	0.94
0422 组装代码 M/A	展开图与立体图		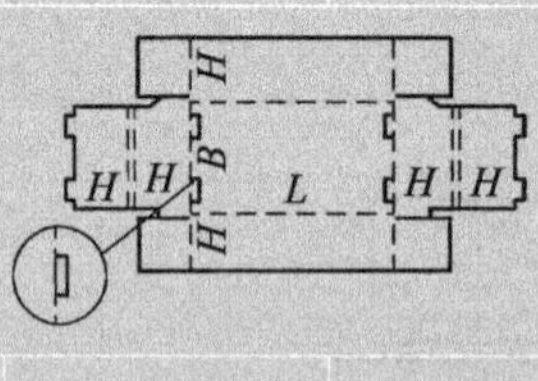			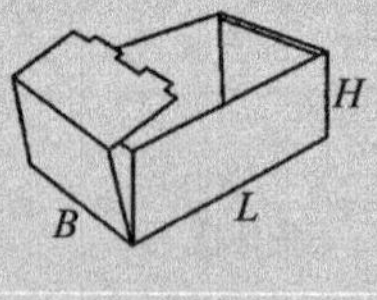	
箱型编号	$\frac{1}{2}$	$\frac{1}{8}$	$(2V)^{\frac{1}{3}}$	$2(2V)^{\frac{1}{3}}$	$\frac{1}{4}(2V)^{\frac{1}{3}}$	$\frac{9}{2}(2V)^{\frac{2}{3}}$	1.00
0423 组装代码 M/A	展开图与立体图		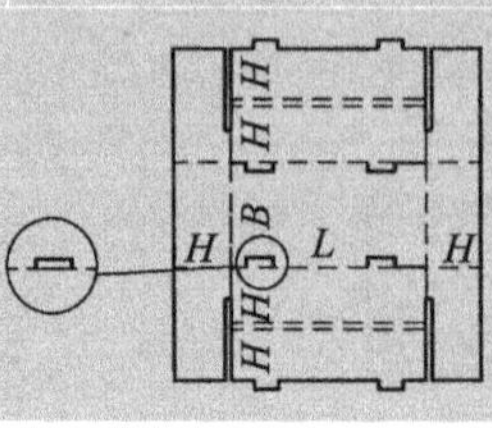			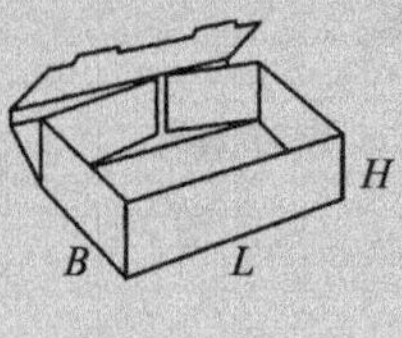	

续表

比例常数	R_L	R_H	L	B	H	S_{min}	A_{min}
箱型编号	$\frac{1}{2}$	$\frac{1}{8}$	$(2V)^{\frac{1}{3}}$	$2(2V)^{\frac{1}{3}}$	$\frac{1}{4}(2V)^{\frac{1}{3}}$	$\frac{9}{2}(2V)^{\frac{2}{3}}$	1.00
0424 组装代码 M/A	展开图与立体图	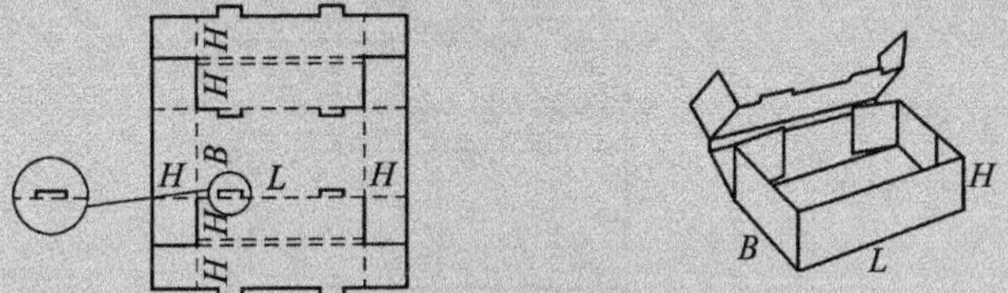					
箱型编号	1	$\frac{1}{j}$	$(jV)^{\frac{1}{3}}$	$(jV)^{\frac{1}{3}}$	$\frac{1}{j}(jV)^{\frac{1}{3}}$	$\frac{1}{j^2}(j^2+8j+8)(jV)^{\frac{2}{3}}$	1.18
0427 组装代码 M	展开图与立体图	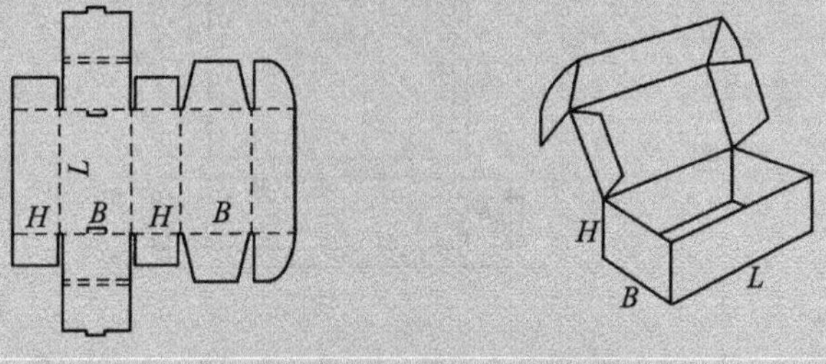					
箱型编号 0501 组装代码 M	展开图与立体图	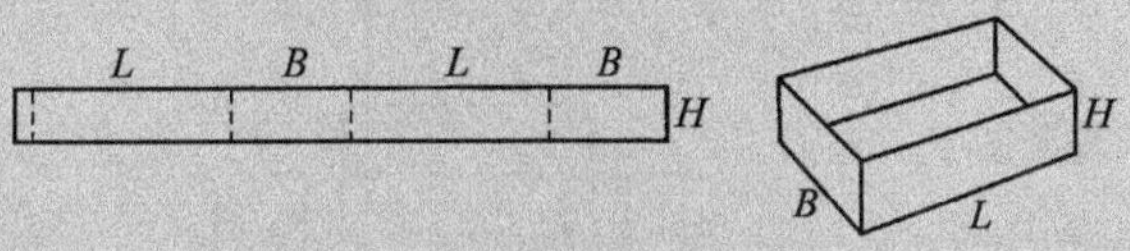					
箱型编号 0502 组装代码 M	展开图与立体图	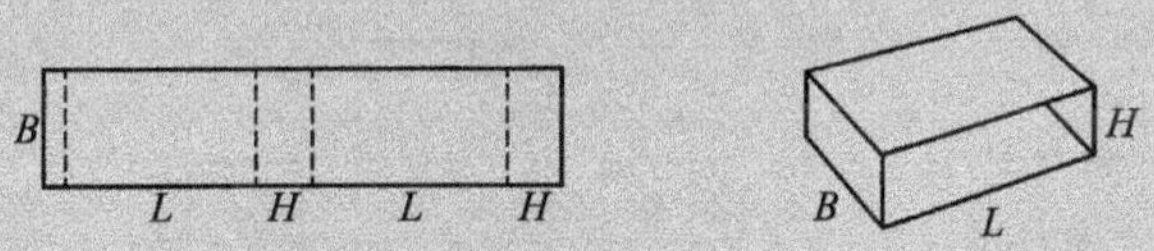					
箱型编号 0503 组装代码 M	展开图与立体图	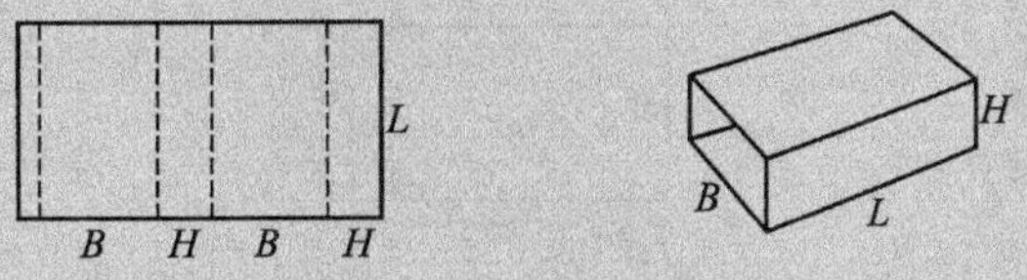					
箱型编号 0505 组装代码 M	展开图与立体图	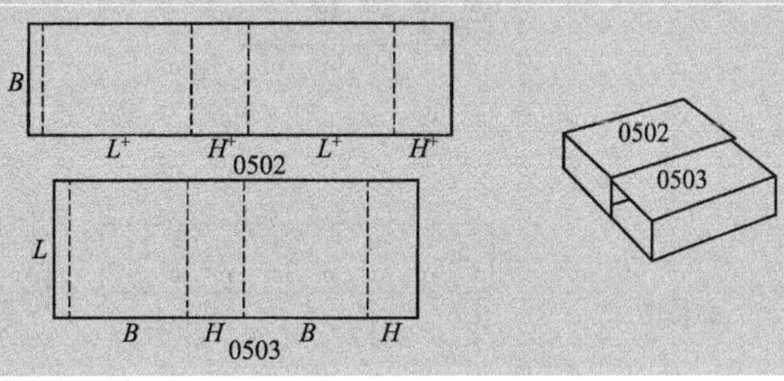					

续表

比例常数	R_L	R_H	L	B	H	S_{min}	A_{min}
箱型编号	$\frac{2}{3}$	$\frac{2}{3}$	$\left(\frac{2}{3}V\right)^{\frac{1}{3}}$	$\frac{3}{2}\left(\frac{2}{3}V\right)^{\frac{1}{3}}$	$\left(\frac{2}{3}V\right)^{\frac{1}{3}}$	$9\left(\frac{2}{3}V\right)^{\frac{2}{3}}$	0.96
0511 组装代码 M	展开图与立体图		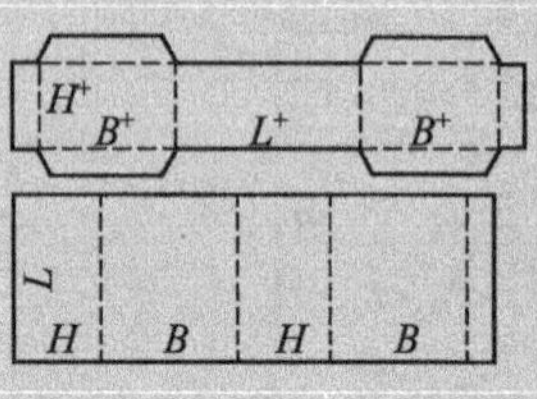			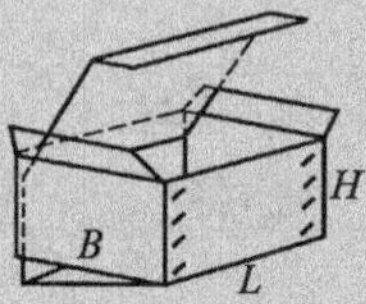	
箱型编号	1	1	$V^{\frac{1}{3}}$	$V^{\frac{1}{3}}$	$V^{\frac{1}{3}}$	$6V^{\frac{2}{3}}$	0.84
0512 组装代码 M	展开图与立体图		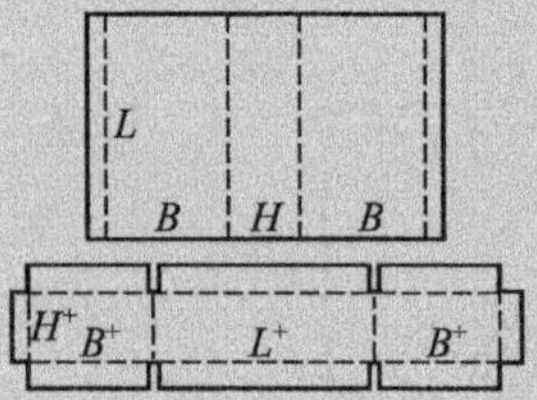			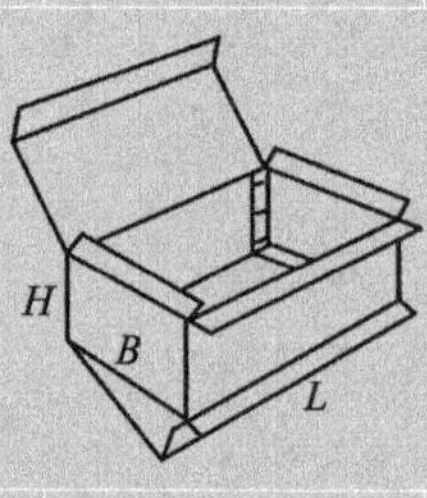	
箱型编号	1	1	$V^{\frac{1}{3}}$	$V^{\frac{1}{3}}$	$V^{\frac{1}{3}}$	$6V^{\frac{2}{3}}$	0.84
0601 组装代码 A	展开图与立体图		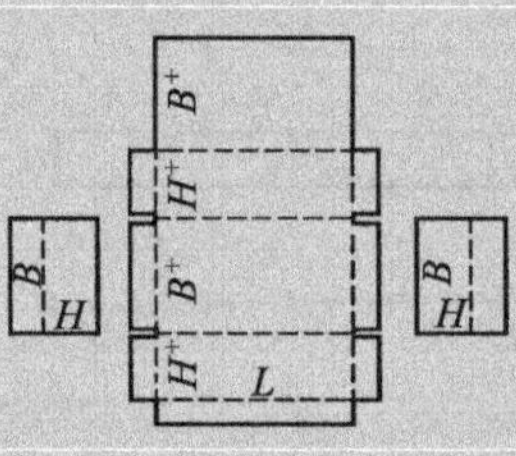			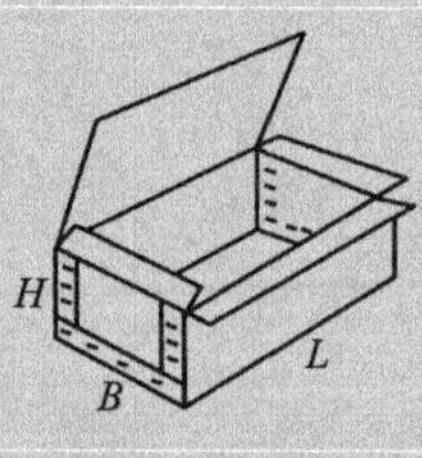	
箱型编号 0620 组装代码 A	展开图与立体图		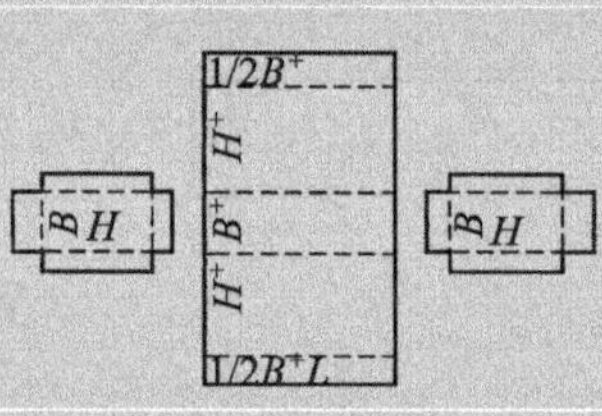			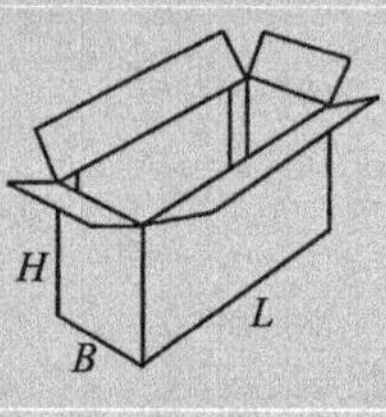	
箱型编号 0621 组装代码 M	展开图与立体图		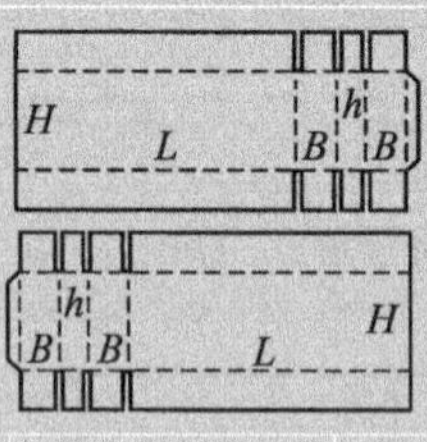			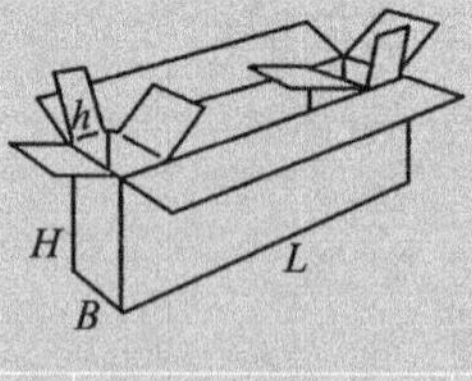	
箱型编号	$\frac{16n}{9}$	$\frac{4n}{3}$	$\frac{4}{3}(nV)^{\frac{1}{3}}$	$\frac{3}{4n}(nV)^{\frac{1}{3}}$	$(nV)^{\frac{1}{3}}$	$\frac{1}{48n^2}(10+8n^2+144n+27)(nV)^{\frac{2}{3}}$	0.81
0700 组装代码 M	展开图与立体图		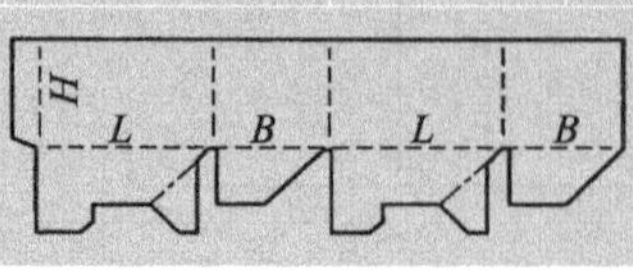		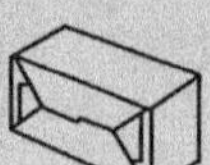	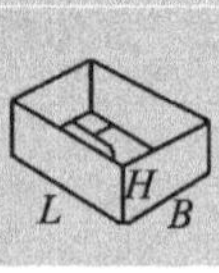	

续表

比例常数	R_L	R_H	L	B	H	S_{min}	A_{min}
箱型编号	2	$\frac{5}{2}$	$2\left(\frac{V}{5}\right)^{\frac{1}{3}}$	$\left(\frac{V}{5}\right)^{\frac{1}{3}}$	$\frac{5}{2}\left(\frac{V}{5}\right)^{\frac{1}{3}}$	$\frac{45}{2}\left(\frac{V}{5}\right)^{\frac{2}{3}}$	1.08
0701 组装代码 M	展开图与立体图		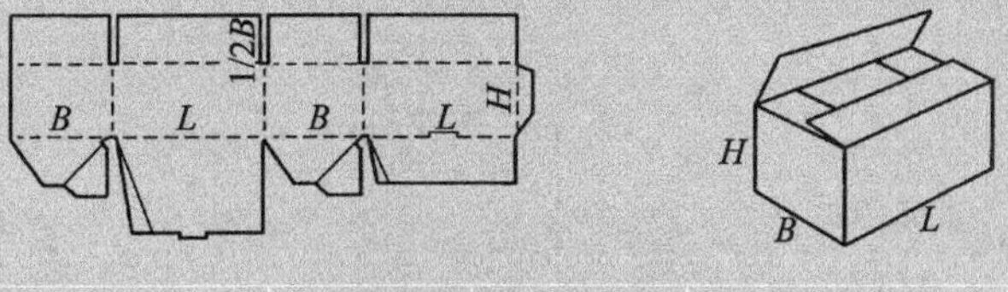				
箱型编号	$\frac{1}{2}q$	$\frac{7}{8}q$	$\left(\frac{2}{7}qV\right)^{\frac{1}{3}}$	$\frac{2}{q}\left(\frac{2}{7}qV\right)^{\frac{1}{3}}$	$\frac{7}{4}\left(\frac{2}{7}qV\right)^{\frac{1}{3}}$	$\frac{1}{2q^2}(7q^2+28q+6)\left(\frac{2}{7}qV\right)^{\frac{2}{3}}$	1.07
0712 组装代码 M	展开图与立体图		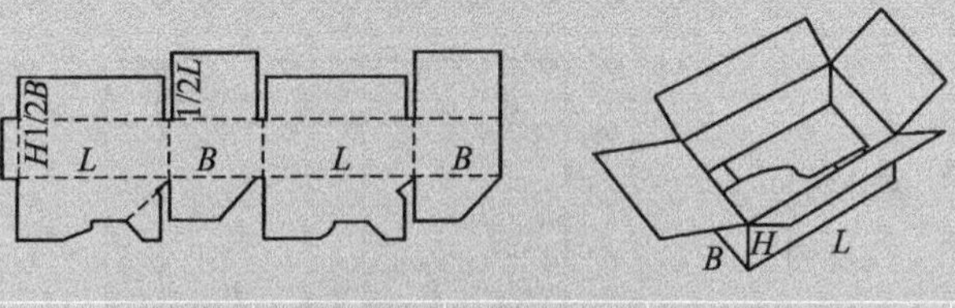				
箱型编号	2	1	$2\left(\frac{V}{2}\right)^{\frac{1}{3}}$	$\left(\frac{V}{2}\right)^{\frac{1}{3}}$	$\left(\frac{V}{2}\right)^{\frac{1}{3}}$	$18\left(\frac{V}{2}\right)^{\frac{2}{3}}$	1.59
0715 组装代码 M	展开图与立体图		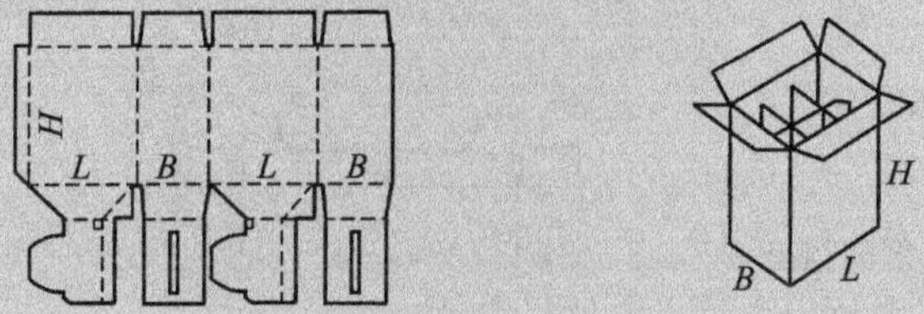				
箱型编号	t	t	$(tV)^{\frac{1}{3}}$	$\frac{1}{t}(tV)^{\frac{1}{3}}$	$(tV)^{\frac{1}{3}}$	$\frac{1}{t^2}(3t^2+4t+1)(tV)^{\frac{2}{3}}$	1.11
0716 组装代码 M	展开图与立体图		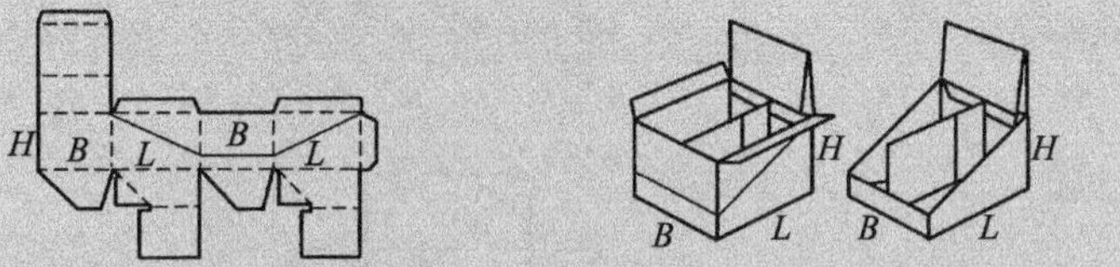				
箱型编号 0717 组装代码 M	展开图与立体图		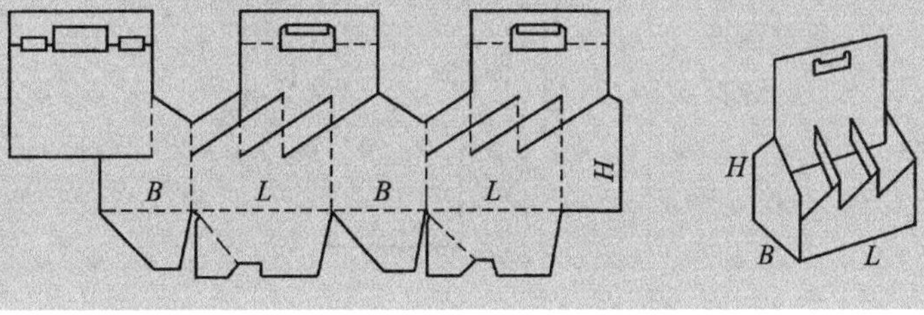				

续表

比例常数	R_L	R_H	L	B	H	S_{min}	A_{min}
箱型编号	1	$\frac{2}{u}$	$\left(\frac{u}{2}V\right)^{\frac{1}{3}}$	$\left(\frac{u}{2}V\right)^{\frac{1}{3}}$	$\left(\frac{2}{u}\right)^{\frac{1}{3}}V^{\frac{1}{3}}$	$\frac{2}{u^2}(u^2+4u+8)\left(\frac{u}{2}V\right)^{\frac{2}{3}}$	1.09
0748 组装代码 M	展开图与立体图		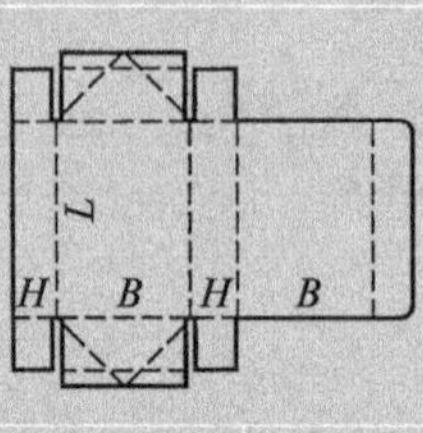			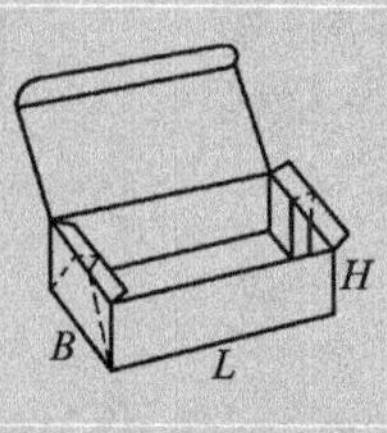	
箱型编号	$\frac{4}{3}$	$\frac{1}{3}$	$\frac{4}{3}\left(\frac{9}{4}V\right)^{\frac{1}{3}}$	$\left(\frac{9}{4}V\right)^{\frac{1}{3}}$	$\frac{1}{3}\left(\frac{9}{4}V\right)^{\frac{1}{3}}$	$6\left(\frac{9}{4}V\right)^{\frac{2}{3}}$	1.44
0759 组装代码 M	展开图与立体图		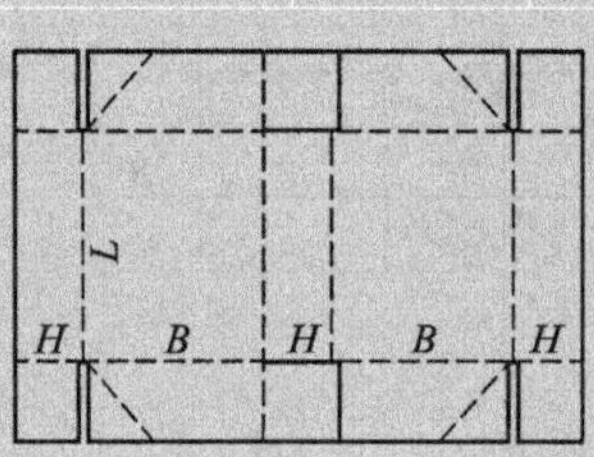			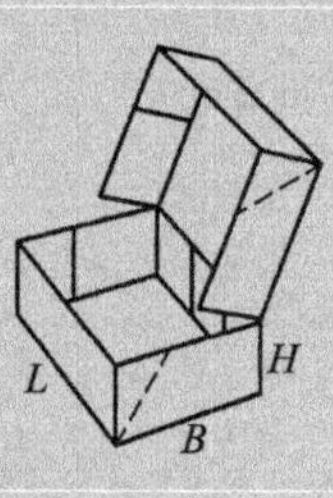	
箱型编号	1	$\frac{1}{4}$	$(4V)^{\frac{1}{3}}$	$(4V)^{\frac{1}{3}}$	$\frac{1}{4}(4V)^{\frac{1}{3}}$	$\frac{9}{4}(4V)^{\frac{2}{3}}$	0.79
0770 组装代码 M	展开图与立体图		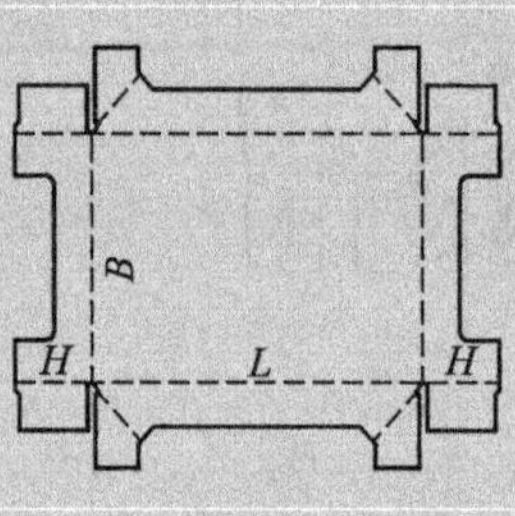			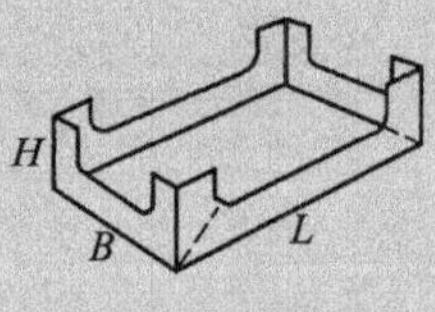	
箱型编号	$\frac{2}{5}$	$\frac{5}{2y}$	$\frac{2}{5}(yV)^{\frac{1}{3}}$	$(yV)^{\frac{1}{3}}$	$\frac{5}{2y}(yV)^{\frac{1}{3}}$	$\frac{1}{5y^2}(3y^2+50y+125)(yV)^{\frac{2}{3}}$	1.17
0774 组装代码 M	展开图与立体图		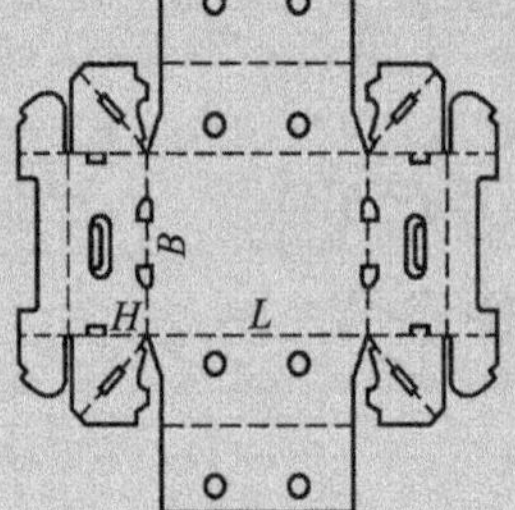			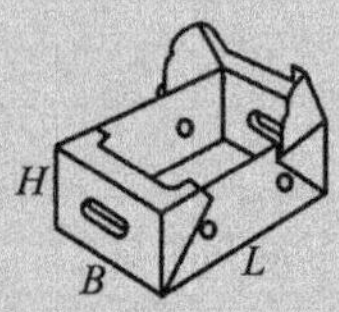	

续表

比例常数	R_L	R_H	L	B	H	S_{min}	A_{min}
箱型编号 0900 组装代码 M	展开图与立体图	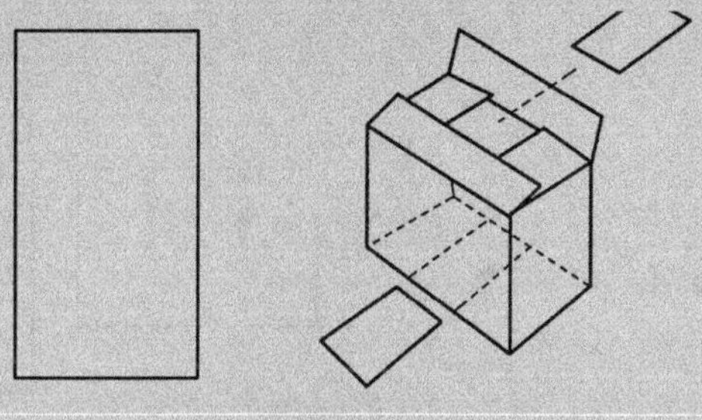					
箱型编号 0901 组装代码 M	展开图与立体图	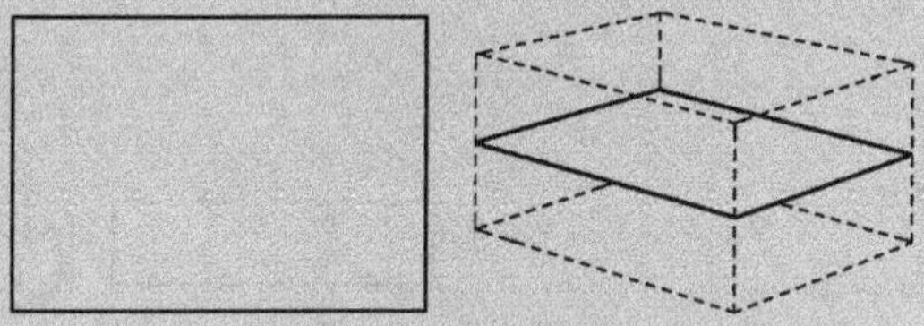					
箱型编号 0904 组装代码 M	展开图与立体图	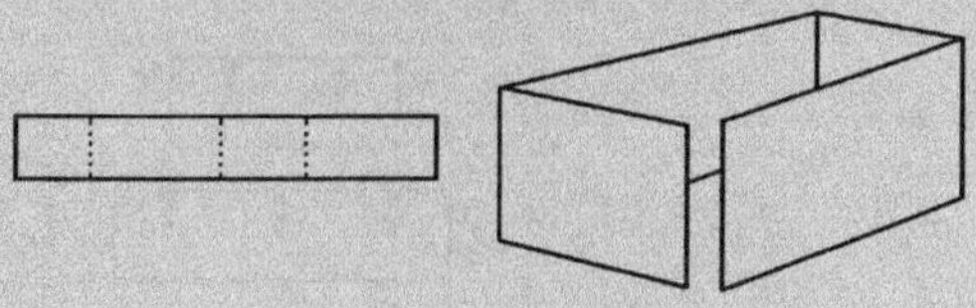					
箱型编号 0907 组装代码 M	展开图与立体图	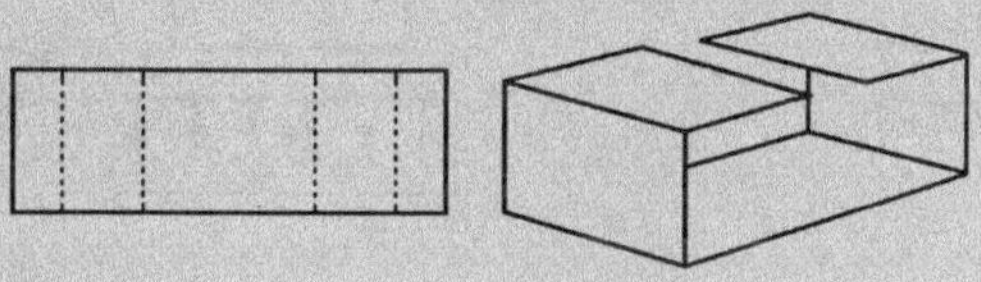					
箱型编号 0911 组装代码 M	展开图与立体图	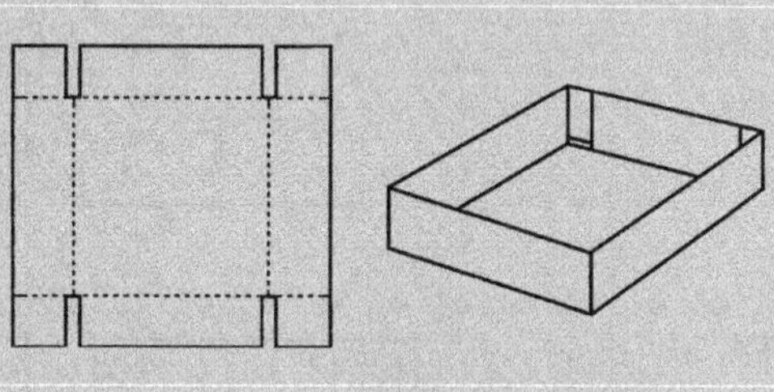					
箱型编号 0920 组装代码 M	展开图与立体图	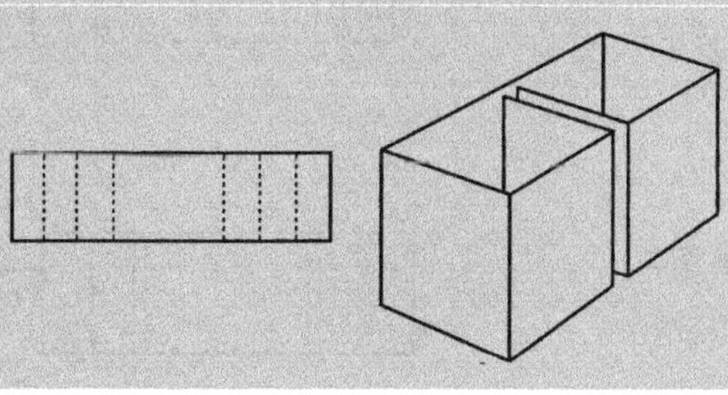					

续表

比例常数	R_L	R_H	L	B	H	S_{min}	A_{min}
箱型编号 0931 组装代码 M	展开图与立体图	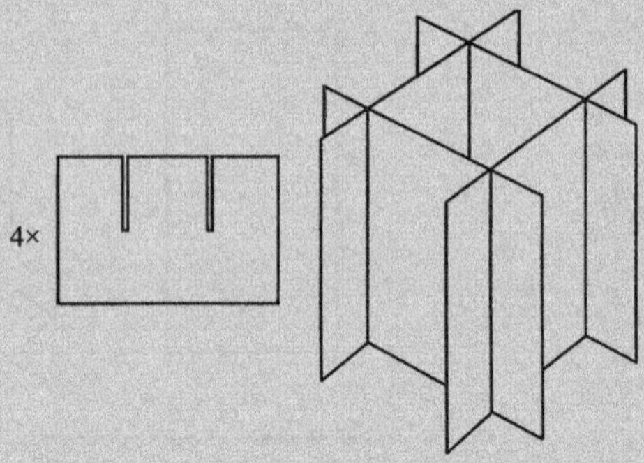					
箱型编号 0932 组装代码 M	展开图与立体图	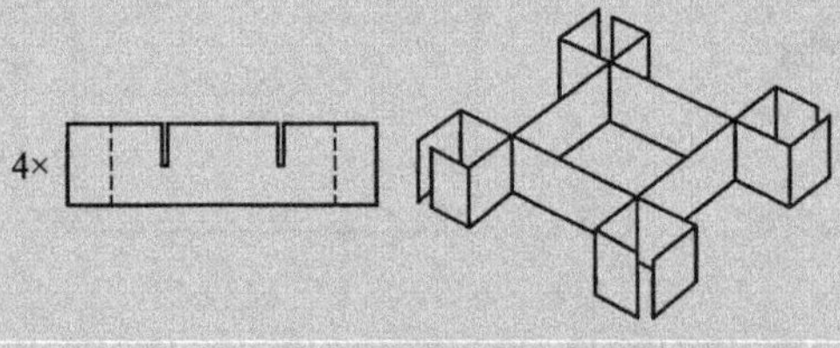					
箱型编号 0933 组装代码 M	展开图与立体图	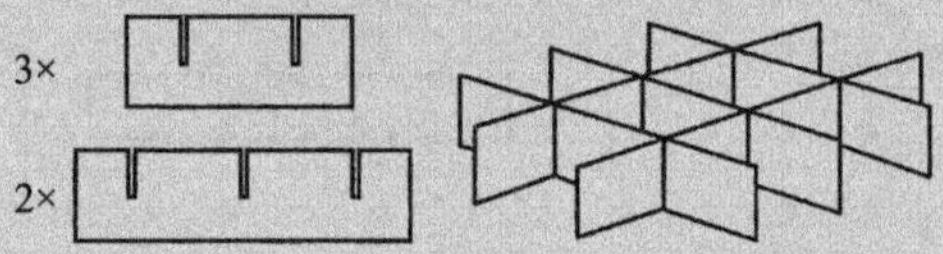					
箱型编号 0934 组装代码 M	展开图与立体图	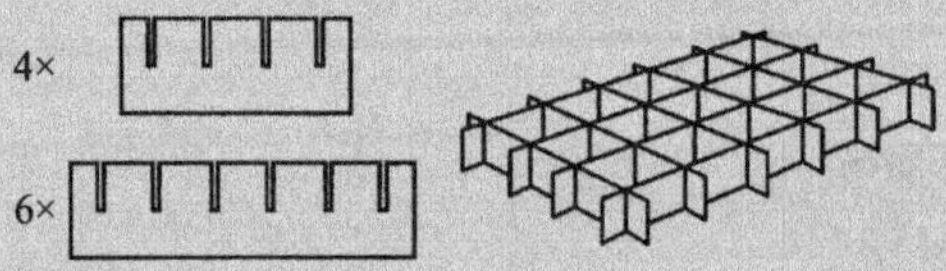					
箱型编号 0935 组装代码 M	展开图与立体图	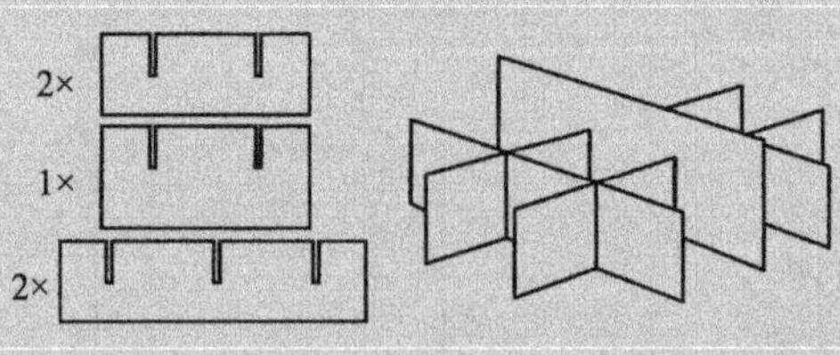					
箱型编号 0947 组装代码 M	展开图与立体图						
箱型编号 0950 组装代码 M	展开图与立体图	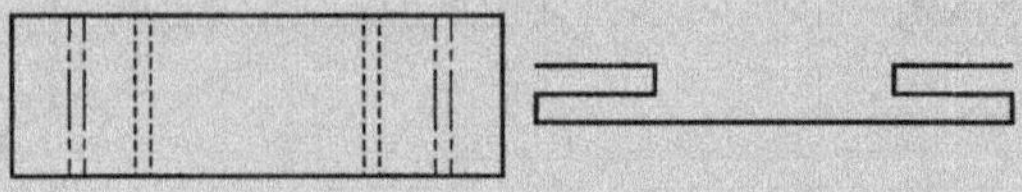					

续表

比例常数	R_L	R_H	L	B	H	S_{min}	A_{min}
箱型编号 0965 组装代码 M	展开图与立体图	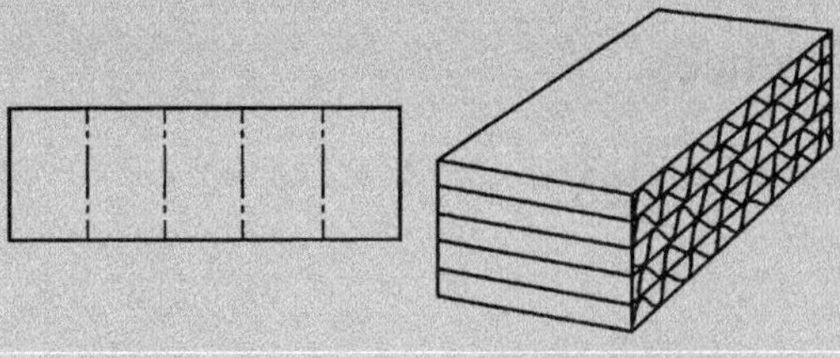					
箱型编号 0966 组装代码 M	展开图与立体图	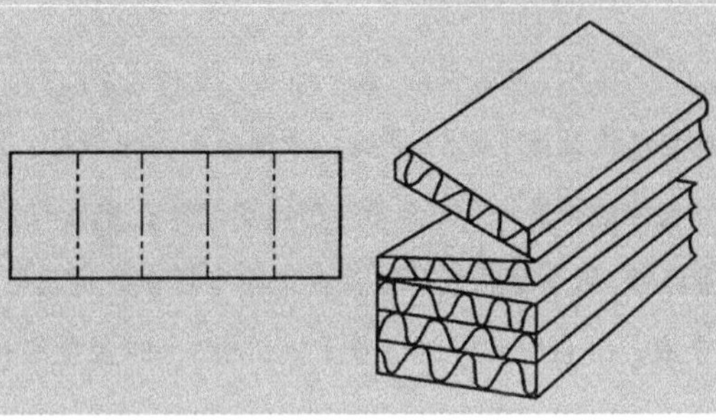					

References
参考文献

[1] GB/T 4122.1—2008，包装术语 第一部分：基础[S].

[2] 孙诚等. 包装结构设计[M]. 北京：中国轻工业出版社，2007.

[3] 孙诚编著. 包装结构设计（第三版）[M]. 北京：中国轻工业出版社，2008.

[4] 小舟. 专业纸箱/纸盒结构设计软件在中国市场中的现状与展望[J]. 印刷技术，2005（21）.

[5] 陈红艳，李康，王彩印，舒展. 基于方正ePack的盒型结构设计方法[J]. 包装工程，2007，28（2）.

[6] 段瑞侠，成世杰，孙诚. 基于AutoCAD开发折叠纸盒结构设计系统的研究[J]. 包装工程，2006（4）.

[7] ArtiosCAD User Manuals.

[8] http://www.esko.com.

[9] 叶海精. 如何使用ArtiosCAD进行包装纸盒设计[J]. 印刷杂志，2007.

[10] 叶海精. 纸盒结构设计方法[J]. 印刷技术，2007.

[11] 叶海精. 利用ArtiosCAD软件进行纸盒生产成本的核算[J]. 印刷技术，2009.

[12] 叶海精. 包装设计软件的组合应用[J]. 印刷杂志，2009.

[13] 叶海精. 基于ArtiosCAD与Illustrator包装设计软件双向设计方法的研究[J]. 包装工程，2009.

[14] 孙诚. 包装结构与模切版设计[M]. 北京：中国轻工业出版社，2009.

[15] 叶海精. 现代包装中盒型切割机的应用[J]. 印刷技术，2007.

[16] GB/T 9851.5—2008，印刷技术术语 第二部分：印前术语[S].

[17] Erich Kraemer.Verpackungs-Thchnik Mittel und Methoden zur Loesung der Verpackungsaufgabe[M].Deutschland，2004.

[18] 叶海精. 利用ArtiosCAD软件制作模切版[J]. 印刷技术，2008.